国家出版基金项目
NATIONAL PUBLICATION FOUNDATION

南方主要少数民族乡规民约与社会治理研究丛书（续编）

南方主要少数民族村规民约与生态环境保护

池建华◎著

湘潭大學出版社

图书在版编目（CIP）数据

南方主要少数民族村规民约与生态环境保护 / 池建华著. -- 湘潭 ：湘潭大学出版社，2021.10
ISBN 978-7-5687-0697-1

Ⅰ. ①南… Ⅱ. ①池… Ⅲ. ①少数民族－乡规民约－应用－生态环境保护－研究－中国 Ⅳ. ① X321.2

中国版本图书馆 CIP 数据核字（2021）第 262107 号

南方主要少数民族村规民约与生态环境保护

NANFANG ZHUYAO SHAOSHU MINZU CUNGUIMINYUE YU SHENGTAI HUANJING BAOHU

池建华 著

责任编辑：黄 琼
封面设计：李 平
出版发行：湘潭大学出版社
社 址：湖南省湘潭大学工程训练大楼
电 话：0731-58298960 0731-58298966（传真）
邮 编：411105
网 址：http://press.xtu.edu.cn/
印 刷：长沙鸿和印务有限公司
经 销：湖南省新华书店
开 本：880 mm×1230 mm 1/32
印 张：12
字 数：270 千字
版 次：2021 年 10 月第 1 版
印 次：2021 年 10 月第 1 次印刷
书 号：ISBN 978-7-5687-0697-1
定 价：48.00 元

总序

一

《中华人民共和国村民委员会组织法》（1998 年 11 月 4 日第九届全国人民代表大会常务委员会第五次会议通过，2010 年 10 月 28 日第十一届全国人民代表大会常务委员会第十七次会议修订，2018 年 12 月 29 日第十三届全国人民代表大会常务委员会第七次会议二次修订）对村规民约的制定、效力等进行了较为全面的规定，如第 27 条规定："村民会议可以制定和修改村民自治章程、村规民约，并报乡、民族乡、镇的人民政府备案。村民自治章程、村规民约以及村民会议或者村民代表会议的决定不得与宪法、法律、法规和国家的政策相抵触，不得有侵犯村民的人身权利、民主权利和合法财产权利的内容。村民自治章程、村规民约以及村民会议或者村民代表会议的决定违反前款规定的，由乡、民族乡、镇的人民政府责令改正。"第 10 条又规定："村民委员会及其成员应当遵守宪法、法律、法规和国家的政策，遵守并组织实施村民自治章程、村规民约，执行村民会议、村民代表会议的决定、决议，办事公道，廉洁奉公，热心为村民服务，接受村民监督。”第38条还规定：“驻在农村的机关、团体、部队、国有及国有控股企业、事业单位及其人员不参加村民委员会组织，但应当通过多种形式参与农村社区建设，并遵守有关村规民约。”

2014年10月23日，中国共产党第十八届中央委员会第四次全体会议通过的《中共中央关于全面推进依法治国若干重大问题的决定》明确提出“增强全民法治观念，推进法治社会建设”的目标，强调“推进多层次多领域依法治理”，要求“发挥市民公约、乡规民约、行业规章、团体章程等社会规范在社会治理中的积极作用”。这表明，在法治国家、法治社会建设中，需要进一步提高乡规民约、村规民约的地位，高度重视乡规民约、村规民约的价值，全面发挥乡规民约、村规民约的作用，在社会治理中充分运用乡规民约、村规民约。

2017年10月18日，习近平同志代表第十八届中央委员会向大会所作的报告中提出了实施乡村振兴战略，强调加强农村基层基础工作，健全自治、法治、德治相结合的乡村治理体系。2018年中央一号文件《中共中央 国务院关于实施乡村振兴战略的意见》（2018年1月2日公布并实施）也明确提出“发挥自治章程、村规民约的积极作用”。

乡规民约是乡村民众为了办理公共事务和公益事业、维护社会治安、调解民间纠纷、保障村民利益、实现村民自治，民主议定和修改并共同遵守的社会规范。乡规民约包括乡规民约、村规民约等，在当代中国农村以村规民约为主体；既有根据《村民委员会组织法》由村民会议制定和修改的村规民约，也有由村老年协会等制定和修改的规约，还包括若干村民议定的某种规约；既包括行政村的村规民约、村民小组即自然村的规约，也包括跨村的乡规民约；既包括成文的村规民约，也包括不成文的规约；既包括全面性的村规民约、乡规民约，也包括如计划生育规约、环境卫生公约等专门性的村规民约。

乡规民约、村规民约在农村社会中发挥着实现村民自治、发展乡村民主、保障村民权益、团结村民群体、维护乡村秩序、保护生态环境、弘扬良善道德、传承优秀文化、改善村风民俗的重要作用。

二

南方主要少数民族为居住在广西、云南、贵州、四川、湖南、海南、广东、湖北、浙江、江西、福建等地的少数民族，包括壮族（16,926,381）、苗族（9,426,007）、彝族（8,714,393）、土家族（8,353,912）、侗族（2,879,974）、布依族（2,870,034）、瑶族（2,796,003）、白族（1,933,510）、哈尼族（1,660,932）、黎族（1,463,064）、傣族（1,261,311）、畲族（708,651）、傈僳族（702,839）、仡佬族（550,746）、拉祜族（485,966）、佤族（429,709）、水族（411,847）、纳西族（326,295）、羌族（309,576）、仫佬族（216,257）、景

颇族（147，828）、布朗族（119，639）、毛南族（101,192）等。[1]

1949年中华人民共和国成立时，我国南方主要少数民族的社会发展是不平衡的，主要有四种类型：第一种为封建地主所有制，主要是那些与汉族交往密切的民族，如壮族和彝族、黎族等民族的大部分。第二种为封建领主制，包括部分傣族、彝族、纳西族等。第三种为奴隶制，基本上保留在四川大凉山和云南小凉山地区的部分彝族中。第四种为保留浓厚的原始公社制残余，主要存在于云南边疆山区的独龙族、怒族、傈僳族、佤族、布朗族、基诺族、德昂族、哈尼族，中东南地区的瑶族，海南岛的黎族，台湾的高山族等民族之中。[2] 在1949年中华人民共和国成立前，这些少数民族主要通过习惯法进行社会的自我治理。[3] 而少数民族习惯法中的主要规范为乡规民约、村规民约。乡规民约、村规民约成为南方主要少数民族分

---

① 据2010年11月1日第六次全国人口普查统计，大陆31个省、自治区、直辖市和现役军人的人口中，各少数民族人口为113，792，211人，占8.49%，同2000年第五次全国人口普查相比，各少数民族人口增加7，362，627人，增长6.92%。人口在10万人以下的南方少数民族有普米族（42,861）、阿昌族（39,555）、怒族（37,523）、京族（28,199）、基诺族（23,143）、德昂族（20,556）、门巴族（10,561）、独龙族（6,930）、高山族（4,009）、珞巴族（3,682）等。参见 http：//www.stats.gov.cn/tjsj/pcsj/rkpc/6rp/indexch.htm，2018年7月29日最后访问。

② 参见林耀华：《民族学通论》，中央民族学院出版社1990年版，第260－261页。

③ 本文所指的习惯法为非国家法意义上的习惯法，是指独立于国家制定法之外，依据某种社会权威和社会组织，具有一定的强制性的行为规范的总和。参见高其才：《中国习惯法论（第3版）》，社会科学文献出版社2018年版，第3页。

配社会资源、调整社会关系、解决社会冲突、维护社会秩序的重要规范，在社会生活中发挥着广泛的作用。在中华人民共和国成立以后，受历史传统、民族文化等的影响，乡规民约、村规民约的意识、观念、思维和规范仍然在我国南方主要少数民族中客观存在，以各种方式、多类途径在社会治理中发挥着作用。

对南方主要少数民族乡规民约与社会治理进行研究，有助于全面掌握和认识南方主要少数民族乡规民约、村规民约与社会治理的现实状况和具体表现；对南方主要少数民族乡规民约、村规民约在社会治理中积极作用和实现障碍的分析，有助于充分挖掘乡规民约、村规民约的价值，进一步推进和完善村民自治制度、发扬农村基层民主。对南方主要少数民族乡规民约、村规民约具体内容、规范特点的分析，对南方主要少数民族乡规民约、村规民约在全面推进依法治国、建设法治国家和法治社会中地位和价值的探讨，有助于发挥民族法文化的现代价值、协调少数民族习惯法与国家法律的关系，以加快我国的法治建设进程，全面建设法治社会。

作为全国少数民族的主要部分，南方主要少数民族数量多、地区分布广、民族特色鲜明、社会治理任务多样。探讨南方主要少数民族乡规民约与社会治理，对于总结南方主要少数民族乡规民约的社会治理手段和经验，思考南方主要少数民族乡规民约与社会治理的特点和规律，推进民族地区现代化建设和社会和谐发展，建立健全党委领导、政府负责、社会协同、公众参与、法治保障的现代乡村社会治理体制，健全自治、法治、德治相结合的乡村治理体系，实施乡村振兴战略并最终实现产业兴旺、生态宜居、乡风文明、治理有效、生活富裕目标具有重要意义。同时，通过对南方主要少数民族乡规民约与社会治理的分析，对于保护固有民族文化、传承优秀民族文化、促进民族文化发展具有积极作用。

中华法系是在我国统一多民族的土地上生长和发展起来的，在形成和发展过程中吸收了不同民族法文化的内容。它不仅包括以汉族为主体的中原王朝法律，也包括中国少数民族习惯法，少数民族对中华法系的形成作出了重要贡献，历史上形成了数量庞大的少数民族法典及习惯法。[①] 少数民族法制是中华法系发展历史中的有机组成部分，“中华法系是中国各民族法律原则和法律意识长期融合的产物”[②]，“中华法系正是融合了各民族的法律意识与创造力才形成的”[③]。研究中华法系、探讨中华法制文明的现代意义，不能缺少对少数民族乡规民约、村规民约等习惯法的关注，否则就无法揭示中国法制发展的全貌与发展规律，认识不同社会形态条件下各种类型法的本质和特点，理解不同历史时期、不同社会发展阶段各民族法文

① 参见杨一凡、田涛主编，张冠梓点校：《中国珍稀法律典籍续编·少数民族法典法规与习惯法（上、下）》，黑龙江人民出版社2002年版。该书将民族法律文献资料分为法典法规篇、地方法规篇、乡规民约篇、习惯法篇、司法文书篇。

② 张晋藩：《再论中华法系的特点》，载《政法论坛》1985年第4期。

③ 张晋藩：《中华法制文明的演进》，中国政法大学出版社1999年版，第12页。

化及在中国共同文化范围内各民族法文化并存的条件。[①] 因此研究南方主要少数民族的乡规民约、村规民约等习惯法对中华法系内容的丰富、中华法系成果的传播、中华法系精神的弘扬具有重要意义。[②]

探讨南方主要少数民族的乡规民约、村规民约，研究南方主要少数民族乡规民约、村规民约与社会治理的关系，这对于拓宽法学研究领域、丰富法学理论、深化法学研究，正确处理现代化发展中的少数民族法文化是有一定意义的。同时，有助于推进民族学、政治学、人类学、社会学、历史学等学科的发展，为这些学科提供系统、全面的研究材料。

三

《南方主要少数民族乡规民约与社会治理研究丛书（续编)》[以下简称《丛书（续编)》] 涉及南方主要少数民族乡规民约与乡村事务管理、南方主要少数民族乡规民约与婚姻家庭关系调整、南方主要少数民族乡规民约与生态环境保护、南方主要少数民族乡规民约与基层社会治理、南方主要少数民族乡规民约转型问题等专题研究。同时，专题研究又结合了族别研究、个案研究、地区研究，包括广西金秀瑶族的村规民约，

① 蔡尚思先生也曾指出："现今研究中国各专门史，也不好以汉族为范围了，以汉族为范围的中国各专门史，不可能是整个的或比较完全的中国各专门史，如要认真地说，至多也只是汉民族的专门史。"见《中国各民族的血统和文化》，载《文汇报》1984 年 4 月 9 日。

② 参见李兴华《回族与中华文明》（载《回族研究》1999 年第 1 期）的有关论述。

贵州锦屏苗族、侗族的村规民约，云南大理等地的白族、傣族等民族的村规民约等。

《丛书（续编）》在撰写时强调以下方面：（1）全面性。《丛书（续编）》全面、系统、综合地探讨南方主要少数民族乡规民约、村规民约在社会治理中的具体表现、积极作用，力图完整地展示南方主要少数民族乡规民约、村规民约与社会治理的发展、变化关系。（2）现代性。《丛书（续编）》在分析历史上的南方主要少数民族乡规民约与社会治理关系的基础上，重点讨论当今的南方主要少数民族乡规民约、村规民约在社会治理中的积极作用，关注南方主要少数民族乡规民约、村规民约的现实样态，描述南方主要少数民族乡规民约、村规民约的实际状况。（3）民族性。《丛书（续编）》突出南方主要少数民族乡规民约的民族特色，注重乡规民约、村规民约中的民族传统，探讨乡规民约、村规民约与民族社会治理、民族地区发展的关系。（4）地方性。南方主要少数民族乡规民约、村规民约作为一种地方性知识、区域性规范，具有较为明显的地域特点。《丛书（续编）》尽力揭示南方主要少数民族乡规民约、村规民约在社会治理中的地方性因素。（5）文化性。作为社会治理的重要规范，南方主要少数民族乡规民约、村规民约体现了独特的价值内涵、文化传统。《丛书（续编）》强调从文化角度理解南方主要少数民族乡规民约、村规民约与社会治理的关系。

《丛书（续编）》在进行南方主要少数民族乡规民约、村规民约与社会治理探讨时，秉承法多元主义的理念，坚持历史进化和整体联系的观点，在方法上注意将史料分析与田野调查相结合，尤以田野调查为重；以法学、历史学方法为主，同时借鉴社会学、文化人类学、民俗学、经济学等学科的理论、技术和方法，进行综合研究，从而试图描述南方主要少数民族乡规民约、村规民约与社会治理的实际状况，把握南方主要少数民族乡规民约、村规民约与社会治理的发展趋势，探寻南方主要少数民族乡规民约、村规民约与社会治理的特点和规律，以揭示南方主要少数民族乡规民约、村规民约与社会治理的真实状况，感受南方主要少数民族乡规民约、村规民约在社会治理中的某种特殊魅力。

四

《丛书（续编）》获得2020年度国家出版基金的资助。在具体实施过程中，《丛书（续编）》组建了编委会，由编委会精心遴选作者，广泛吸纳在乡规民约、村规民约和民族习惯法方面有专门研究的学者加入调查、研究队伍。

《丛书（续编）》编委会在认真讨论的基础上，制订了详细的工作计划，就田野调查和资料搜集进行了具体的安排，确定了编写体例和基本要求，拟定了交稿时间和出版时间。各位作者克服种种困难，尽力进行田野调查，认真撰写书稿并按约交付，保证了《丛书（续编）》的如期出版。

湘潭大学出版社积极支持《丛书（续编）》编委会的工作，为《丛书（续编）》的出版提供了有力的支持，保证了《丛书（续编）》的顺利面世。根据计划，《丛书（续编）》分两辑分批出版。

由于作者等各种因素所限，《丛书（续编)》编委会的一些设想没能完全落实。由于受时间、能力等因素所限，加之论题较大，《丛书（续编)》可能存在一些不足，敬请读者批评指正。

高其才

2018 年 7 月 27 日于京西

前言

推进生态文明、建设美丽中国，要求不断完善中国特色社会主义生态文明制度，促进生态环境治理体系与治理能力的现代化。作为国家生态环境治理体系的重要组成部分，乡村生态环境保护面临着农业生产性面源污染严重、农村生态环境法律不完善、农民生态环境意识不强等问题，需要在完善国家法律法规的同时，深入挖掘村规民约、家法族规等乡村固有法规范的价值。当代南方主要少数民族村规民约是在乡村治理历史中发展演变、现实社会中依然发挥积极作用的社会规范，其内容一般涵盖生态环境保护、婚姻家庭、社会治安等乡村社会生产生活的各个方面。南方主要少数民族村规民约在生态环境保护中的作用是积极的、明显的，同时也需要在不断发展变化的乡村生态环境治理实践过程中继续改进和完善。本书从法多元主义的视角，运用实证分析、文本分析、比较研究等方法，具体分析南方主要少数民族村规民约与生态环境保护的关系，初步理解生态环境保护习惯法的基本内涵。

乡村生态环境保护涉及的治理对象和领域众多，主要包含农村自然资源保护和乡村环境卫生整治两个方面。农村自然资源包括土地资源、植物资源、动物资源、水资源、矿产资源等，南方主要少数民族村规民约对这些农村自然资源保护进行了相应规制，体现了村规民约在农村自然资源保护与利用中的积极作用。耕地、林地、草地等农村土地资源是农业生产的基础性资源，我国制定了严格的农村土地资源保护法律制度，规定农村土地属于农村集体经济组织所有，并实行农村土地承包制度，确保土地资源的可持续利用。关于农村土地资源保护，南方主要少数民族村规民约严格按照法律法规要求，维护村民土地承包经营权，并要求村民依法依规合理利用土地。农村植物资源主要包括森林资源和农作物资源两类，植物资源是良好生态环境和生活环境的重要调节性资源，同时也具有重要的生产生活价值，因此南方主要少数民族村规民约也要求村民合法合理利用农村植物资源、严厉惩处偷盗、禁止乱砍滥伐等行为。动物资源是地球生物圈生态平衡、生物多样性保持的重要支撑，既是农民生活所需肉类食物的主要来源，也是农业生产过程中的畜力来源，但是违法捕猎野生动物、饲养禽畜方式不当等行为也会带来动物数量和种类减少、农村环境污染等问题，因此南方主要少数民族村规民约对动物资源的保护和利用也有多方面的规制。水资源之于人类社会的重要性，使得对水资源的保护和利用成为农村生态环境治理的重要内容。南方主要少数民族村规民约在强化饮用水资源保护的同时，也对农业灌溉秩序、农村水利设施保护等事项进行了专门规定，全方位保护乡村水资源。我国南方少数民族地区散布着多种矿产资源，我国在重视运用国家法保护矿产资源的同时，也鼓励乡村社会通过村规民约保护矿产资源，一些村规民约规定了严禁偷盗、偷采矿产资源的内容。乡村环境卫生整治是建设生态宜居、美丽乡村的应有之义，是需要全体村民主动参与、共同行动的乡村治理事务，村民共同参与制定的村规民约便是可供采用的重要行为规范。南方主要少数民族村规民约在村容村貌提升整治、公共环境卫生整治、家庭环境卫生整治等方面进行了具体规制，从而强化村民的环境卫生观念，敦促村民养成良好的环境卫生习惯。

作为一种社会规范，南方主要少数民族村规民约发挥积极有效的社会作用也需要通过相应的机制得以实现，其发挥积极作用的原因可以归纳为制定机制上注重自治性、内容安排上注重针对性、保障机制上注重强制性等方面。促进治理有效，实现乡村善治，需要健全自治、法治、德治相结合的乡村治理体系，要求在分析南方主要少数民族村规民约与国家法的契合、差异等关系基础上，根据法律法规规定和乡村治理实际，进一步发挥南方主要少数民族村规民约在生态环境保护和乡村治理中的积极作用。

目 录

导　论

一、问题意识

自然资源与生态环境是人类生存、发展的基础条件，良好的生态环境、丰富的自然资源更是人类长期存续的重要保障。但是利用的无效率、无节制又会严重威胁自然资源与生态环境的可持续性，带来洪涝、火灾等灾害，造成生命危险和财产损失。为此，在人类社会产生、发展过程以及相互交往、相互协作中形成了调整人与生态环境关系的思想、观念、理念、规范、制度，其中规范、制度是思想、观念、理念的体现。

古代中国社会追求和谐、共生、共存的天人关系，以达至人类与社会、人类与自然的可持续发展，由此在自然资源与生态环境保护方面形成了诸多思想、观念、理念、规范和制度。先秦时期，哲人圣贤，于自然界存续发展之道与术，多有阐释。老庄之道家思想，以“道”为核心，以“天人合一”为主旨，在人与自然生态关系方面形成了和谐统一的自然观。老子言："人法地，地法天，天法道，道法自然。"① 此处"自然"既有自然环境、自然运行规律之意，又有超验之"自然"状态之意。在人与自然生态环境形成和谐关系、促进人与社会可持续发展等方面，以老子为代表的道家思想蕴含丰富的内容，并为学界所重视。②

儒家则以阐释"仁""义""礼""智""信"等道德伦理为核心，在博大精深的儒家思想体系中也涉及人与自然生态环境的关系。孔子曰："天何言哉？四时行焉，百物生焉。天何言哉！"③ 此"天"主要意指自然之天，意在教谕人类要遵循自然运行之规律，不得恣意违背。孟子也曾云：

不违农时，谷不可胜食也；数罟不入洿池，鱼鳖不可胜食也；斧斤以时入山林，材木不可胜用也。谷与鱼鳖不可胜食，材木不可胜用，是使民养生丧死无憾也。养生丧死无憾，王道之始也。④

"养生丧死"乃人之根本，生态环境、自然资源与之唇齿相依、息息相关。

---

① 〔魏〕王弼注：《老子道德经注校释》，楼宇烈校释，中华书局2008年版，第64页。

② 以道家生态文明思想为主要研究内容的论著众多，代表性的成果有：李远国、陈云：《衣养万物：道家道教生态文化论》，巴蜀书社2009年版；刘固盛主编：《道家道教与生态文明》，华中师范大学出版社2015年版；王素芬、丁全忠：《生态语境下的老子哲学研究》，人民出版社2016年版。

③ 杨伯峻译注：《论语译注》《阳货篇第十七》，中华书局1980年版，第88页。

④ 〔汉〕赵岐注，〔宋〕孙奭疏：《孟子注疏》卷一上《梁惠王章句上》，廖名春、刘佑平整理，钱逊审定，北京大学出版社1999年版，第9－10页。

墨家以“兼爱”“尚贤”“非攻”“节用”等为思想内核，其中“节用”思想蕴含着丰富的生态环境保护含义，“节用”意味着不能浪费有限的自然资源，也就不会严重损害生态环境的平衡与可持续发展。

是故古者圣王制为节用之法，曰：“凡天下群百工，轮、车、鞼、匏，陶、冶、梓、匠，使各从事其所能。”曰：“凡足以奉给民用，则止。”诸加费不加于民利者，圣王弗为。①

墨子倡导“足以奉给民用”，百工即停止，也就是不再利用林木、土壤等自然资源，从而强调有效保护稀缺的自然资源和脆弱的生态环境。

思想、观念、理念是规范、制度的指导，反过来规范、制度又强化思想、观念、理念。传统中国，关于自然资源与生态环境保护，无论是国家法律，还是乡规民约、家法族规等非国家法，都有相关规制。例如，作为传统中国法典集大成的《唐律疏议》即对“占固山野陂湖利”的行为给予刑事处罚。《唐律疏议》规定：

诸占固山野陂湖之利者，杖六十。

【疏】议曰：山泽陂湖，物产所植，所有利润，与众共之。其有占固者，杖六十。已施功取者，不追。②

① 〔清〕孙诒让：《墨子闲诂》，孙启治点校，中华书局2001年版，第163－164页。

② 〔唐〕长孙无忌等撰：《唐律疏议》卷二十六《杂律》，“占固山野陂湖利”条，刘俊文点校，中华书局1983年版，第489页。

关于田野焚烧，《唐律疏议》也规定必须根据时节，否则予以惩处。

诸失火及非时烧田野者，笞五十；非时，谓二月一日以后、十月三十日以前。若乡土异宜者，依乡法。延烧人舍宅及财物者，杖八十；赃重者，坐赃论减三等；杀伤人者，减斗杀伤二等。

【疏】议曰："失火"，谓失火有所烧，及不依令文节制而非时烧田野者，笞五十。其于当家之内失火者，皆罪失火之人。注云"非时，谓二月一日以后、十月三十日以前。若乡土异宜者，依乡法"，谓北地霜早，南土晚寒，风土亦既异宜，各须收获总了，放火时节不可一准令文，故云"各依乡法"。延烧人舍宅及财物者，各杖八十。"赃重者"，谓计赃得罪重于杖八十，坐赃论减三等。准赃二十疋以上，即从赃科。"杀伤人者，减斗杀伤罪二等"，谓烧杀人者，失火及烧田之人减死二等，合徒三年；不合偿死者，从本杀伤罪减。其赃若损众家之物者，并累亦倍论。

其行道燃火不灭，而致延烧者，各减一等。

【疏】议曰：人在行路之上，或须燃火，事了发去，皆须灭之。若不扑灭，而致延烧他人林木、舍宅、财物，或杀伤人者，各减上文罪一等：谓延烧赃少者，杖八十上减一等；赃重者，坐赃上减四等，罪止徒一年；杀伤人者，减斗杀伤三等。故云"各减一等"。①

---

① 〔唐〕长孙无忌等撰：《唐律疏议》卷二十七《杂律》，"非时烧田野"条，刘俊文点校，中华书局1983年版，第509－510页。

除了国家法律之外，村规民约、家法族规等社会规范也有针对自然资源与生态环境保护的直接内容。作为聚合宗族的社会规范，家法族规的核心内容是在明确区分善恶的基础上，劝谕全族为善积德，不得为非作恶。宗族的意义在于每一个人不仅仅是一个个独立的个体，而且是宗族的一员，每一个人都是宗族延续和发展的参与者。自然资源与生态环境保护便是宗族存续的重要保障，因此家法族规也会对其进行规制。例如，道光十九年（1839 年），江西乐安流坑董氏宗族为保护宗族所有的山林，专门制定了《樟木坑禁约》，其中规定：

为约法严禁山林，杜戕害，以资生息事：窃议樟木坑、小带等处之山，为吾房刍荛所出，实为公私日用所由生也。先人栽植培养，所有松杉杂木，及茶子等树，原为后人生活之地。每年入山摘取茶子，合房均沾其利。或遇有大工程，即选杉树出售，颇堪供用。盖土地所宜，不粪不耕，而能潜滋暗长，诚为自然之美丽也。特恐斧斤不时，旦旦而伐，则萌蘖不能遂其生，拱把何由得大？近来子弟不法，日以樵苏为名，盗砍枝桠，夹带柴薪内挑归。一人作俑，众皆效尤。……兹特约法严禁。除斫取地柴外，如有盗取树木一枝一桠者，一经查获，立拘赃犯到祠，分别责罚。见证报信，亦即记功给赏。其有在场确见，徇情隐匿，亦拟为从，一体同罚。①

① 〔清〕道光十九年（1839 年）《乐邑流坑董印明公房谱》之《樟木坑禁约》，转引自关传友：《明清时期宗谱家法中植树护林行为的探讨》，载姜振寰主编：《技术史研究》，哈尔滨工业大学出版社 2002 年版，第 236－237 页。

董氏宗族制定的这一家法族规旨在保护山林，造福后代，体现了传统中国家族、宗族在社会存续发展中的重要意义。先祖栽植林木不仅仅是为了自己，而是为了后世子孙，因此某一代人绝对不能消耗过多的山林等自然资源。在世代延续中，传统中国的自然资源与生态环境在很长一段时期内都是符合可持续发展的要求，但是某些人可能会为了一己私欲而随意侵占，这就要求有家法族规、乡规民约等行为规范的约束和规制。

从法多元的视角看，家法族规与乡规民约、村规民约都是适用于中国传统乡土社会的两种法规范形式，二者既有差异也有相似之处。一方面，家法族规的适用范围主要是某一个家族内部，一般是被记录在族谱之中传承，并作为整个家族共同遵守的行为规范；而村规民约的适用范围是某一乡村社会区域，适用对象是该乡村社会区域范围内的村民，有时对居住或者生活在本乡村社会内的外来村民也有相应的效力。另一方面，家法族规与村规民约在使用范围方面也可能会存在重合之处，如果某一村落区域范围内的宗族比较单一，那么该宗族的家法族规与村规民约在通常情况下可以是一致的。村规民约是传统中国乡村社会秩序维持的重要社会规范，历史上比较具有代表性的是：北宋吕氏兄弟所撰《吕氏乡约》、南宋朱熹所撰《增损吕氏乡约》、明代王阳明所修《南赣乡约》、明代吕坤所修《乡甲约》。传统中国地域广阔，不同地区的村规民约所要处理的社会发展问题也存在着诸多差异，这就导致村规民约在具体内容方面也有差别。在不断演变发展过程中，村规民约中开始增加有关自然资源与生态环境保护的内容，并在实践中取得了良好的社会效果。例如，贵州省锦屏县河口乡文斗村现有一刊刻于乾隆三十八年（1773 年）、以保护村寨生态环境为目的的“六禁碑”，即属村规民约的范畴。此碑刊刻时间较早，并一直保存至今，被誉为我国最早的环保古碑。其主要内容如下：

众等公议条禁开列于左：

一禁不俱（拘）远近杉木，吾等所靠，不许大人小孩砍削，如违罚艮（银）十两。

一禁各甲之阶分落，日后颓坏者自己补修，不遵禁者罚艮（银）五两，与众补修，留传后世子孙遵照。

一禁四到油山，不许乱伐乱捡，如违罚艮（银）五两。

一禁今后龙之阶，不许放六畜践踏，如违罚艮（银）三两修补。

一禁不许赶瘟猪牛进寨，恐有不法之徒宰杀，不遵禁者送官治罪。

一禁逐年放鸭，不许众妇女挖阶前后左右锄膳，如违罚艮（银）三两。

乾隆叁拾捌年仲冬月姜弘道书撰立①

作为由乡村共同体保障执行力与强制力的社会规范，包括自然资源与生态环境保护内容在内的村规民约，在传统中国乡

① 刘毓荣主编，《锦屏县林业志》编纂委员会编：《锦屏县林业志》，贵州人民出版社 2002 年版，第 460 页。

村社会发挥着重要作用，并一直延续至今。中华人民共和国成立后，特别是改革开放以来，我国对生态环境保护重要性的认识在不断提升。2012 年 11 月，党的十八大作出“大力推进生态文明建设”的战略部署，并首次明确“美丽中国”是生态文明建设的总体目标。党的十八大以来，党中央更是把“生态文明建设”作为统筹推进“五位一体”总体布局和协调推进“四个全面”战略布局的重要内容，生态文明建设从认识到实践都发生了全局性的变化，“美丽中国”建设迈出了重要步伐。党的十九大将“美丽”二字写入社会主义现代化强国目标，即要把我国建设成为“富强民主文明和谐美丽的社会主义现代化强国”，提出“坚持人与自然和谐共生”的基本方略，要求“加快生态文明体制改革，建设美丽中国”。“绿水青山就是金山银山”，我国对自然资源与生态环境保护的重视也达到了一个新的高度。

建设美丽中国，传统治理资源和当代治理实践都是需要重点挖掘的内容。1949 年中华人民共和国成立以来，南方少数民族乡村地区在继承传统村规民约的同时，也有根据社会发展需要增加的新内容，这些村规民约在乡村治理实践中发挥着积极的促进作用。在自然资源与生态环境方面，南方少数民族地区多是山林密布、水流环绕，拥有天然的生态优势。但是如果不重视保护、恣意开发利用，宝贵的自然资源很容易遭到破坏，生态环境也会逐渐恶化，短时间内的经济增长可能严重损害可持续发展。为此，南方少数民族乡村地区的大多数村规民约对自然资源与生态环境保护有相关规定，或者是专门制定此方面的村规民约，这些村规民约是研究南方少数民族自然资源与生态环境保护习惯法的重要文本载体。此外，村规民约的规范作用也需要在实际案例中得以体现和强化，否则停留在纸面或者石碑上的文字很容易被民众忘记。本书以南方主要少数民族村规民约为分析对象，研究南方少数民族乡村地区的生态环境保护习惯法，在内容上涵盖自然资源保护与乡村环境卫生整治，在时间范围上以1949年中华人民共和国成立后制定和实施的村规民约为主，在民族范围上涵盖苗族、侗族、瑶族、彝族、藏族、畲族、独龙族等南方主要少数民族，在地区范围上包括贵州、广西、浙江、四川、福建、云南等省区。

二、研究意义

当前我国正在大力实施乡村振兴战略，其中生态宜居、治理有效是五项总要求中的两项，生态宜居是关键，治理有效是基础，乡村治理有效是乡村振兴、乡村发展的保障，自然资源与生态环境更是乡村社会发展的物质基础条件。南方少数民族地区的乡村社会，在工业化、信息化、智能化等方面的发展可能存在条件制约，但农业、农村的功能也是工业无法替代的。农业的发展、农村社会的秩序维持、农民生活水平的提升，都需要法律法规、村规民约等行为规范予以保障。因此，以南方主要少数民族村规民约为分析对象，论述村规民约与生态环境保护的关系，研究南方少数民族地区生态环境保护习惯法，既有一定的理论意义，也有一定的实践价值。

其一，南方主要少数民族村规民约是保障和促进村民自治的重要社会规范，而村民自治是我国基层民主自治制度的重要组成部分。作为写入《村民委员会组织法》而具有明确法律根据的乡村治理社会规范，村规民约研究是村民自治理论研究中有关社会规范研究方面必须重视的论题。村规民约在我国乡村治理发展中拥有比较长期的发展历史和现实存在价值。村规民约的存在与我国经济、社会、文化等因素密切联系，因此需要做综合性、系统性的研究。南方少数民族地区在长期的乡村治理实践过程中，注重村规民约的制定和实施，形成了符合当地乡村社会治理需要的村规民约。因此，对南方主要少数民族村规民约进行理论分析，有利于深化村民自治理论。

其二，南方主要少数民族村规民约也是我国法社会学研究中非常重要的研究对象。深入探讨中国乡土、基层和民众，找寻维持中国社会秩序的脉络和因素，是法社会学中国化的重要主题。法社会学强调法多元主义的视角，习惯法、国家法都是社会秩序维持的重要社会规范，村规民约是我国乡村社会习惯法的一种表现形式。从习惯法的内容分类来看，生态环境保护习惯法也是习惯法的重要领域，并且目前我国关于生态环境保护习惯法的研究还有进一步深入分析的空间。本书以南方主要少数民族村规民约为分析对象，以法社会学为分析框架，研究生态环境保护习惯法，在一定程度上也有助于拓展和深化习惯法的研究领域。

其三，南方主要少数民族村规民约是推进全面依法治国战略下，加强法治国家、法治社会一体建设的重要规范路径。与传统乡规民约主要属于乡治、乡村自治不同，当代中国的南方主要少数民族村规民约已经被纳入国家政治建设特别是基层民主制度建设的框架中。法律是治国之重器，法治更是国家治理体系和治理能力的重要依托。全面依法治国是“四个全面”战略布局的重要组成，是全面建成小康社会的法治保障。全面深化改革、全面从严治党，也都需要在法治的轨道上、框架下来进行。法治社会是法治国家和法治政府的基础，是推进全面依法治国的重要内容，是建设社会主义法治国家的有机组成部分。当代的村规民约是村民群体根据《村民委员会组织法》等法律法规的规定，按照一定程序制定并对村民具有约束力的一种社会规范，旨在推动村民自我管理、自我教育、自我服务。在内容方面，既包含遵循和重述《宪法》《村民委员会组织法》《森林法》等国家法的内容，也蕴含传承和弘扬民事习惯法、公共领域习惯法、保障习惯法等乡村习惯法的内容，既保证了国家法在乡村社会的权威性和强制约束力，又体现了乡村社会对传统乡村习惯法的再规范，实现了国家法与乡村习惯法在村规民约这一特定范围内的结合，发挥了村规民约在乡村社会治理中的积极作用，有利于推动乡村社会的依法治理。

其四，作为一种行为规范，南方主要少数民族村规民约的有效性最终还是需要落实到乡村治理实践中，因此本研究也具有一定的实践价值。南方少数民族地区的村规民约，数量众多，内容丰富，共性与个性同在，在不同的乡村治理实践中也产生了不同的社会效果。受资料搜集和研究条件限制，本书所使用的村规民约是南方主要少数民族村规民约。一方面，本书在对南方主要少数民族村规民约进行文本分析的同时，也通过社会实地调研、新闻报道等途径获得相关实际案例，以此作为村规民约发挥实际作用的佐证。另一方面，通过总结和分析南方主要少数民族地区村规民约，我们也可以比较全面地认识南方主要少数民族村规民约与生态环境保护习惯法的关系，有助于为南方少数民族不同地区乃至全国其他地区的村规民约的制定和实施提供一定的借鉴。

三、基本概念

本书以南方主要少数民族村规民约为分析对象，以村规民约与生态环境保护的关系为切入点，以生态环境保护习惯法为主要理论概念依托，因此其基本概念或者核心概念主要有：习惯法、生态环境保护习惯法、村规民约、自然资源与生态环境。

（一）习惯法与生态环境保护习惯法

定义和理解“习惯法”，离不开对“法”“法律”的定义和理解。本书基于法多元主义的视角，强调“法”在本质上是一种行为规范。习惯法是法社会学研究中非常重要的一个概念，将“习惯”与“法”连在一起，即是从广义的角度理解“法”。[①]“凡是为了维护社会秩序，进行社会管理，而依据某

① 关于“习惯法”的定义，许多研究者已经从法多元主义视角作了区分，本书此处不再作重复性的梳理。有关内容，可参见相关论著，例如，高其才：《中国习惯法论（第3版）》，社会科学文献出版社2018年版，第1－16页；范宏贵：《少数民族习惯法》，贵州教育出版社1990年版，第22－26页。

种社会权威和社会组织，具有一定强制性的行为规范”①，都可以称之为“法”。因此，根据制定者、权威来源、强制性保障等要素的不同，“法”可以划分为国家法和非国家法两大类，而习惯法是非国家法的主要表现形式。那么，又该如何定义“习惯法”？法社会学理论研究中的一个重要关系是国家—社会，因此国家法对应“国家”，非国家法（习惯法）对应“社会”。高其才教授将“习惯法”定义为：“习惯法是独立于国家制定法之外，依据某种社会权威和社会组织，具有一定强制性的行为规范的总和。”② 需要指出的是，在全面依法治国的背景下，习惯法与国家法的关系也开始发生一些变化。例如，我国的民事基本法律中出现了“习惯”字样，这意味着赋予了“习惯”的法源功能。中华人民共和国第十二届全国人民代表大会第五次会议于2017年3月15日通过的《中华人民共和国民法总则》（以下简称《民法总则》，现已废止）第10条规定：“处理民事纠纷，应当依照法律；法律没有规定的，可以适用习惯，但是不得违背公序良俗。”法律由国家制定或认可，具有国家意志性，此处的“习惯”已经成为国家法意义上的国家“习惯法”。同时，《民法总则》对习惯进行了隐含规定、吸纳规定，但在涉外民事法律适用中的习惯规范和民族自治地方变通或者补充规定中的习惯规范，依然还有进

① 高其才：《中国习惯法论（第3版）》，社会科学文献出版社2018年版，第3页。

② 高其才：《中国习惯法论（第3版）》，社会科学文献出版社2018年版，第3页。

一步完善的必要。①

总体来看，习惯法的种类丰富，根据不同的划分标准，可以有不同的种类形式。② 从规定的内容上看，习惯法主要可以划分为民事习惯法、公共生活习惯法、纠纷处理习惯法。民事习惯法大体包括婚姻家庭习惯法、民间交易习惯法等；公共生活习惯法包括维持自然生态秩序、社会治安秩序、公共财产使用秩序、公益事业秩序等方面的具体习惯法；纠纷处理习惯法包括调解、自力救济等内容。随着生态环境的重要性日益提升，在习惯法研究领域也出现了以“生态习惯法”“环境习惯法”“环境保护习惯法”或者类似表达的新习惯法研究领域。关于“环境习惯法”的定义，有学者认为其含义与“生态习惯法”一致，是指“在民间自发生成的，以生态保护为指向的，人们在生活中根据事实和经验并依据某种社会权威和组织确立的，某种程度上有可能具有强制力的行为规范”。③ 本书所要研究的生态环境保护习惯法主要属于公共生活习惯法的范畴，指的是以村民生活的村落为主要适用区域、以自然资源与乡村环境卫生整治为主要内容的行为规范。生态环境保护习惯

---

① 详情请参见高其才：《认可、吸纳与空漏：〈民法总则〉对习惯的规范及完善》，载《江海学刊》2017 年第 5 期。

② 既有按照属人原则，依靠宗族而形成的宗族习惯法，也有按属地原则，基于地缘关系而形成的村落习惯法，宗教寺院习惯法则是依据神权而形成，行业习惯法和行会习惯法是由于业缘关系而形成，少数民族习惯法和秘密社会习惯法稍微负责，有地缘、神缘因素，也有血缘因素，依据多种社会权威而形成。参见高其才：《中国习惯法论（第 3 版）》，社会科学文献出版社 2018 年版，第 11 – 16 页。

③ 田信桥等：《环境习惯法研究》，法律出版社 2016 年版，第 5 页。

法与国家法并不是相互分离的，生态环境保护习惯法的许多内容都是有国家法上的根据，生态环境保护习惯法与国家法意义上的自然资源与生态环境保护法律法规是相互影响、相互促进的。

（二）村规民约

村规民约是一个晚近出现的概念，历史上的通常用法是“乡规民约”或者“乡约”。本书主要研究 1949 年中华人民共和国成立后的南方主要少数民族村规民约，此处的“村规民约”实际上早已成为一个法律概念。同时在很多情况下，“乡规民约”与“村规民约”的含义一致，本书并没有严格区分。作为法律概念，“村规民约”最早出现在 1987 年的《村民委员会组织法（试行）》，第 16 条规定：“村规民约由村民会议讨论制定，报乡、民族乡、镇的人民政府备案，由村民委员会监督、执行。村规民约不得与宪法、法律和法规相抵触。”第 19 条规定：“驻在农村的机关、团体、部队、全民所有制企业、事业单位的人员，不参加村民委员会组织；不属于村办的集体所有制企业、事业单位的人员，可以不参加村民委员会组织。但是，他们都应当遵守村规民约。”其后，1998 年《村民委员会组织法》中也继续使用“村规民约”这一概念，在 2010 年和 2018 年修订中，“村规民约”依然存在。2018 年《村民委员会组织法》第 27 条规定：“村民会议可以制定和修改村民自治章程、村规民约，并报乡、民族乡、镇的人民政府备案。村民自治章程、村规民约以及村民会议或者村民代表会议的决定不得与宪法、法律、法规和国家的政策相抵触，不得有侵犯村民的人身权利、民主权利和合法财产权利的内容。”关于“村规民约”的定义，村规民约是“村民会议根据国家法律、法规和政策，结合本村的实际情况，讨论制定的某一方面的行为规范”①。从村规民约的规范内容方面来看，村规民约是“乡村民众为了办理公共事务和公益事业、维护社会治安、调解民间纠纷、保障村民利益、实现村民自治，民主议定和修改并共同遵守的社会规范”②。村规民约的核心是“规”和“约”，是村民共同议定、约定的规范，旨在维持乡村社会这个共同体的秩序，进而促进乡村公共事务的治理。

关于村规民约与习惯法的关系，本书认为，村规民约实质上是习惯法的一种当代表现形式。有学者也认为：“过去的地方志把习惯法列入乡规民约类记载下来。现代出版的书籍把乡规民约与习惯法等同，习惯法就是乡规民约，乡规民约就是习惯法，如侗族的款约，苗族的‘榔规’，就是这样。”③ 本书认同上述观点，基于法多元主义的视角，结合习惯法的概念，南方主要少数民族村规民约实质上是习惯法的一种表现形式，生态环境保护村规民约即是生态环境保护习惯法的表现形式。

---

① 参见“中国人大网”，《中华人民共和国村民委员会组织法释义》。网址：http：//www. npc. gov. cn/npc/flsyywd/xianfa/2000 - 10/20/content_ 8450. htm，最后访问时间：2019 年 6 月 16 日。

② 陈寒非、高其才：《乡规民约在乡村治理中的积极作用实证研究》，载《清华法学》2018 年第 1 期，第 63 页。

③ 范宏贵：《少数民族习惯法》，吉林教育出版社 1990 年版，第 20 页。

（三）自然资源与生态环境

自然资源与生态环境虽然是两个不同的概念，但二者却是紧密相连的，自然资源不只是可供人类利用的生产性资料，还是整个生态环境的重要组成部分。因此，本书对村规民约与生态环境保护习惯法的研究，涉及自然资源、生态环境、乡村环境卫生整治等多个方面。自然资源与生态环境保护问题在我国有明确的宪法和法律根据。我国《宪法》第 9 条明确规定保护自然资源，“矿藏、水流、森林、山岭、草原、荒地、滩涂等自然资源，都属于国家所有，即全民所有；由法律规定属于集体所有的森林和山岭、草原、荒地、滩涂除外。国家保障自然资源的合理利用，保护珍贵的动物和植物。禁止任何组织或者个人用任何手段侵占或者破坏自然资源”。第 10 条则专门规定了土地问题，“城市的土地属于国家所有。农村和城市郊区的土地，除由法律规定属于国家所有的以外，属于集体所有；宅基地和自留地、自留山，也属于集体所有。国家为了公共利益的需要，可以依照法律规定对土地实行征收或者征用并给予补偿。任何组织或者个人不得侵占、买卖或者以其他形式非法转让土地。土地的使用权可以依照法律的规定转让。一切使用土地的组织和个人必须合理地利用土地”。生态环境保护是我国的一项基本国策，《宪法》第 26 条规定：“国家保护和改善生活环境和生态环境，防治污染和其他公害。国家组织和鼓励植树造林，保护林木。”生活环境着眼点在农村人居环境，生态环境的范围要更广泛一些，但具体到乡村社会，生活环境与生态环境是密切相关的。例如，这里的“植树造林，保护林木”也属于自然资源保护的范围。

具体到自然资源与生态环境的概念，根据《辞海》，自然资源指的是天然存在的自然物（不包括人类加工制造的原材料）并有利用价值的自然物，如土地、矿藏、水利、生物、气候、海洋等资源，是生产的原料来源和布局场所。《中国大百科全书 法学》对自然资源的定义是“能够为人们所利用作为生产资料和生活资料来源的自然要素，一般包括土地资源、矿产资源、水资源、生物资源、海洋资源、气候资源、旅游资源等”①。关于生态环境的概念，并没有一个统一的认识，但关于生态环境的大体范围，它一般主要是“指影响人类生存与发展的水资源、土地资源、生物资源以及气候资源数量与质量的总称，是关系到社会和经济持续发展的复合生态系统”②。可以看出，在概念上，自然资源与生态环境有密切关联。分析生态环境的概念，学界多与人类社会联系起来。例如，有学者认为：“生态环境是指由生物群落及非自然因素组成的各种生态系统所构成的整体，主要或完全由自然因素形成，并间接地、潜在地、长远地对人类的生存和发展产生影响。”③ 乡村社会的生态环境是整个国家乃至人类社会生态环境的重要基

① 中国大百科全书总编辑委员会《教育》辑委员会、中国大百科全书出版社编辑部主编：《中国大百科全书 法学》，中国大百科全书出版社1984年版，第254页。

② 参见“百度百科”关于“生态环境”的词条说明。网址：https://baike.baidu.com/item/生态环境/84119?fr=aladdin，最后访问时间：2019年6月16日。

③ 刘芳主编：《生态资源大搜索》，安徽文艺出版社2012年版，第25页。

础，因此需要认真做好乡村社会生态环境保护事务。在立法上，我国的法律法规体系中也有对生态环境进行定义。《靖州苗族侗族自治县生态环境保护条例》[①] 是湖南省靖州苗族侗族自治县为了保护生态环境而专门制定的地方性法规。该条例第2条对生态环境的定义是："本条例所称生态环境是指自治县境内大气、水、土壤、森林、草场、湿地、矿藏、野生生物、自然遗迹、自然保护区、风景名胜区、城镇和乡村等影响人类生存与发展的各种天然和经过人工改造的自然因素的总和。"这一定义既涵盖各种自然资源，又包含自然遗迹、自然保护区、风景名胜区、城镇、乡村等特定区域，这是从广义上理解生态环境。生态环境保护习惯法也是从广义上理解生态环境，二者是相通的。

根据《中共中央关于深化党和国家机构改革的决定》《深化党和国家机构改革方案》和《国务院机构改革方案》，我国专门组建了自然资源部和生态环境部。在职能配置方面，自然资源部"履行全民所有土地、矿产、森林、草原、湿地、水、海洋等自然资源资产所有者职责和所有国土空间用途管制职责"[②]。生态环境部主要履行16项职责，其中明确要求"职能转变"，"生态环境部要统一行使生态和城乡各类污染排放监

---

① 2016年1月15日经靖州苗族侗族自治县第七届人民代表大会第四次审议通过，并于2016年3月30日经湖南省第十二届人民代表大会常务委员会第二十一次会议审查批准。2016年4月18日颁布，自2016年6月5日起施行。

② 《自然资源部职能配置、内设机构和人员编制规定》第3条。参见"自然资源部官网"上关于"三定方案"的规定。网址：http：//www. mnr. gov. cn/jg/sdfa/201809/t20180912_ 2188298. html，最后访问时间：2019年6月16日。

管与行政执法职责，切实履行监管责任，全面落实大气、水、土壤污染防治行动计划，大幅减少进口固体废物种类和数量直至全面禁止洋垃圾入境。构建政府为主导、企业为主体、社会组织和公众共同参与的生态环境治理体系，实行最严格的生态环境保护制度，严守生态保护红线和环境质量底线，坚决打好污染防治攻坚战，保障国家生态安全，建设美丽中国”。[①] 当前我国农村正在进行农村人居环境整治，即与生态环境保护直接相关，村规民约的社会规范作用也可以在实施过程中发挥具体的积极促进和保障作用。

基于对自然资源与生态环境概念的分析，我们可以看到二者所包含的范围非常宽泛，对自然资源概念的理解和使用侧重于其生产资源属性，而对生态环境概念的理解和使用则是侧重于人类生存和可持续发展必须依赖的客观环境。在中共中央、国务院《关于实施乡村振兴战略的意见》（2018 年 1 月2 日，以下简称《意见》）中，提出“坚持人与自然和谐共生。牢固树立和践行绿水青山就是金山银山的理念，落实节约优先、保护优先、自然恢复为主的方针，统筹山水林田湖草系统治理，严守生态保护红线，以绿色发展引领乡村振兴”。在生态宜居方面，该《意见》具体提出“统筹山水林田湖草系统治理”“加强农村突出环境问题综合治理”“建立市场化多元化生态补偿机制”“增加农业生态产品和服务供给”四个方面的要

① 参见生态环境部官网关于生态环境部职责的说明。网址：http://www.mee.gov.cn/zjhb/zyzz/，最后访问时间：2019 年6 月16 日。

求。2018 年 6 月 16 日，中共中央、国务院在《关于全面加强生态环境保护 坚决打好污染防治攻坚战的意见》中，强调“坚持山水林田湖草是生命共同体”。因此，结合村规民约适用于农村这一特定区域范围内的行为规范，本书使用的“生态环境保护”一词一方面包含土地资源、植物资源等自然资源的合理利用与保护，特别是山水林田湖草；另一方面包含乡村环境卫生整治，这主要是针对农民生活环境而言的。

在自然资源保护方面，本书结合南方主要少数民族村规民约的具体内容，重点阐释村规民约与土地资源、植物资源、动物资源、水资源、矿产资源等自然资源保护的关系。其中，动物资源又可以分为陆生野生动物资源、水生野生动物资源和驯养动物资源。根据《辞海》和《中国大百科全书 法学》对自然资源的定义，海洋资源与气候资源对于人类发展也是非常重要的两种自然资源。关于海洋资源，根据南方主要少数民族的分布状况，海洋资源对于少数民族群众而言，其可获得性较弱，并且主要集中于广东、广西、海南等沿海或者海岛地区。海洋资源中对少数民族群众有生产生活意义的主要是海洋渔业资源，本书将其归入水生野生动物资源一类加以分析。关于气候资源，气候资源也是自然资源的重要组成部分。气候资源是指“在一定的经济技术条件下，能为人类生活和生产提供可利用的光、热、水、风、空气成分等物质与能量的总称”。气候资源是一种具有循环性的可再生资源，对于乡村生产生活也具有重要意义。鉴于气候资源的特殊性，南方主要少数民族村规民约涉及的主要是水和空气，涉及水资源利用和水污染防治、空气污染防治。因此，本书将在水资源保护和乡村环境卫生整治部分予以具体分析村规民约的积极作用。①

乡村环境卫生整治是农村生态环境保护、农村生态宜居建设的另一个重要组成部分。为此，2018 年 2 月 5 日，中共中央办公厅、国务院办公厅印发《农村人居环境整治三年行动方案》，对 2018 年至 2020 年的乡村环境卫生整治进行了部署；2021 年 12 月 5 日，中共中央办公厅、国务院办公厅再次印发《农村人居环境整治提升五年行动方案（2021—2025 年）》。根据乡村环境卫生整治的范围，本书将其分为村容村貌提升整治、公共环境卫生整治与家庭环境卫生整治三个方面。村容村貌提升整治主要涉及村庄整体规划，公共环境卫生整治主要涉及农村道路等公共空间的环境卫生治理，家庭环境卫生整治主要涉及农村庭院等家庭内部的环境卫生治理。

四、研究现状

作为一种兼具历史性与现实性的社会规范，村规民约在我国的乡村治理中发挥着重要作用，学术界对村规民约的研究和探讨也比较深入和全面，并取得了众多成果。本书主要关注南方主要少数民族乡村地区村规民约与生态环境保护习惯法的关系，因此与之相关的主要是少数民族习惯法研究、村规民约研究，在内容上则侧重于生态环境保护方面。

① 中国科学技术协会主编，中国自然资源学会编著：《中国资源科学学科史》，中国科学技术出版社 2017 年版，第 356 页。

（一）少数民族习惯法与生态环境保护习惯法研究

习惯法是运用于社会中的社会规范，而社会的运行本身就是一个复杂的系统，因此习惯法的内容丰富，根据不同的标准可以有不同的类型划分。国家法的类型划分一般是以调整社会关系及其调整方式为依据，与之类似，习惯法也可以分为民事习惯法、刑事习惯法、生态环境保护习惯法、纠纷解决习惯法等。从这一角度来看，本书的研究主题是生态环境保护习惯法。在习惯法的类型划分中，还有少数民族习惯法这一重要类型，并且少数民族习惯法是习惯法研究的重心。正如有学者所说："中国少数民族习惯法是中国习惯法体系的主要组成部分，是中国习惯法体系中内容最丰富、影响最大的一种习惯法，它对当今的少数民族地区仍有重大影响。"①

关于少数民族习惯法的定义，学界在具体表达上有所不同，但其基本含义是相似的。总体上来说，对少数民族习惯法的定义离不开对习惯法的定义，少数民族习惯法强调习惯法的适用主体是少数民族。高其才教授认为中国少数民族习惯法是"我国广大少数民族在千百年来的生产、生活实践中逐渐形成、世代相袭、长期存在并为本民族成员所信守的一种行为规范，它为维护民族共同利益、维持社会秩序、促进社会发展、

---

① 高其才：《中国少数民族习惯法研究》，清华大学出版社2003年版，第11页。

传递民族文化起了积极的作用”①。有的学者则是以某一个或者某一地区的少数民族习惯法为具体分析对象，对少数民族习惯法进行定义。我国少数民族数量众多，这些少数民族群众在长期的历史发展过程中形成了独具特色的行为规范，即本民族的习惯法。例如，关于苗族习惯法，有学者认为：“苗族习惯法是指存在于苗族社会中，通过多种途径产生但非国家制定或认可的，有外部公共强制力保证实施，与国家法多元并存的社会规范体系。”② 关于侗族习惯法，有学者认为：“古老的款约法、现代的承袭于传统侗族习惯法的村规民约以及人们心中实际发挥作用的习惯规约共同组成了今天我们的研究对象——侗族习惯法。”③ 关于瑶族习惯法，有学者认为瑶族习惯法是“在瑶族社会生活中自发形成的、根据某种社会权威而存在，具有一定强制性的调整瑶族的群体及成员之间关系的行为规范的总和”④。虽然定义的具体表述有差异，但在法多元主义的视角下，其基本内涵是一致的。学术界对这些少数民族习惯法多有关注，著述甚多，既有关于少数民族习惯法的综合性研

① 高其才：《中国习惯法论（第3版）》，社会科学文献出版社2018年版，第210页。

② 周相卿：《黔东南雷山地区国家法与苗族习惯法关系研究》，载《贵州民族学院学报（哲学社会科学版）》2006年第3期，第5页。

③ 吴大华等：《侗族习惯法研究》，北京大学出版社2012年版，第26页。

④ 朱继胜：《瑶族习惯法研究》，中国法制出版社2015年版，第17页。

究，也有针对某一民族习惯法的专题性研究。[①] 总体上，少数民族习惯法文化具有民族性、群体性、具体性、类比性等特征，[②] 研究某一少数民族的习惯法，需要结合不同少数民族的发展历史、区域环境、人文传统等因素。

少数民族习惯法的内容丰富，生态环境保护习惯法即是其中重要组成部分。在少数民族习惯法研究中，大部分著述都会

① 此处仅以著作为例，具有代表性的就有：高其才：《习惯法的当代传承与弘扬：来自广西金秀的田野考察报告》，中国人民大学出版社 2015 年版；高其才：《中国少数民族习惯法研究》，清华大学出版社 2003 年版；高其才：《瑶族习惯法》，清华大学出版社 2008 年版；高其才主编：《当代中国少数民族习惯法》，法律出版社 2011 年版；范宏贵：《少数民族习惯法》，吉林教育出版社 1990 年版；陈金全主编：《西南少数民族习惯法研究》，法律出版社 2008 年版；龙大轩编著：《乡土秩序与民间法律：羌族习惯法探析》，中国政法大学出版社 2010 年版；吴大华等：《侗族习惯法研究》，北京大学出版社 2012 年版；陈金全、巴且日伙主编：《凉山彝族习惯法田野调查报告》，人民出版社 2008 年版；朱继胜：《瑶族习惯法研究》，中国法制出版社 2015 年版；吕志祥：《藏族习惯法及其转型研究》，中央民族大学出版社 2014 年版；韩立收编：《不落夫家：黎族传统亲属习惯法》，法律出版社 2015 年版；韩立收：《“查禁”与“除禁”：黎族“禁”习惯法研究》，上海大学出版社 2012 年版；韩立收：《天涯海角的老规矩：海南少数民族传统习惯法研究》，法律出版社 2018 年版；徐晓光：《款约法：黔东南侗族习惯法的历史人类学考察》，厦门大学出版社 2012 年版；杨经德：《回族伊斯兰习惯法研究》，宁夏人民出版社 2006 年版；雷伟红：《畲族习惯法研究：以新农村建设为视野》，浙江大学出版社 2016 年版；冉春桃、蓝寿荣：《土家族习惯法研究》，民族出版社 2003 年版；张济民主编：《诸说求真：藏族部落习惯法专论》，青海人民出版社 2002 年版；张济民主编：《寻根理枝：藏族部落习惯法通论》，青海人民出版社 2002 年版；李鸣：《碉楼与议话坪：羌族习惯法的田野调查》，中国法制出版社 2008 年版；陈秋云等：《黎族传统社会习惯法研究》，法律出版社 2011 年版；张邦铺：《彝族习惯法及调解机制研究》，法律出版社 2016 年版。

② 具体内容，可参见高其才：《论中国少数民族习惯法文化》，载《中国法学》1996 年第 1 期，第 76－78 页。

涉及这一部分的内容，在论述中也会结合民族文化传统进行论析。高其才教授《中国少数民族习惯法研究》一书主要从法学和历史学角度，对少数民族习惯法进行了全面深入研究。在书中，作者将少数民族习惯法分为社会组织与头领习惯法、婚姻习惯法、家庭及继承习惯法、丧葬习惯法、宗教信仰习惯法、社会交往习惯法、生产及分配习惯法、所有权习惯法、债权习惯法、刑事习惯法、调解处理审理习惯法等。虽然书中没有出现生态环境保护习惯法这一特定名称，但在具体论述中则有所体现。例如，在“社会组织与头领习惯法”部分，在介绍壮族寨老制度时，寨老的职责就包含“领导全村寨进行生产、公益事业的建设，如修筑道路桥梁、挖掘水井、植树造林、护林防火和开发利用水利资源等”①。在“所有权习惯法”部分，对山林土地所有、占有、使用权和牧场、草场占有权的分析，也都与生态环境保护习惯法有直接关联。②

随着生态文明的观念日益深入人心，生态环境保护的重要性也日益提升，在习惯法研究领域出现了以“生态习惯法”“环境习惯法”“环境保护习惯法”或者类似表达的新习惯法研究领域。田信桥等著的《环境习惯法研究》③ 是我国较早以环境习惯法为专门研究对象的著作。该书共分环境习惯法基础

---

① 高其才：《中国少数民族习惯法研究》，清华大学出版社2003年版，第41页。

② 详细内容请参见高其才：《中国少数民族习惯法研究》，清华大学出版社2003年版，第125－134页。

③ 田信桥等：《环境习惯法研究》，法律出版社2016年版。

理论、林业习惯法理论研究、田野调研与实证研究、农地习惯法研究四篇。关于“环境习惯法”的定义，该书认为其含义与“生态习惯法”一致，是指“在民间自发生成的，以生态保护为指向的，人们在生活中根据事实和经验并依据某种社会权威和组织确立的，某种程度上有可能具有强制力的行为规范”①。该书在内容上以林业习惯法为主，兼涉农地习惯法；在时间上，既有对清代寺庙林管理习惯等历史上的环境习惯法的论述，也有对当下环境习惯法司法适用的考察；在民族习惯法的类别上，既有藏族习惯法，也有汉族聚居地区环境习惯法。该书强调环境习惯法与国家法的互动，以推动生态文明法治建设。

吕志祥《藏族习惯法及其转型研究》一书，在藏族习惯法的主要内容部分，也专门有“环境法规”一部分，并从生态法规和自然资源法规两个方面进行论述。关于生态法规，该书强调藏传佛教思想对藏族群众的影响，并结合“习惯法中的生态法规”和“历史上藏区地方政权颁布的生态法规”两个角度进行分析。关于自然资源法规，该书也从“习惯法中的自然资源法规”和“历史上藏区地方政府和中央政府颁布的自然资源法规”两个角度进行分析。②

吴大华等著的《侗族习惯法研究》一书对侗族习惯法的萌生与发展、表现形式、内容、变迁等内容进行了全面论析。

① 田信桥等：《环境习惯法研究》，法律出版社2016年版，第5页。

② 参见吕志祥：《藏族习惯法及其转型研究》，中央民族大学出版社2014年版，第63－67页。

其中，在侗族习惯法中也有自然资源与生态环境保护习惯法的内容。在“保护生产、生活款约”部分，侗族对水资源强调资源的共享、合理使用，“值班人要妥善解决上丘下丘、大丘小丘、傍田冲田的田水分配，在大旱的年份，尤其要兼顾好。若发生偷水、毁田坝的事，不仅要肇事者恢复原状，还要赔钱”。① 该书还专门论述了“保护生态款约”，涉及林粮间作、禁山护林等内容，其中《二月约青》《六洞公众禁约碑》《文斗六禁碑》都是传统社会侗族村规民约，也是自然资源与生态环境保护习惯法的内容。②

龙大轩著的《乡土秩序与民间法律：羌族习惯法探析》一书，在介绍生活劳作习惯与习惯法时，也分析了“田管”制度和“封山”“犯林”的内容。“田管”是保护农作物的习惯法，田管的职责是看护青苗，不受人畜破坏。“封山”“犯林”的内容是直接保护山林，这也说明少数民族有保护森林资源的传统。③

陈金全、巴且日伙主编《凉山彝族习惯法田野调查报告》一书对彝族习惯法进行了全面论析。该书采用现代法律的分类方式，兼采习惯法中固有的分类方法，根据田野调查结果，将凉山彝族习惯法规则分为兹莫统治、家支制度和等级关系、民

---

① 参见吴大华等：《侗族习惯法研究》，北京大学出版社 2012 年版，第 100－101 页。

② 参见吴大华等：《侗族习惯法研究》，北京大学出版社 2012 年版，第 102－105 页。

③ 参见龙大轩著：《乡土秩序与民间法律：羌族习惯法探析》，中国政法大学出版社 2010 年版，第 126－128 页。

事习惯法、刑事习惯法、程序习惯法等部分进行论述。其中，在刑事习惯法中，规定：“山坡上的独树（视为神树）不能砍”，“偷鸡是最耻辱的，虽然没有什么具体的处罚，但最被人看不起，并且不能参加社交活动”。在侵犯财产部分，则规定偷绵羊、偷山羊、偷猪、偷牛、偷马、偷猫、偷家禽等处罚内容。①

朱继胜著的《瑶族习惯法研究》一书将瑶族习惯法分为社会组织习惯法、生产习惯法、物权习惯法、债权习惯法、婚姻家庭与继承习惯法等内容。在农事习惯法中，广西金秀一带的瑶老、社老负责春秋“祭社”“吃社”活动，社老对众人“料话”，宣布和解释有关农事活动的规约，其中涉及用水、禽畜管理等内容。在物权习惯法中，也有处罚盗伐杉树、林木等内容。②

其他著作还有俞荣根主编的《羌族习惯法》③、张冠梓著的《论法的成长——来自中国南方山地法律民族志的诠释》④、徐晓光著的《原生的法——黔东南苗族侗族地区的法人类学调查》⑤、周相卿著的《台江县五个苗族自然寨习惯法调查与

---

① 参见陈金全、巴且日伙主编：《凉山彝族习惯法田野调查报告》，人民出版社2008年版，第84－87页。

② 具体内容请参见朱继胜：《瑶族习惯法研究》，中国法制出版社2015年版。

③ 俞荣根主编：《羌族习惯法》，重庆出版社2000年版。

④ 张冠梓：《论法的成长——来自中国南方山地法律民族志的诠释》，社会科学文献出版社2000年版。

⑤ 徐晓光：《原生的法——黔东南苗族侗族地区的法人类学调查》，中国政法大学出版社2010年版。

研究》[①]、叶英萍著的《黎族习惯法：从自治秩序到统一法律秩序》[②]，这些著述既有历史叙事，也有实地调查，从不同角度对某一地区或者某一民族的习惯法进行论述。在具体论述中，这些著述也包含着与生态环境保护习惯法相关的内容。

在期刊论文方面，学界在对少数民族习惯法进行总体论述的时候，其中也包含着生态环境保护的内容。例如，在盗窃方面禁止偷盗禽畜、严禁盗伐林木等。近些年来，关于生态环境保护习惯法研究的专门性论文中，有许多论文关注“环境习惯法”“环境保护习惯法”“生态习惯法”。[③] 常丽霞、田文达在《当代少数民族生态环境习惯法研究述评》一文中，对国内学者1994—2018年间的研究成果，从生态环境习惯法的基本理论研究、生态环境习惯法的价值和功能研究、生态环境习惯法与国家法的关系研究、环境资源纠纷解决的习惯法研究、环境要素保护习惯法研究、典型的区域性生态环境系统保护的习惯法研究、不同少数民族生态环境习惯法的比较研究、少数民族环境权研究、少数民族生态环境习惯法研究的述评九个方面进行总结，并介绍了生态环境习惯法研究的特征、不足并进

---

① 周相卿：《台江县五个苗族自然寨习惯法调查与研究》，贵州人民出版社2009年版。

② 叶英萍：《黎族习惯法：从自治秩序到统一法律秩序》，社会科学文献出版社2012年版。

③ 张剑源在“中国知网”上对1989—2010年间的少数民族习惯法研究进行搜索，从题名上看直接关于环境与资源保护的有28篇，具体内容可参见：张剑源：《近二十年来中国少数民族习惯法研究》，载高其才主编：《当代中国少数民族习惯法》，法律出版社2011年版，第322－324页。

行了展望。① 方印、燕海飞、刘琼在《少数民族环境习惯法研究综评——基于近十年来期刊文献的观察》一文对2007—2017年间的少数民族环境习惯法研究进行了述评。② 在具体的论文方面，比较具有代表性的有：郭武、高伟：《藏族环境习惯法文化与环境保护》，载《甘肃政法学院学报》2005年第5期；马晓琴、杨德亮：《地方性知识与区域生态环境保护——以青海藏区习惯法为例》，载《青海社会科学》2006年第2期；余贵忠：《少数民族习惯法在森林环境保护中的作用——以贵州苗族侗族风俗习惯为例》，载《贵州大学学报（社会科学版）》2006年第5期；刘艺工、申伟：《中国少数民族环境保护习惯法简论》，载《科学·经济·社会》2007年第4期；杨秀春：《侗族社会地方性制度对森林资源的保护》，载《吉首大学学报（社会科学版）》2007年第6期；刘雁翎：《贵州侗族环境习惯法渊源研究》，载《西南政法大学学报》2009年第5期；苏庆华：《黔东南环保习惯法及其现代价值研究》，载《红河学院学报》2012年第1期；张军辉：《论少数民族环境习惯法的作用机制》，载《中国政法大学学报》2012年第4期；封贵平：《侗族习惯法对侗族地区生态环境的影响与启示——以贵州黔东南为例》，载《贵州社会科学》2013年第9期；陈文辉：《黎族习惯法的生态环境保护功能》，载《中外

① 参见常丽霞、田文达：《当代少数民族生态环境习惯法研究述评》，载《烟台大学学报（哲学社会科学版）》2018年第6期。

② 参见方印、燕海飞、刘琼：《少数民族环境习惯法研究综评——基于近十年来期刊文献的观察》，载《贵州民族研究》2017年第10期。

企业家》2016 年第 34 期；尚海涛：《作为传统知识构成的少数民族资源保护习惯法》，载《民间法》2017 年第 2 期，厦门大学出版社 2018 年版；余浩然：《土家族习惯法生态保护实践与集体生存意识研究》，载《中华文化论坛》2017 年第 12 期；黄荷：《当代京族环境保护习惯法研究——以东兴巫头村为考察对象》，载《广西社会主义学院学报》2018 年第 2 期；马琼：《少数民族环境保护习惯法的表现形式及特征——以苗族为例》，载《贵州民族研究》2018 年第 7 期。这些论文根据社会调查或者历史资料，从不同角度阐释了各个少数民族关于生态环境保护习惯法的内容。

在学位论文方面，许多院校特别是民族地区或者民族类院校的学位论文，除了在综合性少数民族习惯法研究中涉及生态环境保护习惯法之外，还有许多论文直接以少数民族生态环境保护习惯法为主要研究对象。这些论文的作者有的就是属于该民族，对本民族习惯法进行较为专业的研究；有的则是通过实地调查获得第一手资料，从不同的视角丰富了生态环境保护习惯法研究。①

关于少数民族生态环境保护习惯法的研究，整体上与南方少数民族相关的成果要多于与北方少数民族相关的成果，其主要集中于苗族、瑶族、侗族、藏族、彝族、羌族等民族。出现这一现象，主要是因为我国南方地区少数民族数量多，约有34个少数民族集中分布在南方地区，这些少数民族的本民族

① 代表性学位论文主要有：郭武：《论环境习惯法的现代价值》，武汉大学2012年博士学位论文；常丽霞：《藏族牧区生态习惯法文化的传承与变迁研究——以拉卜楞地区为中心》，兰州大学2013年博士学位论文；偶芳：《“人与自然是兄弟”——对云南丽江纳西族环境保护习惯法的文化解读》，西南政法大学2004年硕士学位论文；石艳云：《少数民族环境保护习惯规则研究——以黔东南地区为视角》，贵州大学2009年硕士学位论文；向晓玲：《少数民族环境保护习惯法研究》，西南政法大学2010年硕士学位论文；洪运杰：《黔东南苗侗民族环境保护习惯法研究》，西南政法大学2010年硕士学位论文；扎西才措：《浅谈藏族生态习惯法》，中央民族大学2012年硕士学位论文；雷震：《论蒙古族生态习惯法》，中央民族大学2012年硕士学位论文；李迎春：《湘西少数民族环境习惯法研究》，中南林业科技大学2012年硕士学位论文；李德民：《云南楚雄彝族环境保护习惯法研究——以大姚彝族村落为重点考察》，昆明理工大学2013年硕士学位论文；蔡庭花：《裕固族环境保护习惯法研究》，西北师范大学2013年硕士学位论文；李艺琪：《云南省普洱地区环境习惯法研究》，湘潭大学2013年硕士学位论文；刘海艳：《侗族习惯法对森林资源的保障作用——以黄岗侗族为例》，吉首大学2013年硕士学位论文；周珏：《少数民族习惯法生态环境保护价值研究——以丽江少数民族习惯法为例》，西北农林科技大学2014年硕士学位论文；翟星晨：《环境法视角下少数民族习惯法的现代化研究》，贵州大学2015年硕士学位论文；万晓倩：《环境习惯法及其适用》，山东师范大学2015年硕士学位论文；薛虎：《清代大理白族地区民族习惯法研究》，大理学院2015年硕士学位论文；佘浩然：《土家族习惯法生态价值及其现代利用研究——基于建始县白云村的调查》，中南民族大学2016年硕士学位论文；李磊：《西藏地区藏族环境保护习惯法研究》，西藏大学2016年硕士学位论文；余沁洋：《红枫湖周边地区布依族环境习惯法研究》，贵州民族大学2017年硕士学位论文；王婉轶：《习惯法在地方环境纠纷解决中的价值研究》，甘肃政法学院2018年硕士学位论文。

人口数量也较多，分布地区广泛，自20世纪早期开始，学界就对这些少数民族地区进行习惯调查和习惯法研究，因此有较好的研究基础。再者，南方少数民族地区的森林、水等自然资源丰富，多数少数民族在长期的历史发展过程中，都强调对自然资源与生态环境保护的重要性，因此也有一些非成文或者成文的行为规范、文献档案资料，为相关研究提供了宝贵资料。

（二）南方主要少数民族村规民约与自然资源、生态环境保护研究

无论是在中国传统社会，还是在当今社会，村规民约在乡村治理中发挥着实际的积极作用，具体体现为维护乡村治安、解决民间纠纷、发展农村经济等多个方面。自20世纪30年代杨开道先生《中国乡约制度》[①] 一书开始，我国学界的村规民约研究（乡规民约研究）取得了丰富的成果。[②] 在这些成果中，既有对村规民约的搜集和整理[③]，也有对村规民约的理论

---

① 杨开道：《中国乡约制度》，商务印书馆2015年版。

② 关于村规民约研究的综述类文章，可以参见高其才等：《乡规民约实证研究》，“附录·乡规民约在社会治理中的积极作用实证研究文献综述”，贵州教育出版社2018年版；王丽惠：《乡规民约与村治：研究范式的综述与反思》，载《湘潭大学学报（哲学社会科学版）》2017年第3期。

③ 例如，杨一凡、田涛总主编：《中国珍稀法律典籍续编》，第九册、第十册《少数民族法典法规与习惯法》，张冠梓点校，黑龙江人民出版社2002年版；牛铭实编著：《中国历代乡规民约》，中国社会出版社2005年版；一凡藏书馆文献编委会编：《古代乡约及乡治法律文献十种》，黑龙江人民出版社2005年版；黄珺主编：《云南乡规民约大观》，云南出版集团公司、云南美术出版社2010年版；莫金山编著：《金秀瑶族村规民约》，民族出版社2012年版。

研究[1]；既有对中国传统社会中村规民约的研究[2]，也有对当代中国社会中实际运行的村规民约的研究[3]。本书主要关注南方少数民族乡村地区村规民约与自然资源、生态环境保护的关系，因此下面针对此方面作一梳理。

从法多元主义的视角看，村规民约实质上是习惯法的一种体现，并且在当代中国乡村社会村规民约是一种有明确法律根据的成文的表现形式。例如，侗族传统社会中的“款约”在当今逐渐演变为村规民约，当然某些传统“款约”依然在发挥实际作用。正如有学者认为：“中华人民共和国成立后，一种承袭于传统侗族习惯法的特征和地方自治性质的民间款约——村规民约成为中华人民共和国建立后侗族习惯法‘成文法’的表现方式。”[4] 当前学界对南方少数民族乡村地区村规民约的研究大多数是包含在少数民族习惯法研究中，将村规民约视为一种社会规范形式，具体论述村规民约的形成、内容、作用等。同时，学界也有专门以南方少数民族乡村地区村规民约为主要研究对象的著述问世，比较具有代表性的有莫金山

① 大部分研究成果都属于理论研究，研究视角涵盖法学、社会学、人类学、政治学、历史学等多个学科。

② 例如，董建辉：《明清乡约：理论演进与实践发展》，厦门大学出版社2008年版；王崇俊：《维风导俗：明代中晚期的社会变迁与乡约制度》，台北文史哲出版社2002年版；朱鸿林：《孔庙从祀与乡约》，生活·读书·新知三联书店2015年版。

③ 对当代中国乡规民约的研究成果数量众多，此处不再列举。

④ 吴大华等：《侗族习惯法研究》，北京大学出版社2012年版，第25－26页。

《金秀瑶族村规民约》[①] 和孙韡《黔东南苗族村寨村规民约研究》[②]。《金秀瑶族村规民约》一书是作者在实际调查的基础上对广西金秀瑶族地区村规民约进行了搜集和整理，并展开相关学术研究。该书分上、下两篇，上篇是“金秀瑶族村规民约研究”，下篇是“金秀瑶族村规民约辑要”。在上篇中，作者分析了金秀瑶族村规民约产生的背景和原因、发展阶段分析、内容和特点、与传统“石牌律”及国家法律的异同、存在的问题、作用、命运、案例等方面，对金秀瑶族村规民约进行了全面研究。《黔东南苗族村寨村规民约研究》一书则是目前本书搜集到的少数专门以苗族村规民约为研究对象的著作。该书中的大部分村规民约来自作者对黔东南苗族村寨进行的实地调研，重点是台江县苗族村寨。该书首先介绍了黔东南苗族村寨村规民约的历史发展与现状，然后具体分析了这些村规民约的制定、内容以及纠纷解决中的实际作用，最后从理论层面分析了村规民约与国家法的冲突与调适，并提出相关建议。在村规民约的内容部分，作者分为社会治安、禽畜管理、林木保护、消防安全、田土管理、鱼类保护、婚姻家庭和计划生育、邻里关系与纠纷调处、村寨环境卫生维护、公共事业十个方面，其中禽畜管理、林木保护、田土管理、鱼类保护、村寨环境卫生维护都是生态环境保护习惯法的重要内容，社会治安、消防安全、公共事业中也有与生态环境保护习惯法相关的内容。

---

① 莫金山编著：《金秀瑶族村规民约》，民族出版社 2012 年版。

② 孙韡：《黔东南苗族村寨村规民约研究》，西南交通大学出版社 2014 年版。

在期刊论文方面，关于少数民族乡村地区村规民约的研究成果也有许多，其中大部分是关于南方主要少数民族村规民约的研究。[①] 这些期刊研究成果有的关注村规民约对乡村治理的作用，其中包含森林资源保护、土地资源保护、水资源保护等内容，有的关注村规民约与国家法的关系。在学位论文方面，大部分学位论文都是作者通过实地调研获得村规民约等资料，

① 主要有：高其才：《通过村规民约的乡村治理——以贵州省锦屏县启蒙镇边沙村环境卫生管理为对象》，载《广西民族研究》2018 年第 4 期；高其才：《通过村规民约的乡村治理——从地方法规规章角度的观察》，载《政法论丛》2016 年第 2 期；高其才：《村规民约在乡村治理中的作用——从法律行政法规部门规章等中央规范性文件角度的考察》，载《暨南学报（哲学社会科学版）》2017 年第 9 期；高其才：《习惯法的当代传承与弘扬——来自广西金秀的田野考察报告》，载《法商研究》2017 年第 5 期；高其才：《延续法统：村规民约对固有习惯法的传承——以贵州省锦屏县平秋镇魁胆村为考察对象》，载《法学杂志》2017 年第 9 期；高其才：《通过村规民约保障人权——以贵州省锦屏县为对象》，载《南京社会科学》2017 年第 7 期；高其才、罗昶：《村规民约与生态保护和绿色发展——以贵州省文斗村为考察对象》，载《人权》2016 年第 3 期；陈寒非：《风俗与法律：村规民约促进移风易俗的方式与逻辑》，载《学术交流》2017 年第 5 期；温佐吾等：《少数民族地区的村规民约与森林资源保护——贵州省都匀市三个布依族村寨的调研报告》，载《林业与社会》2003 年第 5 期；丁成成、李向玉：《黔东南少数民族村寨村规民约研究》，载《凯里学院学报》2009 年第 5 期；董迎轩、周真刚：《黔东南少数民族村规民约对其传统建筑的保护》，载《贵州社会科学》2013 年第 3 期；段玥婷、周芸芸：《浅谈德宏地区少数民族村规民约》，载《东南大学学报（哲学社会科学版）》2013 年 S1 期；李兴旺、王建国：《政治与习俗：少数民族地区村规民约与村庄治理——基于云南红河若干少数民族村寨的调查》，载《黔南民族师范学院学报》2014 年第 3 期；冷蓉、杨金洲：《法治建设视域下少数民族村规民约与国家法的良性互动》，载《长春理工大学学报（社会科学版）》2015 年第 6 期；沙苗苗：《村规民约在农村生态环境保护中的作用——基于贵阳市三个少数民族村寨的考察分析》，载《淮海工学院学报（人文社会科学版）》2016 年第 6 期；刘俊：《少数民族地区多元“非国家法”与一体“国家法”包容性研究——以村规民约为例》，载《民族论坛》2018 年第 4 期。

并且其关注点既有对少数民族村规民约整体上的研究，涉及村规民约的制定程序、具体内容、实施案例等，也有的则关注村规民约中的罚款、罚则等细节性规定，还有的是从法治国家、法治社会建设角度认识村规民约在乡村治理中的作用。①

综合分析上述研究成果，生态环境保护习惯法是少数民族习惯法研究的一个重要领域，一直为学界所关注。但是在习惯法研究作品中，生态环境保护习惯法、环境习惯法、生态习惯法等在很长一段时期内并不是专门的独立研究领域，更没有出现这一专有名称，大多数是分布在民事习惯法、生产协作习惯法、社会治安习惯法中。如今，专门的生态环境保护习惯法研究成果日益增多。近些年来，我国正在大力推进生态文明建

① 学位论文主要有：刘建刚：《法律多元视野下的村规民约实证研究——以贵州省雷山县西江千户苗寨为例》，中央民族大学2013年博士学位论文；李素梅：《黔东南从江县洛香镇郎寨侗族习惯法调查研究》，贵州民族大学2016年硕士学位论文；石培培：《民族地区基层民主建设背景下的村规民约——基于黔东南报京大寨的村规民约的解读》，中央民族大学2010年硕士学位论文；罗波：《壮族当代乡规民约与乡村整合：以龙脊村为例》，广西民族大学2010年硕士学位论文；包其剑：《毛南族习惯法研究—以环江县下南乡毛南族为例》，广西师范大学2011年硕士学位论文；郑海山：《从款约到村规民约的侗寨治理法文化研究——以广西独侗乡邑团村为例》，广西民族大学2011年硕士学位论文；薛新新：《论广西瑶族村规民约——以金秀、恭城瑶族自治县为例》，广西师范大学2014年硕士学位论文；吴纪树《当代苗族村规民约的罚款研究——以黔东南台江县两乡村规民约为中心的分析》，贵州民族大学2014年硕士学位论文；李奇峰：《民族乡村规民约及其规范化研究——与一般乡比较》，湖北民族学院2017年硕士学位论文；黄荣幸：《基层治理法治化视野下民族地区法治村屯建设研究》，广西师范大学2017年硕士学位论文；何傲：《乡村治理视角下少数民族地区村规民约的功能研究——以恩施州建始县三道岩村为例》，湖北民族学院2018年硕士学位论文；刘珉：《民族地区村规民约罚则效力分析》，广西民族大学2018年硕士学位论文。

设，推进农村人居环境整治工作，生态宜居也是实施乡村振兴战略的总要求之一，乡村地区的生态环境保护日益成为乡村治理领域的重点。虽然部分成果也关注到村规民约在乡村生态环境保护中的积极作用，但研究的村规民约数量较少，涉及的少数民族数量也比较少，且大多数成果是从历史角度进行考察的，对现实乡村治理的关照有待进一步增强。本书则主要从南方少数民族乡村地区 1949 年以来制定的村规民约的文本出发，涉及苗族、瑶族、侗族、畲族、藏族、独龙族等主要少数民族，具体分析村规民约与土地、森林、植物、动物、水、矿产等自然资源保护的关系，具体分析村规民约与乡村环境卫生整治的关系，从而对村规民约与生态环境保护习惯法的关系有一个比较全面的认识。

五、研究内容

本书的研究主题是南方主要少数民族村规民约与生态环境保护的关系，因此南方主要少数民族村规民约是主要的分析文本，其中与自然资源、生态环境保护相关的内容更是重点研究对象。同时，自然资源与生态环境保护又可以划分为不同的领域，自然资源主要有土地资源、植物资源、动物资源、水资源、矿产资源等不同类型。自然资源与生态环境本身就不是截然分立的关系，而是相互关联、相互影响，自然资源的多样性与可持续性是良好生态环境的重要保障。乡村社会的自然资源又有其特殊性，根据所有权的不同，我国农村自然资源分国家所有、集体所有和个人所有等不同类型。在使用权方面，我国法律也规定部分农村自然资源虽然属于国家所有，也可以由集体或者个人使用；对于集体所有的自然资源，也可以由村民个人承包经营利用。因此，在具体论述中也会涉及国家所有的自然资源，论述的落脚点则是村规民约中关于保护这些自然资源的具体内容。另一方面，除了自然资源保护之外，乡村社会的生态环境保护主要包含村庄环境卫生、垃圾处理等农村人居环境整治工作，这也是重要领域。因此本书的研究内容主要是根据类型的不同，具体论析村规民约与自然资源、生态环境保护的关系。本书总共分为六个部分进行论述，除导论、结语之外，主体共分为四个部分，第一章是第一部分，主要是南方主要少数民族生态环境保护村规民约概述；第二、三、四、五、六章是第二部分，主要是关于南方主要少数民族村规民约与自然资源保护的内容，第七章是第三部分，主要是关于南方主要少数民族村规民约与乡村环境卫生整治的内容，第八章是第四部分，是对南方主要少数民族村规民约的作用机制进行相关理论分析。

导论主要是对本书的问题意识、研究意义、基本概念、研究现状、研究内容、研究方法等进行简要说明。自然资源与生态环境保护是实施乡村振兴战略中生态宜居总要求的应有之义，也是生态文明建设的重要领域。本书以南方主要少数民族村规民约这一乡村社会重要的行为规范为材料依据，具体分析村规民约与南方少数民族乡村地区自然资源和生态环境保护的关系。导论部分对习惯法、生态环境保护习惯法、村规民约、自然资源与生态环境等概念进行了界定，梳理了目前学界的相关研究成果，并简要介绍了本书的研究方法。

第一章是南方主要少数民族生态环境保护村规民约概述。本章首先介绍了南方主要少数民族生态环境保护村规民约的历史发展，然后论述了当代中国南方主要少数民族生态环境保护村规民约的制定和主要内容。

第二、三、四、五、六章是关于南方主要少数民族村规民约与自然资源保护的关系论述。本书根据国家法律法规，结合南方少数民族乡村地区自然资源实际状况，将自然资源主要划分为土地资源、植物资源、动物资源、水资源、矿产资源五大类。第二章是通过村规民约保护土地资源。农村的土地资源属于农村集体经济组织所有，我国实行农村土地承包经营制度。农村土地资源主要分为耕地、林地、草地，本章主要论述南方主要少数民族村规民约与这三种具体农村土地资源类型保护的关系。第三章是通过村规民约保护植物资源。南方少数民族乡村地区植物资源丰富，根据资源生产和利用方式，本章将植物资源分为森林资源和农作物植物资源两类，然后具体分析南方主要少数民族村规民约保护植物资源的具体内容和方式。第四章是通过村规民约保护动物资源。动物资源主要包括陆生野生动物资源、水生野生动物资源和驯养动物资源三大类，陆生野生动物资源和水生野生动物资源合称为野生动物资源，野生动物资源是地球生物圈生态平衡、生物多样性保持的重要支撑。驯养动物资源则能为人类提供肉类、畜力来源。本章主要论述南方主要少数民族村规民约与这三种动物资源类型保护的关系。第五章是通过村规民约保护水资源。南方少数民族乡村地区，大部分地区年降水量比较充足，河流、湖泊分布广泛。但是降水量也有季节和年份的差异，储水量也有地区的差异，南方少数民族乡村地区的水资源保护和利用也极为重要。通过村规民约保护水资源，主要体现为在保护和利用两个主要方面，保护重视的是保持水资源的原生态、提高水质量，利用重视的是节约水资源、促进可持续。水资源污染防治也属于保护的范围。南方少数民族乡村地区的水资源利用主要是农业用水，涉及水利设施兴建、维护和使用等，同时某些乡村地区的自来水管理也属于规范利用的范畴。第六章是通过村规民约保护矿产资源。我国南方地区的矿产资源以有色金属矿产资源为主，广泛分布于云南、江西、贵州等地，其中有一些矿产资源集中分布于南方少数民族乡村地区。在南方少数民族乡村地区，我国既重视运用国家法律法规保护矿产资源，也重视通过村规民约等社会规范来引导村民参与保护矿产资源。

第七章是通过村规民约推进乡村环境卫生整治。本章首先论述村规民约与生态宜居的关系。接下来，本章将乡村环境卫生整治区分为村容村貌提升、公共环境卫生整治、家庭环境卫生整治等三个方面，具体论析南方主要少数民族村规民约在保护乡村生态环境中的作用。村容村貌提升整治是综合性、系统性地处理整个乡村规划和建设，是乡村生态环境保护的基础性工作。公共环境卫生属于公共事务，是所有村民共同的生活环境，自然需要所有村民共同参与。家庭环境卫生虽然主要属于私人事务，本应当由村民自己决定，但是家庭生活产生的垃圾、家庭成员破坏生态环境的行为是破坏家庭环境卫生的主要原因，因此村规民约也对家庭环境卫生作出了相应的规制。

第八章是生态环境保护中南方主要少数民族村规民约的作用机制。作为一种社会规范，南方主要少数民族村规民约发挥有效的社会作用需要通过相应的机制来实现，具体包括村规民约的制定程序、内容协商、违规处理、争议解决等机制。本章首先分析了南方主要少数民族村规民约发挥积极作用的原因，可以归纳为制定机制上注重自治性、内容安排上注重针对性、保障机制上注重强制性。接着，本章以生态环境保护为切入点，论析了南方主要少数民族村规民约与健全自治、法治、德治相结合的乡村治理体系的关系。从具体内容上看，村规民约与国家法的关系也是复杂的，二者既存在诸多契合之处，在某些方面则可能存在一定的差异。认识村规民约与国家法的关系，首先应当坚持乡村治理的规范根据是多元的，这是基本前提。村规民约即属于多元规范的范畴，与国家法律法规、民间习惯等共同构成乡村治理的规范体系。其中，国家法不仅是村规民约制定的直接法律根据，也是村规民约具体内容的重要依据，更是村规民约有效实施的法治保障。自然资源与生态环境保护是国家法和村规民约都需要进行规制的乡村治理领域，村规民约的制定和实施体现着自治、德治的要求，因此村规民约是健全自治、法治、德治相结合的乡村治理体系的重要社会规范。

结语主要是对全书进行总结归纳。全书以南方主要少数民族村规民约为分析文本，考察了村规民约与自然资源保护、乡村环境卫生整治的关系，这是当代中国生态环境保护习惯法的重要内容，说明南方主要少数民族村规民约对生态环境确实进行了有效保护。因此，我们要继续发挥南方主要少数民族村规民约对生态环境保护的重要作用，并将村规民约真正应用到乡村治理的其他领域，以健全自治、法治、德治相结合的乡村治理体系，促进治理的有效进行。

六、研究方法

本研究主要运用法社会学的学科分析框架和方法，从具体的南方主要少数民族村规民约中分析乡村社会秩序维持，特别是自然资源与生态环境保护的关系，从具体的社会情境中分析村规民约的运行和实施。具体来说，本书主要运用实证分析方法、文本分析方法、比较研究方法。

第一，实证分析方法。实证分析法是指通过参与考察、案例分析、统计分析等方法，对研究对象所作的客观说明与现实分析。实践是乡村治理的主要属性，也唯有通过实践才能进行治理，并检验是否“有效”及达到何种程度。南方少数民族分布广泛，浙江、四川、重庆、贵州、云南、广西、江西、湖北等省、直辖市、自治区皆有分布，因此在短时期内不可能走遍所有少数民族地区。基于研究对象广泛性和代表性的考量，本书在村规民约搜集方面，通过实地走访、委托他人搜集、知网检索、网络检索等方式，主要搜集了瑶族、苗族、侗族、畲族、彝族、土家族、独龙族、京族等少数民族聚居乡村地区的村规民约，形成了数量众多的村规民约数据库。需要说明的是，由于条件制约，本书所研究的村规民约并不能完全涵盖南方所有少数民族地区，全面性有待进一步调查和分析。

第二，文本分析方法。文本分析方法注重的是对规范意义上的文本分析，对各类规范进行诠释，分析各类规范的意义。南方主要少数民族村规民约具有社会规范的一般性质，对村民之间的权利义务关系进行相应调整，并规定了相应的责任，对遵守村规民约的行为进行奖励，对违反村规民约的行为进行处理。由于本书所要分析的南方主要少数民族村规民约数量众多，因此更需要进行有效的文本分析。村规民约是适用于乡村社会的社会规范，这就意味着它的表达方式需要接地气，大部分是用村民耳熟能详的语词表达，因此在分析时也需要做好归纳和总结。

第三，比较研究方法。比较是根据一定的标准，对两个或两个以上有联系的事物进行考察，寻求其异同，探求普遍规律与特殊规律的方法。本书研究过程中需要对南方少数民族不同区域、不同村落的村规民约进行比较分析，分析普遍性和特殊性，进而从中找寻共性与特性。比较的实际可操作是本书研究的出发点，否则对完全特殊性存在的村规民约也无法进行归纳总结。南方主要少数民族村规民约的制定过程、具体内容、实施都需要相应的规范，这些也是本书需要重点比较的内容。

第一章 南方主要少数民族生态环境保护村规民约概述

当代中国的南方主要少数民族村规民约是在我国乡村治理历史中产生、现实中有效的社会规范，其内容一般涵盖生态环境保护、婚姻家庭、社会治安、和睦乡邻等乡村社会生活的各个方面。目前可知，北宋吕大忠、吕大钧、吕大临、吕大防于北宋神宗熙宁九年（1076 年）所制定和实施的《吕氏乡约》是我国历史上最早的成文乡约。其后历经朝代更迭，村规民约的形式与内容也是经历了一个长期发展演变过程，生态环境保护的内容也是越来越突出。当代中国南方少数民族乡村地区注重通过村规民约的制定和实施，促进生态环境保护。本章首先简单梳理南方主要少数民族生态环境保护村规民约的历史发展，然后论述当代中国南方主要少数民族生态环境保护村规民约的制定程序和主要内容。

第一节　南方主要少数民族生态环境保护村规民约的历史发展

自《吕氏乡约》始，特别是朱熹《增损吕氏乡约》后，村规民约在中国传统社会乡村治理中的作用日益突出。1949年中华人民共和国成立后，特别是改革开放后，我国根据乡村治理的实际需要，也注重发挥村规民约在乡村治理中的积极作用。南方少数民族地区的乡村社会也重视制定和实施村规民约，其中有许多生态环境保护村规民约。如今，我国正在实施乡村振兴战略，治理有效是总要求之一，为此，当前我国正在乡村社会着力健全自治、法治、德治相结合的乡村治理体系，南方主要少数民族村规民约的地位和功能也是日益突出。本节首先从历史角度梳理南方主要少数民族生态环境保护村规民约的发展状况。

一、1949年以前的南方主要少数民族生态环境保护村规民约

从历史发展来看，“乡约的兴盛在时间上与宋明理学和宗族的发展相一致，衰落至消解与清末中国社会转型折向现代化相关”①，这是对传统社会村规民约发展历史的总体概括。具

① 张中秋：《乡约的诸属性及其文化原理认识》，载《南京大学学报（哲学·人文科学·社会科学）》2004年第5期，第52页。

体到生态环境保护村规民约，根据现有文献资料，宋元时期较少，而到了明清时期，特别是清代中后期，在全国范围内尤其是南方少数民族乡村地区出现了大量与生态环境保护直接相关的专门性村规民约。

据现有史料，目前可知最早的成文村规民约是《吕氏乡约》，现存最早的《吕氏乡约》刻本是国家图书馆馆藏南宋嘉定五年（1212年）李大有刻本，题为《吕氏乡约乡仪》，分《乡约》和《乡仪》两部分，其中《乡仪》分“宾仪十五”“吉仪四”“嘉仪二”“凶仪二”，《乡仪》是专为乡人而定的礼仪，这里的乡人既有士类，也有庶民，儒家虽开始面向庶民，但尚未体系化，到了南宋朱熹时基本完善。《吕氏乡约》分“德业相劝”“过失相规”“礼俗相交”“患难相恤”“罚式”“聚会”“主事”七部分，其中前四部分为四纲目，后三部分包括惩罚方式、议事方式、乡约组织等。《吕氏乡约》的“过”则分为三类：犯约之过、犯义之过、不修之过。“犯约之过”是对《吕氏乡约》四项内容的直接违犯，“一曰德业不相劝，二曰过失不相规，三曰礼俗不相交，四曰患难不相恤”。[①] 而“犯义之过”最重，“不修之过”最轻。“义”乃儒家仁义礼智信五常之一，在孟那里，“羞恶之心，义之端也”。[②] 在《吕氏乡约》中，“犯义之过”有六种：酗博斗讼、

① 陈俊民辑校：《蓝田吕氏遗著辑校·吕氏乡约乡仪》，中华书局1993年版，第564页。

② 李学勤主编、《十三经注疏》整理委员会整理：《十三经注疏·孟子注疏》卷三下《公孙丑章句下》，北京大学出版社1999年版，第94页。

行止踰违、行不恭孙（逊）、言不忠信、造言诬毁、营私太甚。[①] 这六种行为明显违背儒家伦理，为大过，处罚最重。"不修之过"是指不遵循日常行为规范的行为，有五种：交非其人、游戏怠惰、动作无仪、临事不恪、用度不节。[②] 总体上看，在具体内容方面，关于生态环境保护，《吕氏乡约》并没有太多的具体内容，但是在"游戏怠惰"部分，有"家事不治，门庭不洁"[③] 的内容，包含家庭环境卫生；在"用度不节"部分，则是强调村民要勤俭，安贫乐道，实际上这包含着不能因私欲而谋利，其中古代谋利行为多表现为乱捕滥杀野生动物、滥伐森林树木。在奖罚程序方面，《吕氏乡约》的"聚会""罚式"为后代继承发展，对当代乡规民约的奖罚机制也有影响。"聚会则书其善恶，行其赏罚"[④]，以此显示同约者共同管理之意，故能凝聚乡民，保障乡土社会的稳定和谐。

南宋朱熹[⑤]在确认《吕氏乡约》的基础上对其有所增损，而成《增损吕氏乡约》，朱熹言："乡约四条，本出蓝田吕氏，

---

① 陈俊民辑校：《蓝田吕氏遗著辑校·吕氏乡约乡仪》，中华书局1993年版，第564－565页。

② 陈俊民辑校：《蓝田吕氏遗著辑校·吕氏乡约乡仪》，中华书局1993年版，第564页。

③ 陈俊民辑校：《蓝田吕氏遗著辑校·吕氏乡约乡仪》，中华书局1993年版，第564页。

④ 陈俊民辑校：《蓝田吕氏遗著辑校·吕氏乡约乡仪》，中华书局1993年版，第567页。

⑤ 朱熹（1130年9月15日—1200年4月23日），字元晦，又字仲晦，号晦庵，晚称晦翁，谥文，世称朱文公。祖籍徽州府婺源县（今江西省婺源），出生于南剑州尤溪（今属福建省尤溪县）。宋朝著名的理学家、思想家、哲学家、教育家、诗人，闽学派的代表人物，儒学集大成者，世尊称为"朱子"。

今取其他书及附己意，稍增损之，以通于今。”[①] 经朱熹等道学家的提倡和亲身实践，乡约这一形式在中国传统乡土社会秩序维持中发挥越来越大的作用，并流传至今，在当代中国依然具有继续存在的巨大价值。从内容上看，朱熹《增损吕氏乡约》基本保持德业相劝、过失相规、礼俗相交、患难相恤这四个总体框架。德业相劝、过失相规、患难相恤这三部分内容基本一致，但相应增加了具体的赏善罚过程序。“德业相劝”部分，两份乡约虽然都有“能居官举职”的内容，但是朱熹增加了“畏法令，谨租赋”[②] 的内容，体现了朱熹将朝廷律令法治与乡土社会自治的结合，而之前的《吕氏乡约》明显缺少类似的内容，这种变化无疑有助于乡约被朝廷所接受。

自《吕氏乡约》《增损吕氏乡约》后，村规民约在传统乡土社会秩序维护中的地位和作用愈加突出。以今人辑录的《云南乡规民约大观》为例，该书共收录乡规民约 245 份，其中明代 5 份，清代 104 份，从数量比例上显现了乡规民约在明清时期乡村治理中的重要性。[③] 除了王阳明《南赣乡约》、吕坤《乡甲约》这种综合性村规民约之外，明清时期的我国南方少数民族乡村地区也出现了许多专门性的村规民约，其中就

① 〔宋〕朱熹撰：《晦庵先生朱文公文集》卷七十四《增损吕氏乡约》，朱杰人、严佐之、刘永翔主编：《朱子全书》第 24 册，上海古籍出版社、安徽教育出版社 2002 年版，第 3594－3603 页。

② 〔宋〕朱熹撰：《晦庵先生朱文公文集》卷七十四《增损吕氏乡约》，朱杰人、严佐之、刘永翔主编：《朱子全书》第 24 册，上海古籍出版社、安徽教育出版社 2002 年版，第 3595 页。

③ 参见黄珺主编：《云南乡规民约大观》，云南美术出版社 2010 年版。

包含着许多以生态环境保护为主要内容的专门性村规民约。这些村规民约有的是官方政府所立，有的是村民自己订立。虽然有些是官方政府发布，但通常程序是村民订立后会向当地政府请示，政府允许后一般会刻碑立石。例如，本书导论部分提及的锦屏县河口乡文斗村“六禁碑”，明清日用类书中的《禁六畜作践禾苗约》《禁田园山泽约》《禁盗田园瓜果蔬菜约》《禁偷盗笋竹约》《禁盗鸡犬约》《坟山禁约》等。[①] 以今人辑录的《福建乡规民约》[②] 为例，就有道光六年（1826 年）三月所立、现存于福州市鼓楼区安泰街道的《于山禁约》，其内容为：

闽县正堂陆

示仰：城厢内外军民人等知悉，不得仍在于山私挖黄土，该寺僧亦不得仍前容隐滋弊，倘敢故违，一并拿送赴县严究，各宜禀道毋违，特示。

道光六年三月□日立石[③]

清道光十年（1830 年）八月，凤头村全族共同订立的楠木林保护区禁约，其内容为：

---

① 具体内容，可参见陈学文：《明清时期维护生态的条令和民约》，《浙江学刊》2013 年第 4 期，第 38－43 页。

② 中共福建省委宣传部、中共福建省委文明办、福建省地方志编纂委员会、福建省文化厅编译：《福建乡规民约》，海峡文艺出版社 2016 年版。

③ 中共福建省委宣传部、中共福建省委文明办、福建省地方志编纂委员会、福建省文化厅编译：《福建乡规民约》，海峡文艺出版社 2016 年版，第 20 页。

清道光十年禁约

一、吾村楠木风水林，始植于宋代，乃吾辈祖先遗泽，业经历代培植、呵护，遂蔚然可观，后世子孙当念先祖荫德，悉心爱护。

一、林中树木，非仅涵养水土，造就良好环境，也为庇荫风水，以利安居，故无论大小，严禁斧斤。凡我村民，不论姓氏，均不得损毁林木，如有故意砍伐、损毁者，即为不孝（肖）子孙，合族共谴之。

一、如有不肖子孙砍伐林中树木，每砍一株树（不论大小），罚猪一头，并责其到祠堂内祭拜祖先，承认过错，猪肉均分合村族众。

一、楠木乃珍贵之树，难免有外村不法之徒觊觎之，吾村族众人人有窥监之责，若有偷盗者，一经发现除加倍处罚外，情节严重者送官追究。

一、楠木所在山场乃合村公产，不许个人私占，垦复种植，违者视同毁林究治。

凤池村各族合议公订

清道光十年八月□日①

其他的还有清咸丰六年（1856 年）丙辰仲春月所立、现存于福建南平市延平区洋后镇后坪村的《合乡公禁碑》，其内容主要是禁止偷盗砍伐他人毛竹，禁止盗挖春笋，禁止砍伐荫

① 中共福建省委宣传部、中共福建省委文明办、福建省地方志编纂委员会、福建省文化厅编译：《福建乡规民约》，海峡文艺出版社 2016 年版，第 363 页。

木暨水尾松树、杂材。[①] 清嘉庆八年（1803 年），杨源村张氏祠管会也曾制定《鲤鱼溪护鱼禁约》，设立禁渔区，保护鲤鱼。其内容为：

先祖改溪三曲，放鱼千尾，以为子孙卜宜居之地，至今已九百春秋。观乎浅渚优游，乐胜濠上；暖戏春波，扬鳍龙门，实乃人间盛事。愿我昆仲，当秉先人遗训，爱之护之，使悠远之。祈青溪长流，游鱼长乐，人鱼同欢。为防患于未萌，重申厉禁，每月初一、十五日，鸣锣示警。

（一）地域：自昌梓桥至矮殿桥，是为禁区。

（二）不准在禁区内垂钓或徒手捕捉溪中鲤鱼，违者，每捕鱼一尾，罚猪肉贰拾斤。不准在禁区内撒网捞鱼，违者每捕鱼一尾，罚猪肉叁拾斤。不准溪河中用药饵毒鱼，违者视情况罚肉百斤以上。凡受罚者必须挨户分肉，登门忏过。

（三）凡自然死亡之鱼，须捞取归葬鱼陵，不准煮食，违者视同捕鱼处罚。

（四）童稚无知，宜常教诲，毋使有犯，若有违犯，家主承（惩）罚。警之戒之，勿使犯之。

杨源张氏祠管会　立

清嘉庆八年岁在癸亥仲春吉日[②]

① 中共福建省委宣传部、中共福建省委文明办、福建省地方志编纂委员会、福建省文化厅编译：《福建乡规民约》，海峡文艺出版社 2016 年版，第 307 页。

② 杨源村现属福建省南平市政和县杨源乡管辖。中共福建省委宣传部、中共福建省委文明办、福建省地方志编纂委员会、福建省文化厅编译：《福建乡规民约》，海峡文艺出版社 2016 年版，第 360 – 361 页。

民国时期，村规民约依然是乡村治理的重要社会规范，也逐渐为学术界所关注，杨开道所著《中国乡约制度》即是例证。在南方少数民族乡村社会的治理实践中，村规民约被广泛运用，如今也能在许多乡村见到当时刊刻的村规民约石碑或者纸本。锦屏文书是南方清水江流域苗侗族人民群众在长期生产生活过程中形成的有关林业生产关系、民族习惯等内容的原始记载，其中就包含着许多村规民约。例如，锦屏县铜鼓镇岔路蛇口现存一民国二十三年（1934 年）所立的村规民约石碑，其内容是："先人自洪武开辟同门，讫（迄）今数百年矣。所有各地关山古木，与地方关系甚大。先人栽树，后人应当修培。近年来人心日离，见利忘义，是以约父老刊碑禁止，不许妄砍"①，这是以植树护林为主要内容的生态环境保护村规民约。

二、1949 年以来的南方主要少数民族生态环境保护村规民约

本书所利用的南方主要少数民族生态环境保护村规民约绝大多数是 1949 年后制定和实施的，在民族范围上涵盖苗族、侗族、瑶族、彝族、藏族、畲族、独龙族等南方主要少数民族；在地区范围上包括贵州、广西、浙江、四川、云南、福建等地，数量众多，既有在综合性村规民约中规制生态环境保护内容，也有许多专门性的生态环境保护村规民约，本身就说明生态环境保护村规民约在乡村治理中的重要作用。据《福建

① 参见池建华：《村规民约与村落公共秩序的维护——以 1949 年前的锦屏文书为例》，载何明编：《西南边疆民族研究（第 22 辑）》，云南大学出版社 2017 年版。

乡规民约》编委会对福建部分地区村规民约的整理和统计，20世纪80年代以来的村规民约以综合性居多，专门性的村规民约仍以护林防火、水资源利用和保护为主。[①] 当代中国南方少数民族村落也重视制定和实施生态环境保护方面的村规民约，例如，2017年1月22日，湖南省湘西土家族苗族自治州花垣县麻栗场镇溜豆苗族村，村支“两委”成员与村民代表共同讨论制定了该村的“生态村规”，在具体实施过程中，该村的生态环境有了明显改善，周边村落也相继制定了“生态村规”。[②] 这是在我国出现较早的以“生态村规”为名称的村规民约。

当代中国南方主要少数民族村规民约的制定和实施本身就有《村民委员会组织法》等法律法规的保障，同时在生态环境保护方面，1949年后的村规民约还有一个明显的特点，即国家法律法规的相关内容体现得更为明显。关于自然资源与生态环境保护，我国制定和实施了《土地管理法》《农村土地承包法》《森林法》《水法》《野生动物保护法》《渔业法》《矿产资源法》《环境保护法》等众多法律法规，并根据社会发展需要而有所修改。因此，我国已经初步形成了农村生态环境法

---

① 中共福建省委宣传部、中共福建省委文明办、福建省地方志编纂委员会、福建省文化厅编译：《福建乡规民约》，海峡文艺出版社2016年版，“前言”，第2页。

② 周再生：《为这样的生态村规“点赞”》，载《团结报》2017年2月23日，第1版；吴红艳、饶静：《溜豆苗寨的“生态村规”》，“新湖南新闻客户端”。网址：http://hunan.voc.com.cn/xhn/article/201702/201702221320325823.html，最后访问时间：2019年6月11日。

律制度体系，对农村生态环境领域中涉及的各种法律关系进行了相关规制。① 1949年中华人民共和国成立后，特别是改革开放以来，村规民约被写入《村民委员会组织法》，村规民约在乡村治理中作为社会规范的功能愈加突出。除了在基层乡土社会继续发挥积极作用之外，法律、行政法规、部门规章、地方法规规章等规范性文件中都不同程度地包含鼓励乡村社会制定村规民约的内容，其中也包含着乡村生态保护、农村环境卫生保护等内容。② 全国范围内的乡村地区都注意到生态环境保护村规民约的积极作用。例如，《河北省乡村环境保护和治理条例》③ 第5条规定："村民委员会应当协助乡镇人民政府开展乡村环境保护和治理工作，召集村民会议，制定和完善乡村环境保护和治理方面的村规民约，具体组织村民开展家园清洁、田园清洁、水源清洁等乡村清洁活动。"《青海省实施〈中华

① 有学者将农村生态环境法律制度分为农村生态环境污染防治法律制度、生物资源保护法律制度、非生物资源保护法律制度、生态空间保护法律制度。生物资源保护法律制度包括野生动植物保护法律制度、森林资源保护法律制度、草原资源保护法律制度、渔业资源保护法律制度、自然保护区法律制度；非生物资源保护法律制度包含土地资源保护法律制度、水资源保护法律制度。具体内容请参见佟占军、李蕊、杨璐、龙谦编著：《农村生态环境法律研究》，知识产权出版社2016年版。

② 高其才教授对这些规范性文件进行了大量检索梳理，并归纳出规范性文件中与农村生态环境保护、社会治安、纠纷解决等相关的内容。具体内容请参见：高其才：《通过村规民约乡村治理——从地方法规规章角度的观察》，载《政法论丛》2016年第2期，第12－23页；高其才：《村规民约在乡村治理中的作用——从法律行政法规部门规章等中央规范性文件角度的考察》，载《暨南学报（哲学社会科学版）》2017年第9期。

③ 2016年7月29日经河北省第十二届人民代表大会常务委员会第二十二次会议通过，2016年7月29日公布，自2016年10月1日起施行。

人民共和国水土保持法〉办法》[1] 第24条第2款规定:“乡(镇)人民政府、街道办事处和村民委员会应当加强对治理成果的管护,根据当地实际情况,制定完善管护办法或者村规民约,落实管护责任。”

本书则主要关注南方主要少数民族生态环境保护村规民约,因此有必要简单介绍一下我国的少数民族地区生态环境保护立法。在我国少数民族地区的生态自治立法也形成了一定的法律体系,主要有自治条例、单行条例、变通规定、补充规定等。有学者在分析我国少数民族地区生态立法现状后,认为存在“立法价值观念错误或不明确”“少数民族地区的生态自治立法数量相对较少”“少数民族地区生态自治立法的协调性存在问题”“部分少数民族地区生态自治立法的地方特色不明显”“立法可操作性差”等问题,因此应当采取针对性的措施予以完善。[2] 我国少数民族地区生态环境保护立法与村规民约也有诸多联系。一方面,这些国家法律法规中也有倡导乡村社会制定村规民约保护生态环境的内容。例如,《靖州苗族侗族

① 1994年11月23日经青海省第八届人民代表大会常务委员会第十三次会议通过,根据1998年5月29日青海省第九届人民代表大会常务委员会第二次会议关于修改《青海省实施〈中华人民共和国水土保持法〉办法》的决定修正,根据2016年3月25日经青海省第十二届人民代表大会常务委员会第二十五次会议修订,根据2020年7月22日青海省第十三届人民代表大会常务委员会第十八次会议《关于修改〈青海省预算管理条例〉等五十四部地方性法规的决定》第二次修正,2020年7月22日公布并施行。

② 详细内容,可参见乔世明、吴力、张文越、成功编著:《少数民族地区生态自治立法研究》,中央民族大学出版社2018年版。

自治县生态环境保护条例》① 第7条第2款规定：“村民、居民组织可以通过制定村规民约、居民公约加强生态环境保护。”另一方面，生态环境保护村规民约也将国家法律法规的要求写入其中。例如，2014年12月31日通过并执行的《贵州省锦屏县彦洞乡黄门村村规民约》第5条是专门关于维护土地集体所有制的规定，“土地属村级集体所有制，由村民委统一进行管理，自留地、责任山属村级集体所有，严禁‘清原耕，继祖业’，如违约，每起处罚款500元”。这里的“清原耕，继祖业”明显是违背现行法律法规的，村规民约即是将国家法的内容予以明确。

在建立健全乡村治理体制机制方面，当代中国乡村社会正在着力健全自治、法治、德治相结合的乡村治理体系，健全党委领导、政府负责、社会协同、公众参与、法治保障的现代乡村社会治理体制，村规民约作为行为规范的作用愈发明显。南方主要少数民族村规民约实质上是生态环境保护习惯法的一种具体表现形式，有利于实现国家法与习惯法在乡村社会这个特定场域中的协调。当然，由于南方主要少数民族生态环境保护村规民约的地方性特征，一些村规民约还存在着制定程序不明晰、不尊重村民主体地位等问题，在内容上也还存在着与国家法相冲突的地方，这些都需要作相应调整，从而坚持和实现村民自治与依法治国的统一。

① 2016年1月15日经靖州苗族侗族自治县第七届人民代表大会第四次审议通过，并于2016年3月30日经湖南省第十二届人民代表大会常务委员会第二十一次会议审查批准。2016年4月18日颁布，自2016年6月5日起施行。

第二节　当代南方主要少数民族生态环境保护村规民约的制定程序和内容

中国传统社会中的乡规民约在制定和实施过程中都极为强调公议、众约，以此保证乡规民约的权威性和信服力，这一做法也基本上被当代中国乡村社会沿用。此外，在乡村治理实践中，乡镇人民政府、村党支部委员会在村规民约制定和实施过程中也发挥了相应的作用。在内容方面，当代南方主要少数民族生态环境保护村规民约多是根据法律法规的要求，并结合当地乡村治理面临的实际情况，确定相关内容。

一、当代南方主要少数民族生态环境保护村规民约的制定程序

根据制定机关的不同，南方主要少数民族村规民约有乡镇人民代表大会制定和村民委员会内部制定两种形式。对于由乡镇人民代表大会制定通过的村规民约，与历史上的“乡规民约”相类似，但其执行机构主要是乡镇人民政府。例如，《云南省贡山县独龙江乡乡规民约》是由该乡十一届人民代表大会一次会议审议通过，第34条规定：“本乡规民约由乡人民政府负责执行，乡人民代表大会负责监督。对违反以上有关条款的村民，乡人民政府有进行依法处罚、批评教育等权利。本乡

规民约自二〇一三年一月九日起执行。”《广西金秀瑶族自治县金秀镇镇规民约》第 40 条规定：“本规约自镇三届人民代表大会第一次会议 1987 年 10 月 13 日通过。于 1987 年 11 月 1 日起执行。并报金秀县人大常务委员会备案。”《四川省阿坝藏族羌族自治州理县蒲溪乡乡规民约》第 23 条规定：“此《乡规民约》，从公布之日起执行。”虽然金秀镇和蒲溪乡的规约中没有直接体现执行组织，但在实践中也都是由乡镇人民政府负责具体执行。

关于村民委员会内部讨论制定的生态环境保护村规民约，其制定程序一般包括民意征集、村支“两委”拟定草案、村民会议或者村民代表会议审议表决、乡镇人民政府备案、后续修正等环节。《村民委员会组织法》规定，村民会议可以制定和修改村规民约，并报乡、民族乡、镇的人民政府备案。召开村民会议，应当有本村十八周岁以上村民的过半数，或者本村三分之二以上的户的代表参加，村民会议所作决定应当经到会人员的过半数通过。根据《关于做好村规民约和居民公约工作的指导意见》[①]，村规民约的制定或修订，一般应经过以下几个步骤：（1）征集民意。村党组织、村民委员会广泛征求群众意见，提出需要规范的内容和解决的问题。（2）拟定草案。村党组织、村民委员会就提出的问题和事项，组织群众广泛协商，根据群众意见拟定村规民约或居民公约草案，同时听

① 民政部、中央组织部、中央政法委、中央文明办、司法部、农业农村部、全国妇联于 2018 年 12 月 4 日发布。

取驻村或社区党代表、人大代表、政协委员、机关干部、法律顾问、妇联执委等意见建议。（3）提请审核。村党组织、村民委员会根据有关意见修改完善后，报乡镇党委、政府（街道党工委、办事处）审核把关。（4）审议表决。村党组织、村民委员会根据乡镇党委、政府（街道党工委、办事处）的审核意见，进一步修改形成审议稿，提交村民会议审议讨论，根据讨论意见修订完善后提交会议表决通过。表决应遵循《村民委员会组织法》《城市居民委员会组织法》相关规定，并应有一定比例妇女参会。未根据审核意见改正的村规民约不应提交村民会议审议表决。（5）备案公布。村党组织、村民委员会应于村民会议表决通过后十日内，将村规民约报乡镇党委、政府（街道党工委、办事处）备案，经乡镇党委、政府（街道党工委、办事处）严格把关后予以公布，让群众广泛知晓。村规民约在保持相对稳定的同时，可根据当地经济社会发展、群众需求变化以及社情民意等进行修订，修订程序参照制定程序执行。

南方主要少数民族生态环境保护村规民约既指综合性村规民约中与生态环境保护相关的内容，也包括以生态环境保护为主要内容的专门性村规民约。因此在民意征集阶段，两者的体现也有一点不同。一般来说，生态环境保护的专门性村规民约针对的是当时已经出现了一些生态环境问题，或者在进行某些生产生活行为时可能会导致生态环境问题，体现了较强的问题意识导向。而综合性的村规民约一般是从总体上考虑当时乡村社会治理的需要，其中也需要包含一些生态环境保护问题，但更多的是村民日常性的生产生活行为。在村支“两委”拟定村规民约阶段，主要是村支“两委”根据前期广泛征求的民意，结合当地具体实际情况，拟定村规民约的草案文本。

在审议表决阶段，《村民委员会组织法》规定由村民会议表决，在实践中一般是由村民会议或者村民代表会议表决通过。例如，《四川省越西县新乡乡瓦吉村村规民约》[①] 在前言部分就规定：“经村民会议讨论通过，特制定本《村规民约》。”《浙江省桐庐县莪山畲族乡沈冠村村规民约》[②] 规定：“本村规民约自全体村民会议表决通过之日起施行，由村两委会负责解释。”《四川省越西县板桥乡广河村村规民约》[③] 第17 条也规定：“本村规民约自村民会议或村民代表会议通过之日起施行。”上述三份村规民约的表决通过之日也是开始施行之日。有的村规民约的通过之日和施行之日则并不是同一天，例如，《四川省越西县拉吉乡竹洛村村规民约》规定：“本《村规民约》自村民代表大会表决通过之日起公示七天后生效，同时上报竹洛乡政府备案。”该村规民约的通过之日是2017 年3 月30 日，生效时期则是2017 年4 月6 日。

除了遵循法律法规规定的村规民约制定程序之外，南方一些少数民族还保留着传统村规民约的制定程序。例如，黔东南苗族村寨有“议榔”制度，“议”字指的是讨论、商议，体现了“议榔”是由苗族群众共同参与制定，“榔”指的是榔规，

---

① 2017 年3 月30 日通过并施行。

② 2018 年10 月25 日通过并施行。

③ 2017 年3 月29 日通过并施行。

是苗族传统与社会习惯法的表现形式，实际上就是村规民约的一种表现形式。议榔由苗族村寨各寨寨老、理老等推选产生。议榔由榔头主持，每次议榔首先由各寨寨老或者理老一起商议榔规，然后召集群众大会议定，群众大会通过后即生效。[①] 村规民约在乡村治理中的积极作用要想得以真正发挥，必须在传承古代乡规民约优秀治理文化的同时，注重与现代法治社会建设要求的有效衔接。

二、当代南方主要少数民族生态环境保护村规民约的主要内容

生态环境保护所含的内容众多，在当代南方主要少数民族村规民约中也有不同程度的体现。专门性生态环境保护村规民约一般是在村规民约的标题名称中就直接有所体现。例如，2017 年 8 月通过并实施的《贵州省锦屏县茅坪镇茅坪村卫生管理村规民约》即是关于乡村环境卫生整治的村规民约，《关于封山造林、封河养鱼问题的决定》是广西金秀瑶族自治县六巷乡四个生产队为了封山造林、封河养鱼而专门制定的。[②]

① 议榔的具体程序存在地域上的差别，2011 年 9 月 8 日，贵州雷山县大塘乡掌批村举行了中华人民共和国成立以来的第一次议榔活动，将议榔这种传统模式与村民自治、村规民约制定程序结合在一起，研究者对此次议榔进行了观察。详细内容请参见：孙韡：《黔东南苗族村寨村规民约研究》，西南交通大学出版社 2014 年版，第 77 – 83 页。

② 1980 年 3 月 15 日通过并施行。参见莫金山编著：《金秀瑶族村规民约》，民族出版社 2012 年版，第 243 – 244 页。本书所引用的广西金秀瑶族自治县村规民约除特别注明外，主要来源于莫金山编著《金秀瑶族村规民约》，下文在引用时不再注明出处及具体页码，仅标明通过和开始实施日期。

在综合性村规民约中，关于生态环境保护，在形式上，有的村规民约在某一部分直接独立规定生态环境保护的内容，其中常见的表达方式有："生态"① "清洁乡村"② "生态宜居"③ "生态保护制度"④ "公共卫生"⑤ "城乡环境综合整治"⑥ "环境治理"⑦。有的村规民约则是在其他部分涉及自然资源与生态环境保护的内容。例如，《四川省越西县书古乡斯基村村规民约》⑧ 在"土地管理""森林、荒山""社会治安"中也有相关内容。

农村自然资源保护也是生态环境环保的重要组成部分，因此乡村社会的生态环境保护包括自然资源保护和乡村环境卫生整治两个方面。我国自然资源的种类众多，在南方少数民族乡村地区广泛分布着土地资源、植物资源、动物资源、水资源、森林资源、矿产资源等，绝大多数南方主要少数民族村规民约都会包含与保护这些不同类型的自然资源相关的内容。而在乡村环境卫生整治方面，南方主要少数民族村规民约主要在村容村貌提升整治、农村垃圾治理、农村污水治理等方面发挥其积极作用。

---

① 《四川省越西县梅花乡团结村村规民约》第 1 条，2017 年 3 月 30 日通过并施行。

② 《四川省越西县南箐乡白泥村村规民约》，2017 年 3 月 30 日通过并施行。

③ 《浙江省桐庐县莪山畲族乡尧山村村规民约》，2018 年 10 月 25 日通过并施行。

④ 《浙江省丽水遂昌县三仁畲族乡坑口村村规民约》，2017 年 5 月通过并施行。

⑤ 《四川省越西县越城镇新村村村规民约》，2017 年 3 月 28 日通过并施行。

⑥ 《四川省越西县越城镇城北村村规民约》，2017 年 3 月 28 日通过并施行。

⑦ 《四川省越西县越城镇城西村村规民约》，2017 年 3 月 28 日通过并施行。

⑧ 2017 年 3 月 28 日通过并施行。

当代中国南方主要少数民族生态环境保护村规民约在内容上体现了国家法与习惯法的有机衔接，首先体现在《村民委员会组织法》的相关规定上。1987 年 11 月 24 日，第六届全国人民代表大会常务委员会第二十三次会议通过，自 1988 年 6 月 1 日起试行的《村民委员会组织法（试行）》首次在法律上明确了村规民约的地位。该法第 16 条规定："村规民约由村民会议讨论制定，报乡、民族乡、镇的人民政府备案，由村民委员会监督、执行。村规民约不得与宪法、法律和法规相抵触。"第九届全国人民代表大会常务委员会第五次会议于 1998 年 11 月 4 日修订通过的《村民委员会组织法》继续保留村规民约这一内容，在表述上进一步完善，并延续至今。第 20 条规定："村民会议可以制定和修改村民自治章程、村规民约，并报乡、民族乡、镇的人民政府备案。村民自治章程、村规民约以及村民会议或者村民代表讨论决定的事项不得与宪法、法律、法规和国家的政策相抵触，不得有侵犯村民的人身权利、民主权利和合法财产权利的内容。"总体上看，南方少数民族乡村地区某一个村落的村规民约可能会随着经济社会发展、乡村治理需要发生变化，例如，在名称、制定目的、处理方式等方面可能存在着某些变化，但在议定程序、基本立场、主要内容、传承传统等方面，变化较小。[①] 作为南方主要少数民族村

---

① 高其才教授对贵州省黔东南苗族侗族自治州锦屏县平秋镇魁胆村 1992 年到 2014 年期间制定的村规民约进行对比分析，得出了上述结论。具体内容请参见高其才：《乡村治理视角下村规民约的变与常——以贵州省锦屏县平秋镇魁胆村为考察对象》，载《学术交流》2019 年第 4 期。

规民约体系的重要组成部分，生态环境保护的内容体现得越来越多、越来越重要。本书以下几章分别具体论述南方主要少数民族村规民约与土地资源保护、植物资源保护、动物资源保护、水资源保护、矿产资源保护、乡村环境卫生整治等方面的关系，对南方主要少数民族村规民约与生态环境保护的关系作一个比较全面的分析，进而认识南方少数民族地区的生态环境保护习惯法。

第二章 通过村规民约保护土地资源

自然资源种类众多，根据存在属性、性质的不同，可以划分为土地资源、矿产资源、水资源、森林资源等不同类型，其中土地资源与水资源是关系人类生存和发展的关键性资源。土地资源与水资源的关系，不存在孰轻孰重，本章首先探讨南方主要少数民族村规民约与土地资源保护的关系。绝大多数南方主要少数民族村规民约都有土地资源保护的相关内容。土地资源是南方少数民族地区农业生产的基础性条件，以传统种植业为主的农业生产更是离不开土地资源。在法律法规体系中，我国与土地资源保护与管理相关的法律法规从《宪法》的有关规定，到《土地管理法》、《物权法》(现已失效)、《农村土地承包法》，以及相关行政法规、规章，到各地的地方性法规、最高人民法院作出的相关司法解释，构成了一个“行政管理方面相对完整而又略显凌乱，环境与资源保护方面相对不足的法律体系”①。但是，南方主要少数民族村规民约则由于其地方性特征，而能够在内容中直接涉及土地资源的保护。

关于土地资源的类型，国家标准化管理委员会 2017 年发布《土地利用现状分类》，根据土地的用途、利用方式、覆盖特征等因素，将我国的土地资源分为了 12 个一级类、73 个二级类。12 个一级类土地是：耕地、园地、林地、草地、商服用地、工矿仓储用地、住宅用地、公共管理与公共服务用地、特殊用地、交通运输用地、水域及水利设施用地、其他土地。而根据《土地管理法》，我国的土地资源分为农用地、建设用地和未利用地，本章关注的则主要是农用地。具体到农用地，《土地管理法》第 4 条第 3 款进一步规定：“农用地是指直接用于农业生产的土地，包括耕地、林地、草地、农田水利用地、养殖水面等。”与之相关，《农村土地承包法》第 2 条规定：“农村土地，是指农民集体所有和国家所有依法由农民集体使用的耕地、林地、草地，以及其他依法用于农业的土地。”根据南方少数民族乡村地区的实际和村规民约的具体规定，本章主要论述南方主要少数民族村规民约与耕地、林地、草地等具体土地资源保护的关系。

---

① 佟占军、李蕊、杨璐、龙谦编著：《农村生态环境法律研究》，知识产权出版社 2016 年版，第 118 页。

第一节　南方主要少数民族村规民约与耕地保护

粮食是人类生存和发展的基本条件，我国14亿多人的粮食需求更是要求我国必须执行严格的耕地保护政策。耕地的重要性在我国法律法规中也有反映，我国制定了严格的耕地保护法律制度，《土地管理法》有“耕地保护”专门一章，共14条。第30条规定：“国家保护耕地，严格控制耕地转为非耕地。”第33条则专门规定了基本农田保护制度，“国家实行永久基本农田保护制度。下列耕地应当根据土地利用总体规划划为永久基本农田，实行严格保护：（一）经国务院农业农村主管部门或者县级以上地方人民政府批准确定的粮、棉、油、糖等重要农产品生产基地内的耕地；（二）有良好的水利与水土保持设施的耕地，正在实施改造计划以及可以改造的中、低产田和已建成的高标准农田；（三）蔬菜生产基地；（四）农业科研、教学试验田；（五）国务院规定应当划为永久基本农田的其他耕地。各省、自治区、直辖市划定的永久基本农田一般应当占本行政区域内耕地的百分之八十以上，具体比例由国务院根据各省、自治区、直辖市耕地实际情况规定”。分析南方主要少数民族村规民约的内容，在开篇一般说明其制定根据，其制定根据主要包括法律、法规和国家有关政策，这其中自然也包含《土地管理法》《农村土地承包法》等与土地资源保护相关的法律法规。此外，南方少数民族地区爱护土地的风俗习惯也是重要的根据，因此在村规民约中也有保护耕地的相关内容。

古往今来，粮食安全一直是治国安邦的首要之务，也是当代国家治理和乡村治理的基础性事务。具体到南方少数民族乡村地区，作为以乡村治理为对象的村规民约，一般都包含着保护耕地的内容。南方少数民族乡村地区，由于多高山丘陵，森林覆盖率高，直接可以用于粮食生产的耕地分布实际上较为分散，并且地块数量多、面积不大，且由于以水稻种植为主，因此耕地主要分布在河流沿岸地带或者湖溪、塘坝附近。为了利用有限的耕地资源，发展粮食种植业，保证粮食供应稳定，南方少数民族乡村地区重视通过制定和实施村规民约来对耕地进行有效的保护。

一、确立保护耕地的基本理念

《土地管理法》第 3 条规定：“十分珍惜、合理利用土地和切实保护耕地是我国的基本国策。”此国策在南方少数民族乡村地区同样适用。在历史上，由于耕地资源的稀缺性，南方少数民族本身就重视保护耕地，并产生了相应的土地崇拜。例如，贵州黔东南苗族侗族自治州施秉县历史上即有：“六月六日，凡耕田者，类持片肉、卮酒赛田祖，俗谓之‘土地会’。其肉与酒必饮啖至尽而回。潜行弓腰掷石于田，谓之‘打土地’。盖本赛田祖，祈丰年、除灾祸之意。”① 保护耕地，保证粮食产出，这是历史上南方少数民族地区乡村发展的物质基础。在历史传承和发展过程中，南方少数民族需要继续传承保护耕地的基本理念，并体现在村规民约之中。

中华人民共和国成立后，我国通过土地制度改革，确立了国家所有和集体所有两种土地所有制形式。农村土地属于集体所有，这是原则性规定，任何组织或者个人都不得违反这一强制性法律规定。为此，南方主要少数民族村规民约中也会规定相应内容，强化集体所有的意识和观念。为维护土地村级集体所有制，《贵州省锦屏县彦洞乡黄门村村规民约》② 第6条第1款直接明确规定：“土地属村级集体所有制，由村民委统一进行管理，自留地、责任山属村级集体所有，严禁‘清原耕，继祖业’，如违约，每起处罚款500元。”《贵州省锦屏县铜鼓镇花桥村村规民约》③ 第20条同样规定：“严禁清原耕、继祖业，严禁倒退土地，违者处以100元罚款；情节严重者，移交镇人民政府处理。”保护耕地的前提是确保耕地属于村级集体所有。同时，改革开放后，我国进行了农村土地制度改革，实行家庭联产承包责任制，将集体所有的土地分给村民，村民拥有土地承包权。村规民约对土地承包权也进行了相应的保障。

---

① 丁世良、赵放主编：《中国地方志民俗资料汇编·西南卷（下）》，书目文献出版社1991年版，第600页。

② 该村村民以侗族为主，该村规民约于2014年12月13日通过并施行。

③ 2005年1月20日通过并执行。

《广西壮族自治区凌云县逻楼镇山逻村村规民约》[1] 第4条即规定："必须遵守已划定生产承包责任区，任何人不得无理侵占他人的责任地、责任田、责任山林，禁止乱砍滥伐集体林木，保护林园。"耕地属集体所有和土地承包权属于村民所有是一个整体。2018年12月29日，我国对《农村土地承包法》进行了修正，确立了农村土地"三权分置"制度，明确了"所有权""承包权""经营权"的分置，但"所有权"属于农村集体经济组织，"承包权"属于村民是基本前提，这两点并没有改变。

如今在经济社会转型发展的关键时期，工业化发展、城市化推进要求提供足够的建设用地，农村土地的后备资源价值愈发显现。如果出现盲目扩张，耕地保护的压力和困难也就会日益增多、增大。其次，村民的不合理、不合法耕地使用行为也会导致耕地的破坏。理念是行为的先导，树立耕地保护理念是前提，而村民保护耕地的义务则是对村民适用的行为规范。1999年广西金秀瑶族自治县在给全县乡村拟定的《金秀瑶族自治县村规民约》[2] 样本中，第一部分就是"耕地保护"，明确"全体村民均有保护耕地的义务"。从时间上看，这与1998年《村民委员会组织法（试行）》的制定和实施相衔接。《浙

---

① 该村属瑶族村落，该村规民约于1985年3月17日通过并施行。

② 《金秀瑶族自治县村规民约》在内容上，主要分"一、耕地保护""二、社会治安""三、消防安全""四、村风民俗""五、邻里关系""六、处理情况"六个方面。该村规民约是1999年广西金秀瑶族自治县政府制定的村规民约样本。

江省龙泉市竹垟畲族乡盖竹村村规民约》[1] 第 11 条也有“珍惜和保护农田”的理念性规定。[2] 耕地是农民获取粮食的主要来源，绝大多数农民自身原本就有保护耕地的理念，村规民约即是将这种理念以文字、文本的形式体现出来，发挥规范的引导和教育作用。对于外村人违法侵占耕地的行为，有的村规民约也规定要给予相应的处理，这也是保护耕地理念的体现。《广西金秀瑶族自治县长垌乡平道村村规民约》[3] 第 9 条即规定：“外来人来本村侵占耕地的，每亩罚款 100 元，并限期退还耕地。”如今，我国土地制度正在进行改革和探索，并在法律法规中有所体现，村民也可以把土地的经营权进行流转，但也必须遵循法律法规，尊重村民意愿。

二、合法转让土地承包经营权

耕地是我国家庭联产承包责任制的物质载体，如果缺失这一物质载体，家庭联产承包责任制也就无所依归。改革开放后，我国在农村地区实行农村土地承包经营制度。2018 年 12 月 29 日，我国对《农村土地承包法》进行了修正。本次修正确立了农村土地所有权、承包权、经营权“三权分置”制度，

---

① 具体日期不详，该村规民约中有“三改一拆”的规定，这是浙江省 2013 年至 2015 年开始实施的旧住宅区、旧厂区、城中村改造和拆除违法建筑三年行动中的规定。据此该村规民约不会早于 2013 年。

② 《浙江省龙泉市竹垟畲族乡盖竹村村规民约》第 11 条规定：“保护文物古迹、古树名木、古建筑，珍惜和保护农田、山林、水源、水产等资源，爱护公共设施。”

③ 1991 年 5 月 1 日修订并执行。

目的在于激活农村土地资源要素的活力，促进农业生产。农村土地承包采取农村集体经济组织内部的家庭承包方式，不宜采取家庭承包方式的荒山、荒沟、荒丘、荒滩等农村土地，可以采取招标、拍卖、公开协商等方式承包。因此，我国对土地承包经营权的获得、流转规定了较为严格的制度和程序，这在南方少数民族地区村规民约中也有体现。首先，体现在村民承包权的获得必须经过法定程序，由村集体发包。《贵州锦屏县大同乡密洞村村民自治合约》① 第23条规定："基本农田和其他公共土地属集体（国家）所有，未经村发包和村民承包，不得占为己有，违者除恢复原状外，自愿缴纳违约金50元，并接受村内通报批评。"此村规民约规定了村民承包权的获得必须经过村发包和村民承包，否则不能享有相关权利。《贵州省锦屏县茅坪镇上寨村村规民约》② 第7条明确分配到户的土地的所有权属村集体或村民小组所有，"全村已分配到户的田、土、山林的土地所有权属村集体或村民小组所有，其使用管理权按政策规定期限不变，对尚未分配落实到户的田、土、地、山林仍属村集体或村民小组使用管理，其产生的经营收入按现有人口数进行分配"。

其次，村民在获得土地承包经营权后也不得随意侵占、买卖自己或者他人的土地，也需要遵循法律规定和相关程序。1999年的《广西金秀瑶族自治县村规民约》明确规定："村内

① 该村为侗族村寨，该村规民约于2015年4月6日通过并施行。
② 2005年6月29日通过，于2005年7月1日起施行。

任何组织和个人使用土地都应服从村的统一规划和调整，不得侵占、买卖或者以其他形式非法转让土地。”《四川省越西县竹阿觉乡布什觉村村规民约》[①] 在“土地管理”部分也规定：“任何人不能以任何借口侵占、买卖、出租、非法转让变更集体和他人的土地使用权。”此处强调村集体在村土地使用中的权力，对个人的非法转让行为是采取严厉禁止的态度。并且，村规民约也会对非法买卖、转让集体土地的行为给予相应处理，除了在村规民约处理情况部分统一规定之外，对于具体行为也会给予直接处理。《贵州省锦屏县彦洞乡黄门村村规民约》[②] 即对非法买卖、转让土地的行为进行处理，“对非法买卖、转让我村集体土地的，我村两委对其非法所得予以没收，限期拆除新建建筑和其他设施，对其责任人给予罚款金 500 元”。有的村规民约规定村民之间流转、转让土地必须首先经过村支“两委”通过，如果私下进行流转、转让，村不给予办理审批手续。[③] 以此保障村集体所有的土地有序合法流转、转让。

最后，对于当前的土地流转行为，村规民约也是规定必须合法流转，不得侵犯村民的合法利益。随着经济社会的发展，我国南方少数民族地区的农业生产经营方式也在发生着一些变

---

① 该村属彝族村落，村规民约于 2017 年 3 月 30 日通过并实施。

② 2014 年 12 月 13 日通过并执行。

③ 《浙江省丽水遂昌县三仁畲族乡坑口村村规民约》在“建房制度”部分，规定：“不得私自买卖土地，村民之间流转、转让土地必须首先经村两委通过，如私下进行流转、转让，不给予办理审批手续。”

化，规模经营的要求日益显现，土地的合法流转成为新的趋势。《浙江省桐庐县莪山畲族乡塘联村村规民约》[①] 第14条明确规定："村股份经济合作社引导土地承包经营权流转，支持和保护村民间合法的土地流转行为，促进农业规模经营。"一方面，土地承包经营权的改革旨在激活农村现有耕地资源，提高农业生产效率，增加农业产出。另一方面，土地承包经营权流转也需要遵循法律法规和村民意愿，不得盲目追求流转的规模，忽视农民利益的保障。因此，村规民约也要求土地承包经营权必须合法流转，不得变更耕地的属性。

三、理顺耕地承包经营权人的权利与义务

利用耕地种植农作物是乡村社会村民获取粮食的主要途径，因此村民在长期历史发展过程中，形成了比较合理的耕作方式。改革开放以来，我国农村耕地实行家庭联产承包责任制，耕地的所有权属于国家，而承包经营权（使用权）属于以户为单位的村民。因此，村民拥有获得耕地承包经营权的权利，也需要承担相关义务，例如，合理合法利用耕地。

（一）承包经营权人的权利

在权利方面，村民的耕地承包经营权主要体现在依法获得承包权，他人不得侵犯自己的承包经营权；利用土地从事种植业，获得土地收益。第一，村民的承包经营权可以转包，但也

① 2018年10月25日通过并施行。

要经过发包方即村集体经济组织的同意，《四川省越西县德吉乡三合村村规民约》[①] 第 6 条规定：“在承包期间，经发包方同意，承包方可将部分或全部土地转包给第三者，并签订转包合同。”第二，他人不得侵犯承包经营权人的承包权。《广西金秀瑶族自治县长垌乡向阳村村规民约》[②] 第 24 条规定：“故意侵占村民委分给他人的土地权，要求组织群众到现场查明，处理方必须支付每个群众 10 元。”这是要求其他村民尊重村民的耕地承包权，他人不得侵犯。《贵州省从江县下江镇高仟村村规民约》[③] 第 6 章第 2 条规定：“对破坏他人耕地的，责令恢复耕地原状。”

（二）承包经营权人的义务

在义务方面，南方主要少数民族村规民约多是根据《农村土地承包法》等法律法规的规定，要求承包户合法合理利用，这是总的原则性规定。《四川省越西县德吉乡三合村村规民约》[④] 第 7 条即是关于承包户义务的规定：“承包户有培养地力、保护土地的义务，不得在承包田、承包山、自留地和宅基地上擅自掏路、塞沟、筑坎等，承包期内，小河、小道、小

---

① 2017 年 3 月 30 日通过并施行。

② 1993 年 4 月 19 日通过并施行。

③ 该村规民约于 2012 年 12 月 18 日经村民大会讨论通过，2012 年 12 月 19 日公布，于 2013 年 1 月 1 日起实施。原已定村规民约和习俗规定停止执行。娄义鹏：《贵州少数民族地区纠纷解决机制研究——以苗族、侗族、布依族为例》，中央民族大学 2016 年博士学位论文，第 209 页。

④ 2017 年 3 月 30 日通过并施行。

沟由承包户负责修掘，保证排灌畅通。”南方少数民族乡村地区的耕地以水田为主，因此一些地区专门规定了水田的使用。《广西金秀瑶族自治县金秀镇六段大队村规民约》即专门规定了水田的分配和使用，该乡规民约第2条规定：“水田按现有人口分摊到户承包耕种，超生人口不分责任田和责任林，各个承包的水田，只能耕种，不准出卖、出租，不准转让，不准起房屋、打砖瓦，不准丢荒。国家下达的公粮按各个合同负担给钱。如有违反者，大队和生产队有权收回所承包的田，另行处理。”该乡规民约于1984年5月21日通过并实施，其中的“大队”是当时的农村组织形式，还没有成立村民委员会，“乡规民约”是也当时的惯常用法，是对历史传统文化的延续。该规定与当时的农业税缴纳是相符的，并且当时在全国范围内刚刚推行家庭联产承包责任制，因此此村规民约是对当时“党的政策”① 的贯彻和落实。

除了原则性、概括性的义务规定之外，村规民约还针对不同的具体事项进行了详细规制。第一，耕地是宝贵的自然资源，不得违法侵占耕地，同时也要求必须珍惜和合理利用耕地资源，耕地只能用于种植。《土地管理法》第38条明确规定不得闲置、荒芜耕地，“禁止任何单位和个人闲置、荒芜耕地。已经办理审批手续的非农业建设占用耕地，一年内不用而

① 《广西金秀瑶族自治县金秀镇六段大队村规民约》在开篇论述村规民约制定目的时表述为：“为了搞好社会主义精神文明和物质文明建设，维护国家、集体个人的利益，把全大队的农、林、牧、副业生产搞上去，巩固和发展社会主义经济，根据党的政策，特制定我大队的乡规民约。”

又可以耕种并收获的，应当由原耕种该幅耕地的集体或者个人恢复耕种，也可以由用地单位组织耕种；一年以上未动工建设的，应当按照省、自治区、直辖市的规定缴纳闲置费；连续二年未使用的，经原批准机关批准，由县级以上人民政府无偿收回用地单位的土地使用权；该幅土地原为农民集体所有的，应当交由原农村集体经济组织恢复耕种”。法律法规的明确规定也被写入村规民约中。例如，《广西金秀瑶族自治县村规民约》规定：“严禁荒废耕地，对荒废耕地者，责令限期恢复耕种。”《四川省越西县德吉乡三合村村规民约》[①] 第4条明确规定：“村民有种好承包田、承包山、自留地的义务，严格履行承包合同，不弃耕抛荒。”南方少数民族地区本来耕地就较为缺乏，一些地区正在推行退耕还林工程，以恢复生态，这就要求南方少数民族地区更加珍惜和合理利用有限的耕地资源。对于目前闲置、荒芜的耕地，也要及时复耕，做好土地整理工作。

第二，对于现有耕地，为了保证产出，在离耕地一定距离范围内，村民不得随意种植树木等植物，这可能会损害地力，影响农作物生长。《浙江省龙泉市竹垟畲族乡盖竹村村规民约》[②] 第15条即规定：“连片产粮地块农田不准种植树木、竹子等，影响四周农田阳光。”《广西金秀瑶族自治县长垌乡青

---

① 2017年3月30日通过并施行。

② 具体日期不详，该村规民约中有“三改一拆”的规定，这是浙江省2013年至2015年开始实施的旧住宅区、旧厂区、城中村改造和拆除违法建筑三年行动中的规定。据此该村规民约不会早于2013年。

山、同王两村村规民约》[①] 第17条也专门规定："本屯的责任田受法律保护，严禁在田边三丈内种植经济林，违者种植者应自己移去。如不移走，原承包田者有权砍去，并不负赔偿责任。"《广西金秀瑶族自治县大樟乡中南生产队村规民约》[②] 第16条规定："在他人责任田地边造林需距四丈远，违者拔掉。"而《广西金秀瑶族自治县六巷乡蒙冲村村规民约》[③] 则规定"十丈远"，"今后凡私人或集体种植杉树、八角树、黄笋竹等，应离他人责任田十丈远以外，水田边十丈远内禁止造林，以防影响他人农业收入"。三者只是距离远近的不同，但其目的都是保护耕地，保证产出。

第三，在具体耕作时，村民也要注意方式，合理施肥，不得损害相邻耕地的地力。例如，《广西金秀瑶族自治县大樟乡村规民约》[④] 即明确，"不分次施肥进别人的责任田，糟蹋农作物和损坏田基，违者除赔偿损失外，罚款5元"。针对有人随意进入他人耕地可能破坏耕地的行为，许多村规民约也有相关内容。在1982年10月28日通过并实施的《广西金秀瑶族自治县大樟乡花陈村村规民约》中即规定："不准进别人的责任田糟蹋农作物和损坏田基，违者除赔偿损失外，罚款5元。"《广西金秀瑶族自治县大樟乡玲马大队村规民约》第17条同样规定："不准进别人（包括大人、小孩）的责任田、地，糟

① 2004年5月1日通过并施行。
② 1982年10月13日晚通过并施行。
③ 1982年12月3日通过并施行。
④ 此稿是1982年10月17日供讨论之用。

蹋农作物，违者除赔偿损失外，罚款5元。”除了不准人随意进入他人耕地之外，南方少数民族村规民约还规定主人要看管好耕牛、猪、鸡、鸭等动物，防止这些动物破坏庄稼。例如，《广西金秀瑶族自治县六巷乡冲尾村村规民约》[①] 第18条规定：“加强对耕牛的看管，不准随便放野牛以及家禽进他人的责任田和地里（包括菜地）糟蹋损坏农作物等，违者除赔偿损失外，每起罚款5元。”上述村规民约的规定都是为了保护责任田，保证耕地的产出，提高粮食产量。

第四，农村建房需要取土，南方少数民族乡村地区森林面积较大，可供取土的区域就十分有限。在这种情况下，有些村民可能会到耕地取土，无疑会破坏耕地地力。为此，有的村规民约明确禁止到他人耕地取土，“不准挖他人的菜地和责任田做房子，违者罚款20元，还要追究法律责任。”[②] 在耕地上从事粮食种植，土壤质量状况是耕地产出的基本保障。

第五，针对私自移动耕地界分标志的行为，有的村规民约对此也进行了规制。例如，《广西金秀瑶族自治县金秀镇范道村村规民约》[③] 第7条规定：“严禁偷移地号，发现偷移地号一次罚款10元。”

---

① 1982年12月15日通过并实施。

② 《广西金秀瑶族自治县六巷乡平冲一队村规民约》第18条，1982年11月15日通过并施行。

③ 该村规民约自1984年7月15日开始执行，通过日期不详。

四、不得违法侵占耕地建房

宅基地是我国农村的农户或个人用作住宅基地而占有、利用本集体所有的土地。村民在宅基地上建造房屋以供居住，这是我国法律赋予村民作为农村集体经济组织成员而享有的专属权利。不得违法侵占耕地建房是耕地承包经营权的应有之义，但是由于耕地紧张与宅基地需求的增长，宅基地与耕地之间在许多乡村地区产生了矛盾，成为乡村治理的一大难点，因此本节将其单列，以便分析。随着农村人口数量的不断增加，原来的村庄规划已经不能满足日益增长的宅基地需求，在这种情况下，某些村民可能会侵占耕地建房。而在某些乡村社会，由于人口的迁移流出，房屋空置化现象比较突出，某些宅基地成了闲置资源，也有必要在法律框架内激活现有资源。我国《民法典》专章规定了宅基地使用权，对宅基地使用权的权利内容、取得、行使和转让适用法律的衔接性，灭失后重新分配，变更登记和注销登记等事项进行了规定。宅基地使用权的资格权专属于农村集体经济组织成员，但并不意味着村民可以随意占用耕地建房。

关于不得违法侵占耕地建房，南方主要少数民族村规民约也进行了相应的规制。第一，建房必须遵循法律程序，符合村庄规划，经管理部门批准后方可建房。在很长一段时期内，我国的村庄建设主要属于乡村自治事务，并没有政府层面的规划参与，这就造成很多乡村在建设过程中盲目建设、随意建房，给村庄道路、供水等基础设施建设带来困难。为此，当前农村建设普遍有相应的建设规划，促进乡村的可持续发展。例如，浙江省丽水市莲都区老竹畲族镇丁公村村民委员会在村规民约中就规定：“村庄建设规划需要通过村民代表会议对村级事务书面投票方式进行阳光票决。”① 除了村民内部参与之外，镇土地、房屋规划等管理部门也会参与到建房审批程序中。例如，《浙江省桐庐县莪山畲族乡沈冠村村规民约》② 第9条规定：“遵守村庄规划，建房必须经过合法手续审批，不得‘未批先建、少批多建、批东建西’。”《四川省越西县竹阿觉乡麻姑村村规民约》在“村风民俗”部分规定：“建房应服从村庄建设规划，经村委会和上级有关部门批准，统一安排，不得擅自动工。”③《浙江省莲都区老竹畲族镇老竹村村规民约》④ 第9条也规定：“村民建房必须服从村镇规划，经村委会和有关部门批准后统一安排，严禁未批先建，少批多建，违章搭建，严格执行先拆旧后建新，并将旧宅基地退还给村集体所有”；第15条进一步规定：“自觉遵守建房审批制度。建房做到先拆后建，未经审批不得乱搭乱建任何房屋或简易棚。”有的村规民约对于违法违规侵占集体土地的行为要给予一定数额的罚款。例如，《广西壮族自治区东兴市江平镇万尾村村规民约》第1条即规定：“严格土地管理审批制度。禁止滥占国家、集

---

① 《浙江省丽水市莲都区老竹畲族镇丁公村》第3条，2018年9月28日通过并施行。

② 2018年10月25日通过并施行。

③ 竹阿觉乡麻姑村属于四川越西县，该村属彝族村落，该村规民约于2017年3月30日通过并施行。本书引用四川省越西县村规民约都属于彝族村规民约。

④ 2018年10月9日发布并执行。

体土地（含沿海荒地、林地）建私房和其他用途。违者处以每平方米 7～20 元罚款。”① 有的村落还规定建房时必须缴纳一定数量的押金，保证建筑垃圾得到及时清理。《浙江省松阳县板桥畲族乡大毛科村村规民约》② 第 9 条规定：“审批建房时需向村委会交纳 10000 元押金，从审批之日起 18 个月内，外墙必须粉刷完毕，且及时清理建筑垃圾，否则没收押金。照规办事的，工程结束后予以退回押金。”

第二，遵守历史状况，不得损害四邻利益。虽然乡村社会的村庄建设在很长一段时期内没有政府层面的规划，但在长期的存续过程中，乡村社会还是逐渐形成了具有地方特色和民族特色的村庄建设规律。因此，村民在使用老宅基地建房或者翻建房屋时，必须遵守历史状况。此外，南方少数民族房屋一般有自己的民族特色，在利用宅基地建造新房时也需要遵循民族习惯。《贵州省锦屏县隆里乡华寨村自治合约》③ 第 18 条即规定：“为保持村寨原有风貌，凡村民改、扩、新建房屋，一律保持人字形坡屋顶、瓦屋面，外墙装饰不得使用瓷砖，不服从管理者，村民委不给予批地建房、办房产手续时不签字盖章。”《浙江省桐庐县莪山畲族乡新丰民族村村规民约》④ 也强调要保持畲族村居特色，否则不予批准，第 7 条规定：“建房

---

① 该村属于京族村寨，1999 年 9 月 20 日公布并实施。参见李军明：《京族经济发展与文化变迁》，华中科技大学出版社 2017 年版，第 120 页。

② 2018 年 12 月 10 日发布并执行。

③ 该村村民以苗族居多，该村规民约于 2010 年 5 月 6 日由村民代表会议表决通过，由户主签字认可，自 6 月 1 日起执行，由村民委组织实施。

④ 2018 年 10 月 25 日通过并施行。

应服从村庄建设规划，不得违反规划或损害四邻利益，设计要具有畲族文化特色建筑，切实维护好戴家山传统村落，经批准，要在当地建房的不得超过二层，须土木建筑。”《四川省越西县竹阿觉乡布什觉村村规民约》① 在“土地管理”部分第4条规定：“依法使用宅基地，老宅基地要严格遵守历史状况，新宅基地按镇、村规划执行，不得损害整体规划和四邻利益。”《浙江省桐庐县莪山畲族乡塘联村村规民约》② 第8条也规定：“不损害四邻利益。”村落建房必须考虑“四邻利益”，这是符合乡村社会普遍规则的做法。村民建房不是单独一家的私事，还是整个村落特别是与四邻关系需要恰当处理的公共事务。由于建房不当而引起的乡村纠纷在乡村社会经常出现，因此需要审慎处理。

第三，对于未经批准，强占耕地建房的行为，村规民约也会予以处理。作为一种社会规范，村规民约的权威性和强制力也需要相应的处理措施予以保障。对于违法侵占耕地建房的行为，大多数村庄的处理是拆除，恢复原状，有的还给予罚款。《四川省越西县新民镇新民村村规民约》③ 规定：“未经批准，强行占用耕地、交通要道建房的坚决拆除，还田换土，恢复原状外，并罚款5000元以上。”《浙江省桐庐县莪山畲族乡塘联村村规民约》第8条则规定：“实行‘即查即拆’原则，严厉

---

① 2017年3月30日通过并施行。

② 2018年10月25日通过并施行。

③ 2017年3月30日通过并实施。

处置新违法建筑。”《四川省汶川县龙溪乡垮坡村村规民约》[1]第4条规定：“所有村民应珍惜每一寸土地，凡乱占耕地修房造屋，指东占西，超面积建房，除按政策规定处理外，村上另在国家罚款的基础上再增加百分之十的罚款，并限期补办手续。”

第二节　南方主要少数民族村规民约与林地保护

林地与森林属不同的自然资源类型，林地是森林的物质载体，是森林树木等植被生长的土地，林地保护也是土地资源保护的重要组成部分。南方少数民族乡村地区，森林植被覆盖率高，因此林地面积较为广阔，除了国家法律法规之外，当地还需要村规民约等规范加以规范和引导村民的行为。通常而言，林地指的是包括郁闭度0.2以上的乔木林地以及竹林地、灌木林地、疏林地、采伐迹地、火烧迹地、未成林造林地、苗圃地和县级以上人民政府规划的宜林地。[2]与耕地主要是生产性功能不同，林地虽然也有生产性功能，但是林地的生态功能要大

---

① 该村属于羌族村落，该村规民约于1991年10月26日通过并施行。转引自龙大轩：《乡土秩序与民间法律：羌族习惯法探析》，中国政法大学出版社2010年版，第340页。

② 《森林法实施条例》第2条。

于其生产性功能，林地及附着于其上的森林、林木等植被是重要的生态调节器，是对良好生态环境的保障，因此更需要严格保护。

一、确认林地为农村集体所有

林地属于国家所有，由法律规定属于集体所有的除外。根据《土地管理法》，林地既可以由本集体经济组织成员承包经营，也可以由本集体经济组织以外的单位或者个人承包经营，从事林业活动。但这些的前提都是林地的集体所有，村集体经济组织以外的组织或者个人都不是所有权人。因此，当承包经营权人死亡或者失去村集体经济组织成员资格后，相关林地也应当重新由村集体内所有成员共同决定以后的利用方式。《浙江省桐庐县莪山畲族乡新丰民族村村规民约》即规定，五保户去世后的林地归村集体所有，其亲戚及本小组不得干涉。① 这一条涉及的对象是"五保户"，是农村中无劳动能力、无生活来源、无法定赡养扶养义务人或虽有法定赡养扶养义务人，但无赡养扶养能力的老年人、残疾人和未成年人。对于村集体经济组织成员内部有法定继承人的林地承包经营权人，此村规民约并没有涉及，按照通常做法，是由其继承人继承相应的承包经营权，但是所有权属于村集体这一内容是不会变动的。

林地为农村集体所有，同时也实行家庭承包经营制度，由

① 《浙江省桐庐县莪山畲族乡新丰民族村村规民约》第8条规定："五保户去世后的宅基地、自留地、林地、山林土地归村集体所有，其亲戚及本小组不得干涉。"

本村集体经济组织内部成员或者本集体经济组织以外的单位或者个人承包经营。村集体根据法律，遵循程序，将林地发包，承包人享有承包权，因此，林地集体所有与村民承包经营是相互结合的。《广西金秀瑶族自治县长垌乡六架村石牌》[①] 第15条规定："遵守林业三定政策，已定承包到户的山界林权，如有违背，无理取闹者罚款36元，或将山林土地收归村有，重新给其他村民承包。"意思是在村集体发包后，承包权人以不正当理由拒绝接受该林地，则由村集体处理。农村出现这种情形，大多是因为附着于林地上的森林资源多寡有差异、林地本身地力有差异，但是如果是按照村民公认的程序发包的，则村民应当遵守。

二、合法合理利用林地

林地是重要的土地资源，一方面林地上的林木是林业生产的资源保证，另一方面林地也可以转化为耕地等其他土地类型，但是林地的特殊功能又使得其性质不得随意变更。此处的"合法合理利用林地"与下文林地承包经营权人的权利义务的对象范围有所不同，合法合理利用林地的适用对象是全体村民，同时也包括村外之人。当前一些地方的乡村社会，村民砍伐林木，将原来的林地开垦成耕地，或者发展水果种植，表面上可能会取得短期的经济效益，但是从长期来看，势必会造成

① "石牌"是瑶族习惯法中记载村民权利义务关系的社会规范表现形式，也是村规民约的一种。该村规民约于1990年6月22日公布并执行。

林地资源的破坏，破坏生态系统的平衡。《森林法》第 39 条规定："禁止毁林开垦、采石、采砂、采土以及其他毁坏林木和林地的行为。"破坏林地的行为是国家法律明确禁止、严厉惩罚的，《最高人民法院关于审理破坏林地资源刑事案件具体应用法律若干问题的解释》[①] 对违反土地管理法规，非法占用林地，改变被占用林地用途，在非法占用的林地上实施建窑、建坟、建房、挖沙、采石、采矿、取土、种植农作物、堆放或排泄废弃物等行为或者进行其他非林业生产、建设，造成林地的原有植被或林业种植条件严重毁坏或者严重污染，并具有数量较大等相关情形的行为进行了明确的法律解释。因此，从国家立法、执法、司法层面，我国均严厉惩罚破坏林地的违法犯罪行为。作为适用于乡村社会的社会规范，村规民约对此也进行了相应的规制，确保法律实施，同时也是为了保障乡村社会自身的可持续发展需要。

南方主要少数民族村规民约适用于乡村社会的这一性质决定了其语言表达不能脱离乡村实际，否则就会影响村民对村规民约的可接受性。《浙江省桐庐县莪山畲族乡龙峰民族村村规民约》[②] 以"承包山林，合法用地，不得侵占"这 12 个字概括，简洁明了地表达要求村民合法利用林地。正如前文所述，毁林开荒是乡村社会破坏林地的常见行为，为此许多村规民约专门规定不得毁林开荒，否则给予相应的处理措施。《广西金

① 2005 年 12 月 19 日由最高人民法院审判委员会第 1374 次会议通过，自 2005 年 12 月 30 日起施行。

② 2018 年 10 月公布并施行。

秀瑶族自治县金秀镇公朗生产队村规民约》[1] 第2条规定："国家、集体和个人管理的林地，不准任何人毁林开荒或搞副业，违者视损失轻重给予罚款。"《广西金秀瑶族自治县金秀镇范道村村规民约》第3条也规定："国家、集体和个人管理的林地，不准任何人毁林开荒或搞副业，违者每亩罚款24元，按乱砍条约加重罚款（按本①②条）"，[2] 此村规民约规定了具体的罚款数额。《浙江桐庐县莪山畲族乡尧山村村规民约》也规定了不得"毁林开荒"，[3]《四川省汶川县龙溪乡俄布村村规民约》也有严禁"毁林开荒"的规定，否则对违反村规民约者，"除没收外，收损失补偿一百元至二百元"。[4] 林地的特殊性在于，一旦被破坏，依靠自然生长或者植树造林再次恢复生态的周期较长，其间还会带来水土流失等问题，因此国家对于林地采取了严格保护措施，在村规民约中也有体现。

合法使用林地是国家法律法规的要求，合理使用林地则要求村民使用时符合乡村社会利用林地的惯常做法。《浙江省龙

---

① 该规约于1984年1月9日通过，并从同月10日起开始执行

② 《广西金秀瑶族自治县金秀镇范道村村规民约》第1条第4款规定："①乱砍毛楠竹、黄竹、杂竹每株罚款2元，偷挖各种竹笋一株罚款2元。②偷各种果类，发现每次罚款30元。"

③ 《浙江桐庐县莪山畲族乡尧山村村规民约》在第4条"治理有效"部分规定："保护森林生态资源，不乱开乱采，乱砍滥伐、毁林开荒；加强野外用火管理，严防山火发生。"该村规民约2018年10月25日经全体村民会议表决通过。

④ 《四川省汶川县龙溪乡俄布村村规民约》第10条规定："积极参加植树造林，自觉爱护树木，严禁乱砍滥伐，私买私卖，乱捕乱猎，毁林开荒，不乱占耕地，不在耕地上修房造屋，违者除没收外，收损失补偿一百元至二百元。"该村是一个羌族村，该村规民约于1991年10月28日通过并施行。

泉市竹垟畲族乡盖竹村村规民约》[①] 第12条规定："凡划分给村民的自留山、责任山原有的路、溜，任何人不准随意封闭、改线，如需新开路、溜，须经双方协商同意后方可进行，以避免产生纠纷、争执。如山林、水田、自留地等界址产生纠纷，村委必须组织调解解决，村级调解不成再向上级有关部门反映。"我国的林地同样适用承包经营制度，但是林地产权本身也有长期演变历史，乡村社会也形成了自己的林地界分及使用规则。该村规民约中涉及的"原有的路、溜"即历史形成的界分，尽管实行承包经营，但也不得随意变动，而应当由相邻方进行协商。

三、确认林地承包经营权人的权利义务

林地为农村集体所有，同时村民或者其他组织、个人通过合法渠道也可以获得承包经营权，这是激活农村土地资源潜能、提高农村土地资源利用价值的方式，二者是紧密相关的。因此，其前提是保障承包经营权人的使用、收益权能。除了生长林木之外，林地也会有菌类、笋类等产出，这些都是具有经济价值的物品。当前，林地承包经营权人主要是村民，在一些地方也有外来组织或者个人参与。承包经营权人获得承包经营权后，一方面需要维护好林地上的林木，履行保护林地的义务，另一方面还可以从林地中获取其他收益，获得收益是重要

① 具体日期不详，该村规民约中有"三改一拆"的规定，这是浙江省2013年至2015年开始实施的旧住宅区、旧厂区、城中村改造和拆除违法建筑三年行动中的规定。据此该村规民约不会早于2013年。

的激励保障。

关于林地承包经营权人的义务，由于南方少数民族乡村地区部分耕地资源分布在林地周围，林地和耕地就会产生交叉。为了保护耕地，林地承包经营权人在一定距离范围内不得种植林木。《浙江省龙泉市竹垟畲族乡盖竹村村规民约》① 第15条规定："承包与耕地相邻的山地地块，山地上的果树、林木、毛竹等其枝叶不得延伸至耕地，应以滴水在本山地为准。连片产粮地块农田不准种植树木、竹子等，影响四周农田阳光。"此外，林地承包经营权人在获得经营权后，也不得恣意占有林地周围的耕地，这也是林地承包经营权人的义务。《浙江省龙泉市竹垟畲族乡盖竹村村规民约》第16条规定："自留山、责任山四周内原有自留地，应归原户种植农作物，山主不能侵吞原户自留地"，以此划分耕地和林地的承包经营权，保障双方权益。

关于林地承包经营权人的权利，主要包括对林地的占有、使用和收益权。林地为农村集体所有，同时林地也实行承包经营，林地一旦被分配承包给村民，则村民的承包权是在承包期内应当被其他人认可，他人不得侵犯其承包经营权。

林地承包经营权人的权利，主要有占有权、使用权和收益权。确认占有是前提，是向村内外的人宣示其权利。《广西金

① 具体日期不详，该村规民约中有"三改一拆"的规定，这是浙江省2013年至2015年开始实施的旧住宅区、旧厂区、城中村改造和拆除违法建筑三年行动中的规定。据此该村规民约不会早于2013年。

秀瑶族自治县金秀镇范道村村规民约》[①] 第7条规定："划分给各队的集体山界、林权和社员自留山、责任山均得到保护，任何人不准侵犯，违者必须严加处理。"这是通过村规民约确认承包经营权人的占有权利。和耕地一样，林地保护也需要村民看管好耕牛，否则会造成林地的破坏。《广西金秀瑶族自治县金秀镇坤林村村规民约》[②] 第6条专门规定村民需看管好各自的耕牛，"为了发展林业生产，造好林，必须管好耕牛，不准放野牛。如需放野牛的，经群众大会讨论同意在每年的立冬后15天内放，到农历二月初一统一收回耕牛管理。母牛养仔也要统一放到牛场去管理。如不管好耕牛的，吃了他人的东西按损失多少赔偿，另外还罚款50元，罚得的款给处理人员"。

林地承包经营权人的使用权和收益权，主要体现在对林地附属产出物的所有权，包括村集体所有和承包经营权人所有两方面。关于村集体所有，林地多分布在村外，森林覆盖下的林地界分本身就难以明确地识别，特别是两个或者数村各自所有的林地相邻时，其界分就更加不易明确。因此，各村的林地所有权首先需要得到明确承认。《广西金秀瑶族自治县长垌乡桂田大队村规民约》[③] 第2条规定了各村的山界林权，各村不得过界开展经济活动，其内容是："维护各村山界地林权，任何人不准过他队的山界做经济与副业（除开老山是国有林以外），不准过界乱砍树、竹子，找笋、马尾藤、山苍果等有价

---

① 1984年7月15日开始执行。
② 1992年5月4日公布并执行。
③ 1982年6月6日公布并执行。

值的植物。原来过界造的用材林、经济林，用完一次过，地林权归他的队所有。原共住一个村的，后又搬出去和出嫁的，所种林木给入了这个队就不得转回来要。”

林地承包经营权人承包林地的出发点是获得使用权，进而获得林地收益，他们为了发展林业，一般都会充分利用林地，发展竹林、水果等产业。因此为了保护承包经营权人的利益，除了国家法律法规对偷盗、乱砍他人林地上的植物进行处罚之外，乡村社会内部也会通过制定村规民约、集体口头约定等形式来对相关行为进行处理。《广西金秀瑶族自治县大樟乡大田村村规民约》① 第4条规定：“为了尽快地发展和管好林业：（1）凡偷杉木松木每根罚款15元。（2）偷砍竹子3条以上，每根罚款2元。（3）凡偷挖竹子每棵罚款5元。（4）偷竹笋每棵罚款2元。”《浙江丽水市莲都区老竹畲族镇沙溪村村规民约》② 第11条规定：“村民不得到他人山上乱挖冬笋、鞭笋、春笋，如发现乱挖者，每根赔偿50元；对举报者每根奖励30元。”上述村规民约都是为了保障林地承包经营权人的利益，促进林业发展。

此外，林地也是南方少数民族乡村地区获取燃料的主要来源，在林地承包经营权人经营或者村集体所有的林地中随意捡拾、破坏林木，也是侵犯了经营权人或者村集体的利益。为此有的村规民约也规定：“擅自进入他人自留山、责任山、封山

---

① 1984年7月10日制定并执行。

② 2018年10月通过并执行。

育林区砍柴的，每担罚款 3 至 5 元，并退回柴火。”[①] 有的村庄明确划定了“柴山”的范围，即专门用来为村民提供柴木的林地区域。例如，《广西金秀瑶族自治县金秀镇共和村六仁屯村规民约》[②] 第 8 条规定：“原队划的柴山一律不得种地，集体种的毛竹、南竹，每亩罚款 100 元，杉木每枝罚款 10 元。”《云南省曲靖市罗平县鲁布革乡多依河村委会村规民约》[③] 第 14 条规定：“严禁在封山育林区内砍树、捡干柴，严禁林区用火，违者处 200 ~ 2000 元的罚款，情节严重的交司法机关处理。”

第三节　南方主要少数民族村规民约与草地保护

草地，是以生长草本和灌木植物为主并适宜发展畜牧业生产的土地。它具有特有的生态系统，是一种可更新的自然资源，是发展草地畜牧业的最基本的生产资料和基地。但是可更新主要是自然状态下的可更新，如果遭到人为的严重破坏或者遭遇重大自然灾害，草地也存在消失的可能性。中国草地约有

① 《广西三江独洞乡干冲村村规民约》第 9 条第 8 款。该村是侗族村，该村规民约自 1990 年 8 月 1 日起生效。

② 1987 年 5 月 21 日公布并执行。

③ 该村落是布依族村落，该村规民约于 2010 年 5 月 1 日通过并施行。

4 亿公顷，其中可利用的约 2.8 亿公顷，分为牧区草原和农区草山草滩两大部分。牧区草原 3.13 亿公顷，可利用的 2.2 亿公顷，主要分布于西北、东北、西南 10 省、区；农区草山草滩 0.87 亿公顷，可利用的 0.6 亿公顷，主要分布于南方各省和北方黄土高原地区。总体而言，南方草山草坡资源丰富、面积广阔，大多数分布在亚热带（包括云贵高原、广西、广东、湖南、湖北、四川、江西及东南沿海各省）。南方草地主要有：西南山地草山区，有可利用草地 0.27 亿公顷，是发展奶牛、肉牛、半细毛羊的基地；东南丘陵草山区，有可利用草地 0.13 亿公顷，是发展水牛、奶牛、肉牛、山羊的基地。草地具有生态调节和作为畜牧业发展基础条件的双重功能，因此需要对其进行保护。

我国制定并实施专门《草原法》，① 草原分天然草原和人工草地，法律法规都将其纳入保护对象。南方少数民族某些乡村地区，拥有发展畜牧业的自然条件，在一些地区也有种植人工草地发展畜牧业的资源优势，因此，南方少数民族地区的草地也是发展农业的重要资源保证，也需要通过村规民约来规范

---

① 1985 年 6 月 18 日第六届全国人民代表大会常务委员会第十一次会议通过；2002 年 12 月 28 日第九届全国人民代表大会常务委员会第三十一次会议修订；根据 2009 年 8 月 27 日第十一届全国人民代表大会常务委员会第十次会议《关于修改部分法律的决定》第一次修正；根据 2013 年 6 月 29 日第十二届全国人民代表大会常务委员会第三次会议《关于修改〈中华人民共和国文物保护法〉等十二部法律的决定》第二次修正；根据 2021 年 4 月 29 日第十三届全国人民代表大会常务委员会第二十八次会议《关于修改〈中华人民共和国道路交通安全法〉等八部法律的决定》第三次修正。

村民自身行为。事实上，南方少数民族乡村地区的许多村规民约对此进行了相关规制。南方少数民族一些乡村的农业以畜牧业为主，农业发展主要依赖草原。因此，“为了保护草原生态环境，促进草原永续利用，贯彻落实好草原补奖机制、政策禁牧制度、草畜平衡制度”,① 并根据村庄实际，制定村规民约。有的地方还制定专门的保护草原生态环境的村规民约，有的则是在村规民约中规定相关内容。

一、坚持草地属国家或集体所有的原则

根据《宪法》第 9 条，草原属于国家所有，由法律规定属于集体所有的草原除外。因此，村集体可以利用法律规定属于集体所有的草地发展畜牧业，从事旅游等其他经济活动，但前提是符合国家的统一规划，任何组织和个人不得私自占有、使用草地。《草原法》第 13 条明确规定：“集体所有的草原或者依法确定给集体经济组织使用的国家所有的草原，可以由本集体经济组织内的家庭或者联户承包经营。在草原承包经营期内，不得对承包经营者使用的草原进行调整；个别确需适当调整的，必须经本集体经济组织成员的村（牧）民会议三分之二以上成员或者三分之二以上村（牧）民代表的同意，并报乡（镇）人民政府和县级人民政府草原行政主管部门批准。集体所有的草原或者依法确定给集体经济组织使用的国家所有

① 《四川越西县尔寨乡依达村村规民约》的前言部分，该村规民约于 2017 年 3 月 28 日通过并执行。

的草原由本集体经济组织以外的单位或者个人承包经营的，必须经本集体经济组织成员的村（牧）民会议三分之二以上成员或者三分之二以上村（牧）民代表的同意，并报乡（镇）人民政府批准。”该条文确认，草原由本集体经济组织内的家庭或者联户承包。

2018 年 12 月 29 日，第十三届全国人民代表大会常务委员会第七次会议通过了《关于修改〈中华人民共和国农村土地承包法〉的决定》，该决定自 2019 年 1 月 1 日起施行。自此，我国正式确立了农村土地“三权分置”的法律制度，这同样适用于草地，修正后的《农村土地承包法》第 9 条规定：“承包方承包土地后，享有土地承包经营权，可以自己经营，也可以保留土地承包权，流转其承包地的土地经营权，由他人经营。”村规民约也将上述内容再一次在乡村社会范围内予以明确，但有些地区村规民约还未根据最新内容作相应修改。例如，《四川省越西县大屯乡大营盘村村规民约》① 在“土地管理”部分，规定：“任何人不能以任何借口侵占、买卖、出租、非法转让变更集体和他人的土地使用权”，如今“土地使用权”的含义已经更加丰富，包含“承包权”和“经营权”，因此此村规民约需要作相应的调整。《广西瑶族自治县金秀镇坤林村村规民约》② 第 1 条就是关于山林土地所有权和使用权的规定，其中包含了“草地”的内容，“山林和土地属国家所

① 2017 年 3 月 30 日通过并实施。

② 1992 年 5 月 4 日公布并执行。

有，本村社员只有使用权，集体所有的耕地、园地、草地、荒山、河滩等的使用必须服从国家集体的统一规划和安排，任何单位和个人不准私自占有和出卖”。本村规民约只是规定了“不准私自占有和出卖”，并没有明确禁止“流转”，因此也是符合当前法律规定的。

二、合法合理使用草地

一般来说，草地畜牧业的发展需要的草场面积较大，有些南方少数民族乡村地区会划定专门的草场范围，允许村民进入放牧，这些草场属于集体所有或者是国家所有但规定由集体使用。对于这种草场，个人是无权再种植林木、发展其他产业的。同时南方少数民族也会划定禁牧区，禁止非法开垦草原。合法合理使用草地主要包括以下内容：

（一）“牛场”的设立和保护

南方少数民族乡村地区许多村民家中都饲养耕牛，整个乡村社会也重视耕牛的饲养保障，因此很多地方采取划定“牛场”的方式，这些草地专用于耕牛饲养，他人不得随意开荒，更不得随意从事其他农业生产性活动。《广西瑶族自治县金秀镇共和村六仁屯村规民约》① 第 6 条规定了公共牛场的使用，“凡划定牛场后，在牛场种的各种林木，牛吃后没有赔偿，如

① 1987 年 5 月 21 日公布并生效。

在牛场外照数赔偿”。《广西瑶族自治县金秀镇龙定村村规民约》[①] 第4条也规定了牛场的范围，不准他人开荒造林，“牛场的划分在龙坪冲顶。北边由金品祖坟地向南数进第二条小冲，直上小路过坳至岭脊，南边由公浪地界至岭脊，西边由原□[②]定去和平村旧路面上一片划为牛场，不准任何人开荒、造林”。龙定村将公共牛场的划分明确在村规民约中，起到了广泛的公示作用。有的村规民约则是规定了在牛场开荒的罚款数额，“严禁在牛场……上造田开地，违者每亩罚款200元”。[③]《广西金秀瑶族自治县大樟乡堡上村村规民约》[④] 第11条规定：“为保护和发展耕牛起见，严禁在我额堡牛场地和牛路旁边开荒围园，如果以前已经乱做的要立即停止耕作，如果再继续乱栽乱种，人畜可以将其踏平，并加罚款30～50元以上。”作为南方少数民族乡村社会农业发展的重要生产资料，耕牛被少数民族所重视，上述村规民约中“牛场”的开辟和保护即是鲜明体现。

（二）设立禁牧区

草地的国家所有权、集体所有权还体现在设立禁牧区、封山育草方面，这是我国为了保持草原生态系统的重要措施，并

---

① 1984年6月27日公布并生效。

② □表示原文字迹无法辨认，下同。

③ 《广西金秀瑶族自治县长垌乡平道村村规民约》第4条规定：“严禁在牛场和现有人行道路上造田开地，违者每亩罚款200元，毁路每处罚100元。”

④ 该村规民约于1982年11月24日经全村各户主中午讨论通过并生效。

且该项事务主要是在乡村地区实施。南方少数民族乡村地区的植被覆盖率虽然比北方乡村地区高，但在一些地方存在过度放牧的情形，导致草场被破坏。为此，我国在南方少数民族乡村地区也设立禁牧区，进行封山育林育草工作。《四川省越西县白果乡桥勒莫村村规民约》[①] 第1条规定："严禁在禁牧区内放养牛、羊等牲畜，违者罚款每头牛50元、每只羊30元每次。"《四川省越西县尔寨乡依达村村规民约》[②] 第1条同样规定："严禁在禁牧区内放养牛、羊等牲畜，违者罚款每头牛50元、每只羊30元每次。"《云南省曲靖市马龙县深沟村委会村规民约》[③] 第3条规定："严格禁止在封山育林禁止区放牧、铲草皮、开荒种地、采矿等，违者罚款，牛每头10元、马每匹10元、羊每只2元。"在很多南方少数民族乡村地区，草地和林地相间分布，因此在村规民约中也多是同时出现。设立禁牧区一般需要草原围栏设施，否则在有些情况下无法阻止牛羊等进入禁牧区，为此保护草原围栏设施也是应有之义。《四川省越西县尔寨乡依达村村规民约》第4条规定："严禁破坏草原围栏设施。违者罚款100～2000元，情节严重者送交公安、司法部门处理。"《四川省越西县白果乡桥勒莫村村规民约》第4条也规定："严禁破坏草原围栏设施。违者罚款100～2000元，情节严重者送交公安、司法部门处理。"

① 2017年3月30日签发公布并执行，本节下文引用此村规民约时，不再注明。

② 2017年3月30日修订并执行，本节下文引用此村规民约时，不再注明。

③ 该村是一个苗族村落，该村规民约形成时间大约是1989年。

（三）积极发展人工草地

通常而言，除四川、西藏部分地区外，南方草地面积不大，主要适宜发展小规模的畜牧业。因此，南方少数民族乡村地区积极发展人工草地，充分利用有限自然资源条件。从20世纪80年代初期开始，我国在南方草山草坡建植人工草地，取得了显著的经济效益、社会效益和生态效益。[①]《四川省越西县尔寨乡依达村村规民约》第3条规定："严格按照上级有关部门的规划、要求完成好人工种草，由村草管员负责管理，发现牲畜进入人工草地，罚款每头牛50元、每只羊20元每次。"《四川省越西县白果乡桥勒莫村村规民约》第3条同样规定："严格按照上级有关部门的规划、要求完成好人工种草，由村草管员负责管理，发现牲畜进入人工草地，罚款每头牛50元、每只羊20元每次。"

（四）禁止非法开垦草地

南方少数民族地区耕地资源有限，因此存在着一些开垦草地的行为，村规民约对此行为予以禁止，前文已有相关内容的简单介绍，不过是附属在其他条文中，有的村规民约是将禁止开垦草原的行为单独列出。例如，《四川省越西县白果乡桥勒莫村村规民约》第5条规定："严禁非法开垦草原。违法开垦

① 参见洪绂曾、王元素：《中国南方人工草地畜牧业回顾与思考》，载《中国草地学报》2006年第2期，第71－75、78页。

草原每亩罚款3000元并责令恢复植被。”《四川省越西县尔寨乡依达村村规民约》第5条规定：“严禁非法开垦草原。违法开垦草原每亩罚款3000元并责令恢复植被。”

（五）控制牲畜数量

草地、草原的牲畜承载量是有限的，但是为了获得经济效益，一些农民会盲目增加牲畜数量，为此有些村规民约会要求村民严格控制牲畜数量，不能超过计划。《四川省越西县尔寨乡依达村村规民约》第2条规定：“严格按照减畜计划完成减畜任务。每超载1个羊单位罚款100元。”《四川省越西县白果乡桥勒莫村村规民约》第2条规定：“严格按照减畜计划完成减畜任务。每超载1个羊单位罚款100元。”

耕地、林地、草地等土地资源是人类社会生存和发展的重要物质资源条件，其重要性要求人类社会在利用这些土地资源时，遵循自然规律，节约有限资源，提高利用效率。在长期的历史发展过程中，包含南方少数民族乡村地区村民在内的我国劳动人民形成了处理人与土地资源关系的行为规范，村规民约即是其中的一种。土地资源的分配和利用是南方少数民族乡村地区乡村治理事务的主要内容，直接关系着村民个体的生计维持、生活改善与发展需要。当代南方少数民族地区的村规民约在处理人与土地资源关系时，坚持遵循宪法法律的规定，确认和维护土地资源属于国家所有或者集体所有这一基本属性，通过赋予村民承包权、经营权的形式，促进村民合理利用有限的土地资源，发展粮食种植、畜牧养殖、农业旅游等农业产业样态。作为一种行为规范，南方主要少数民族村规民约将国家法律法规中有关土地资源的内容，以社会规范的形式向全体村民宣传，有助于有效发挥社会规范的指引、评价、教育、预测、强制作用。作为一种补充和辅助，南方主要少数民族村规民约的制定和实施，也有利于规范乡村社会土地资源的分配和利用秩序。

第三章　通过村规民约保护植物资源

人类的生存和发展离不开植物资源，人类既从植物资源中获得食物、能源、工业原材料，又享受植物资源带来的良好的生态环境。植物资源也是一种资源，强调的是可利用性。从广义上说，植物资源是地球上或生物圈内所有植物的统称；从狭义上看，植物资源是“经过人类生活或生产实践活动，筛选出来的某些植物种类，可为人类提供各种原料，并在国民经济中占有一定地位，具有生产价值的再生资源”。[①] 保护植物资源，就是保护人类生存和发展的物质条件，也就是保护人类自身。植物资源是“再生资源”，强调的是在适宜自然条件下的资源再生，也是需要经历一个生长阶段，但并不意味着人类可以无限制地利用，否则植物资源不会在短时期内恢复。植物资

① 王振宇、刘荣、赵鑫编著：《植物资源学》，中国科学技术出版社 2007 年版，第 1 页。

源的相对有限性和极为重要性，要求人类必须采取措施，切实加以保护。这里的措施既包含植物栽培与养护等技术层面的更新与进步，也包括法规范层面对人类行为的引导、教育和强制。正如前文所述，法规范分为国家法和以习惯法为主的非国家法，本书所要论述的主要是以村规民约为典型代表的生态环境保护习惯法，在地区范围上以南方少数民族乡村地区为主。南方主要少数民族村规民约根据当地植物资源丰富的实际情况，重视通过村规民约来规范村民的行为，取得了良好的社会效果。

具体来说，南方少数民族乡村地区，植物资源亦是相当丰富，也有不同的分类①。根据南方少数民族乡村地区植物资源的实际存在状况和论述分类的需要，本章主要论及森林资源和栽培植物资源，栽培植物资源主要包括粮食作物资源、蔬菜作

① 以其在自然界存在的不同形式分为：植被资源、物种资源、种质资源；以其在植物界所处的系统位置分为：微生物、藻类、地衣、真菌、蕨类、种子植物资源；以其目前利用的状况可分为：栽培植物资源与野生植物资源；以其性质与用途区分，则有一些不同的分类体系。1983 年，中国学者吴征镒、周俊、裴盛基提出一个新的分类体系，首先区分为栽培与野生植物资源两大类，其下再区分为 5 大类 26 小类。为了便于叙述，将植物资源按植物系统区分为微生物、藻类、地衣、真菌、蕨类和种子植物。在种子植物中按用途的区分，分为 8 大类 23 小类：（1）食用植物资源：淀粉糖料、食用油脂、维生素植物、食用色素植物、甜味剂、蜜源植物、野生果树；（2）工业用植物资源：鞣料植物、香料植物、工业用油脂、树脂、树胶、纤维类、经济昆虫寄主、木材类；（3）药用植物资源；（4）保护和改造环境植物资源：花卉植物，防风固沙、固氮植物；（5）有毒植物资源；（6）牧草及饲用植物资源；（7）种质资源：特有植物、农作物品种；（8）栽培植物资源：粮食作物资源、蔬菜作物资源、果树资源。参见百度百科，“植物资源分类”词条，网址：https：//baike. baidu. com/item 植物资源分类/6014364#reference – [1] – 3876925 – wrap，最后访问时间：2019 年 6 月 16 日。

物资源、果树资源等。牧草也是重要的植物资源，但其与草地是相互依存的，在前文中已经述及，此处不再赘述。因此，本章主要论述村规民约与森林资源保护的关系、村规民约与农作物资源保护的关系，以较为全面地认识南方主要少数民族村规民约与植物资源保护的关系。

第一节　南方主要少数民族村规民约与森林资源保护

森林资源被誉为“地球之肺”，既是人类赖以生存和发展的重要自然资源，又对维持整个人类生存环境的平衡起着至关重要的作用。我国《宪法》第 26 条第 1 款规定：“国家保护和改善生活环境和生态环境，防治污染和其他公害”，第 2 款接着规定：“国家组织和鼓励植树造林，保护林木”，这是将生态环境与森林资源直接关联起来，从宪法上明确森林资源的重要地位。从我国的国土总面积看，截至 2020 年底，我国的森林覆盖率 23.04%，森林面积总体较小，地区分布不均匀。不均匀主要体现在南北差异较大，我国南方地区，山岭密布，降水丰富，温度较高，高温多雨的环境非常适合植物生长，因此南方地区森林资源非常丰富。森林资源分为天然林和人工林两大类，南方少数民族乡村地区的森林资源以人工林为主，同时在某些地区还存在着一定数量的天然林。人工林主要是杉木林和竹林，二者都是南方林业经济的重要资源支撑。

我国《森林法》从功能层面也对森林进行了分类，第83条将森林划分为防护林、用材林、经济林、能源林、特种用途林五类。具体到南方少数民族乡村地区，根据所有权、使用权的不同，森林资源主要划分为国家所有的森林、林木、林地；集体所有的森林、林木、林地；个人所有的林木和使用的林地。作为一种土地资源类型，通过村规民约对林地的保护在前文已经论述。此处重点阐述南方主要少数民族村规民约是如何保护国家和集体所有的森林、林木和个人所有的林木。南方少数民族乡村地区特别是西南少数民族地区拥有依靠森林资源发展林业的天然条件，但是一旦利用不当也会造成森林资源的浪费或者破坏，这就需要村民形成合法合理使用森林资源的行为规范，村规民约就是这样一种可以有效规范村民森林资源使用行为的形式。

一、通过村规民约保护森林资源的形式

南方少数民族乡村地区耕地资源有限，而森林资源丰富、木材质量高，农村产业发展主要依靠林业，并形成了长期的林业发展传统。为了处理在林业资源保护、林业产业发展中的矛盾纠纷，少数民族群众逐渐形成了林木保护习惯法①，有的以村规民约的形式表达出来。中华人民共和国成立后，特别是林

① 详细内容可参见范宏贵：《少数民族习惯法》，吉林教育出版社1990年版，第97－103页。

权制度改革后，南方少数民族乡村地区根据法律法规的要求和当地需要，制定和实施了新的村规民约。同时，原有的一些村规民约或者其中的部分内容依然发挥着实际效力。在形式上，既有专门规定保护森林资源、促进林业发展的村规民约，也有的则是在村规民约中写入保护森林资源、促进林业发展的内容。前者如：《广西金秀瑶族自治县长垌公社关于保护森林资源、发展林业生产的公约》（1980 年 11 月 8 日）、《广西金秀瑶族自治县金秀镇新村生产队村规民约》[①]（1984 年 3 月 25 日）、《贵州省锦屏县彦洞乡瑶白村封山育林公约》（2011 年 3 月 25 日）。在其他绝大多数村规民约中也都会有关于森林资源保护的相关内容，例如，严禁乱砍滥伐林木，严禁偷盗林木，鼓励植树造林，做好森林防火工作。

二、通过村规民约保护森林资源的具体内容

森林资源虽然具有重要的生产资源价值，但森林生态系统在一定程度上又是脆弱的，因此通过村规民约保护森林资源的主要内容可以用保护和利用这两个词概括，保护森林资源指的是对于某些森林、林木，严禁村民砍伐；利用则指的是合理利用，遵循自然规律，遵循法律法规规定的程序，保持森林系统的可再生能力。同时，南方主要少数民族村规民约针对的是村

① 此村规民约虽然名称上没有直接体现保护森林、发展林业的内容，但是其全部内容都与之相关。在村规民约的前言部分，其表述道："为了保护森林，发展林业，是'四化'建设的迫切需要，也是为了造福子孙的后代，迅速尽快落实'林业三定'政策，特制定我队村规民约共同遵守执行。"

民的个体行为，为了保证行为规范的可操作性，其内容又是十分具体的。

（一）坚持维护林权的基本原则

林木分为国家所有、集体所有和个人所有三种类型，这三种林权形态是国家法律法规专门规制的，因此南方少数民族乡村地区的村规民约中也有维护林权的内容。例如，《广西金秀瑶族自治县长垌公社关于保护森林资源、发展林业生产的公约》① 第1条第1款明确规定："保护国家、集体和划给社员自留山的林木所有权。不准任何人任何单位以任何借口砍伐不属自己所有的林木。不准将国有林木划归集体，将集体划归个人，也不准将划定的自留山收归队有。"这是原则性的规定，森林资源保护首先要对国家所有、集体所有、个人所有进行明确界分，否则所有权区分不清晰，很容易引发矛盾纠纷。

无论是国家所有、集体所有，还是个人所有，林权证是证明林权的凭证。中华人民共和国成立以来，我国集体林权制度经历了分山到户、农业合作化时期的山林入社、人民公社时期的山林统一经营、改革开放初期的林业"三定"四次变动。在林业"三定"改革时期，中共中央、国务院1982年10月20日就曾发布《关于制止乱砍滥伐森林的紧急指示》，其中就有鼓励制定"乡规民约"、规范林业生产的内容，该指示要

① 该村规民约于1980年11月8日通过并执行，当时还是人民公社体制，现为长垌乡。

求："抓紧搞好稳定山权、林权，划定自留山，确定林业生产责任制工作。凡是没有搞完林业'三定'的地方，除国家计划规定的木材生产任务以外，其他采伐暂时一律冻结。'三定'结束的地方，必须切实加强林政管理，普遍制定乡规民约，严格执行木材采伐审批和运输管理制度，没有林业部门发给的证明，不得采伐、运输和销售木材。林区和毗邻地区的木竹自由市场，必须坚决关闭。同时，要认真解决好山林纠纷。在山林纠纷解决之前，任何一方都不准先发山林权证，不准砍伐有争议的林木，不准挑动、制造新的山林纠纷，违者要追究责任，严肃处理。集体所有林，要实行专业承包责任制，不允许按人平分。"前文提到的《广西金秀瑶族自治县金秀镇新村生产队村规民约》就有关于林业"三定"的内容。2008 年 6 月 8 日，中共中央、国务院颁发了《关于全面推进集体林权制度改革的意见》，对于林权制度改革作出了许多新的决定。南方少数民族乡村地区一直是林权制度改革的重点实施地区，林权制度改革的目的是激活森林资源，增加村集体和村民的收益。《贵州省锦屏县启蒙镇边沙村十二组公约》① 第 4 条即是有关林权及其收益分配的规定，"集体公山办小组林权证，以后在林木砍伐时收益按小组分配占 30%，组民分配占 70%，同时以当时砍伐第一天现有登记在户口册人口平均分配，或所有收益按一事一议使用管理，并及时造林栽填"。十二组是村民小组，但也可以办理林权证，表明它是该公山的集体所有

① 2007 年 7 月 23 日通过并施行。

者，这也是符合乡村产权实际的制度安排，有利于村民小组充分利用集体所有的森林资源。

在林权的期限方面，国有和集体林权是没有期限的，而对于个人承包集体森林的期限，《森林法》并没有相关规定，《农村土地承包法》中规定的是林地的承包期是三十年至七十年，有的村规民约则是有相关规定。实际上，有的乡村社会是将林地与林木分开来处理的。《广西金秀瑶族自治县金秀镇新安生产队村规民约》① 第10条是对村民承包集体用材林、经济林的期限规定，“社员承包集体用材林、经济林，承包期一定50年不变，实行比例分成，承包户得90%，生产队10%。”

（二）划分或者建立专门森林保护区

划分或者建立专门森林保护区也是保护森林资源的有效方式，能够对特定区域范围进行长期的保护。对于国家所有的森林、林木，除非授权，否则村集体或者村民是无权使用的，这是国家所有的基本要求。国家所有的森林资源由国家支配，其他组织或者个人都不得侵犯，否则国家会对违法犯罪行为进行相应的惩处。除了国家所有森林资源的专门保护之外，南方少数民族乡村地区还有风景林、水源林、公益林等特定类型的森林保护区。此外，我国还积极实施封山育林计划，对森林资源进行专门保护。

风景林、水源林是南方少数民族乡村防护、用水等的保

① 1984年7月6日通过，1984年7月1日起有效。

障，有的村规民约是以综合的形式保护。例如，《广西金秀瑶族自治县罗香乡蒙冲村村规民约》① 第 1 条第 1 款对“风景林、水源林和路边树”进行综合保护，“凡属护村风景林、水源林和路边树，一律不准砍伐，不准毁林做地，不准砍生柴烧火炭，也不准找竹笋，违者毁林做地的，未烧每亩罚款 30 元，已烧的每亩罚款 60 元。并责成其种树还山，砍生柴烧火炭的，每窑罚款 5 元，砍生柴和找竹笋的，每棵罚款 2 元”。风景林是美化乡村的林木，在南方少数民族地区不仅具有绿化、防护功能，还在一定程度上寄托着村民对未来美好生活的期盼。南方少数民族乡村地区的村民会根据村落周围环境的状况，通过种植风景林的形式弥补自然地理的某些缺陷。《广西金秀瑶族自治县六巷乡帮家、翁江两村村规民约》② 第 1 条是关于“保护老山、水源山、风景林”的内容，“凡属风景林的树木，不论大小都不得砍伐和损伤，违者每砍一棵罚款 2 元，损伤每棵罚款 1 元”。《贵州省锦屏县隆里乡华寨村村规民约》③ 在“社会治安”部分第 5 条是对风景树林的保护，“严禁损害、砍伐集体风景树、风景林和村寨内绿化树，违者自愿承担违约金 100 元，情节严重的交上级林业部门处理”。

水源林是水源附近的森林，区分水源林主要是为了保护水源、保持生态，能够为乡村社会可持续发展提供洁净的饮用水，而保证饮水质量安全是人类生存和发展的基础。例如，

① 1982 年 12 月 3 日通过并施行。

② 1982 年 11 月 14 日通过并施行。

③ 2007 年 7 月 11 日通过并执行。

《广西金秀瑶族自治县长垌乡六架村石牌》[1] 第20条规定："任何人不准进入水源林区砍柴、做地，如有违背，每砍一条生木罚款5元，多砍依数加罚。"《广西金秀瑶族自治县大樟乡花炉、瓮口、屯叶三村村规民约》[2] 第3条规定："禁止乱砍伐水源林，不得毁水源林开荒种地，如有类似情况出现，要罚款处理。"《广西金秀瑶族自治县长垌乡古占村村规民约》[3] 第1条规定不得在水源林和封山育林区砍伐，"划定的社山背为封水源林区，旧长垌路往下，公路面往上为封山育林区，严禁任何人砍伐，违者每砍一棵补种五株，并处罚款20元"。需要指出的是，在很多情况下，划立封山育林区的目的之一也是保护水源，因此二者多有重合。有的村规民约则允许村民进入水源林，"砍些作农具用的木材，如犁弓、犁母、扁担、锄头刮子柄等"，[4] 这是为了农业生产的需要，但其前提也是不得对水源林造成严重破坏。

封山育林是我国1984年9月20日《森林法》颁行时就专门规定的森林资源保护措施，该法第6条规定"对森林实行限额采伐，鼓励植树造林、封山育林，扩大森林覆盖面积"，第24条规定，"新造幼林地和其他必须封山育林的地方，由当地人民政府组织封山育林"。原林业部（现国家林业和草原局）

---

① 1990年6月22日公布并执行。

② 1982年10月1日通过并施行。

③ 1991年4月15日通过并施行。

④ 《广西金秀瑶族自治县六巷乡六甲二、三队村规民约》第6条。该村规民约于1982年12月20日起生效。

1988 年 4 月 19 日颁布并实施的《封山育林管理暂行办法》中也要求："林业主管部门要确定专人负责，建立健全封山育林管护组织，发动群众订立乡规民约。"我国在很多地区都进行封山育林，大力提高森林覆盖率。实际上，历史上的南方少数民族乡村地区在森林资源保护方面也有相应的措施。例如，四川省阿坝藏族羌族自治州茂县地区的羌族群众在历史上有封山措施，如果有人"犯林"，被抓住后，村里会根据乡规民约对其给予"打狗"之罚，"违约者将像狗一样，被吊于拴狗树上，受全寨人的棍棒毒打"，可见其惩罚之严。[①]

封山育林的对象一般是天然林，即经过长期自然生长形成的森林，是地球整个自然资源系统中极为重要的部分。例如，广西金秀瑶族自治县大樟乡 1985 年 11 月 22 日颁布了《关于三江河封山育林的公约》，对三江河进行全面保护，既是为了保护水源，也是为了防旱防涝。公约全文如下：

三江河是我乡水源林区，它直接灌溉大樟、互助村委几千亩农田，如不加以保护，乱砍滥伐，必将造成严重的水土流失，使河床逐年增高，经常改道，旱涝威胁。一旦山洪暴发，将会冲毁良田，生产受到破坏，更严重的是直接威胁着额村、义路、大樟等地的人民生命财产安全。为了有效地根治山洪，防旱防涝，保护生产，保护人民生命财产安全，经召开大樟、互助两村委受益单位联席会议商讨，作出如下决定：

---

① 陈汎舟：《试析羌族习惯法》，载西南民族学院民族研究所编：《西南民族问题新论（第 1 集）》，四川省社会科学院出版社 1988 年版，第 238 页。

一、对三江河实行封山育林，派人常年驻守，对沿河两岸林区范围进行巡查、防护。

二、成立林区管理所，在三江口设立检查站，常驻两人，执行巡山检查防护任务。（检查人员的工资由受益单位按田亩统筹解决，每人每月 40 元。）

三、管理条例：

1. 三江河林区从三江口到风柜口只准割草，不准砍生树。从风柜口到卜平一带不准毁林开荒，不准毁林搞付（副）业，不准乱砍滥伐，不准烧炭，不准砍树作燃料烧，严禁烧山驱兽、捕蜂、砍芭蕉。

2. 凡到三江河林区砍树修农具，必须持村民小组证明，经所在村委会批准，到乡政府交纳森林资源费，方可到林区采伐，违者一律没收，并视情节轻重给予处理。

3. 凡是瓦厂群众和外地人员挑竹木进出，必须持有村委发给的“竹木销售证”，否则全部没收处理，并予罚款。

4. 进入水源林区必须严格遵守防火的有关规定，违者从严处理。

5. 对滥伐水源林者，每发现一次，除没收柴火和盗伐工具外，罚款 5 元。

6. 大面积毁林的按森林法有关规定处理。

7. 盗伐水源林者，如不服从劝阻或有辱骂行为的，视情节轻重，加倍罚款，特别严重者，交政法部门处理。

四、管理人员的职责：

1. 坚持四项基本原则，贯彻执行中央和上级有关林业政策和乡人民政府有关通知、决议。

2. 坚守岗位，不得擅离职守，有事必须请假。

3. 处理木材和罚款，交乡人民政府，不得归私有。

4. 处理要出以公心，坚持原则，不讲私情，不谋私利，更不得徇私舞弊，不得受贿。

本决定从 1985 年 11 月 25 日起生效。

该决定希望乡直各单位、农村有关村（屯）、村民小组认真组织干部、群众学习宣传，贯彻执行。

大樟乡人民政府

发：县水源林管理处一份

乡直各单位、各村委及大樟、互助各村（屯）、村民小组各一份。自存两份。

封山育林是一项综合性工程，《关于三江河封山育林的公约》是大樟乡制定的、在全乡范围内适用的乡规民约，要求全体乡民遵守这一行为规范。从内容上看，该公约包含公约的制定目的、森林保护的管理机构及人员、管理人员的具体职责、封山育林的具体工作。

封山育林更是一个长期性工作，重在长效，短时期内的森林保护可能会取得一些成果，但一旦有森林资源破坏行为，造成的损害在短时期内则很难弥补。因此，自 20 世纪 80 年代开始，我国的封山育林工作强调长期的积累。例如，2011 年 3 月 25 日，贵州省锦屏县彦洞乡瑶白村再一次制定与封山育林直接相关的公约，进一步维护封山育林的成果，体现了我国对封山育林工作的重视，长期坚持下森林资源保护的成效才能长久。

瑶白村封山育林公约

根据上级林业部门的工作指示，为维护我村历届封山育林成果，进一步加强并完善我村天然森林保护措施，为杜绝在封山育林区内从事毁林、捕猎、捞鱼等活动，特制定以下条例：

一、在林区内发生火警而未造成火灾损失的，每次罚款200元；若造成火灾损失，除赔偿损失和支付扑救人员每人每小时10元之外，每亩罚款300元，并在林区内造林、管理直至成林。

二、在林区内烧炭的（包括火灰炭）除没收一切工具外，每次罚款300元至500元。

三、在封山育林区内砍柴的，每人每杠罚款100元至200元。

四、在封山育林区及管护区内无证砍伐杉木、松树以及其他杂木的，除没收木材外，按1.3米胸高直径在10公分至20公分每株罚款200元，22公分至30公分每株罚款300元，30公分以上的每株罚款500元。偷盗的加倍处罚。

五、在封山育林区及管护区内的溪流用药毒鱼的，每人每次罚款500元至1000元；若造成大面积杀伤毒死的则移交司法机关处理。

六、在封山育林区及管护区内的溪流使用雷管、炸药、电器击鱼的，除没收一切工具外，每人每次罚款300元至500元。

七、在封山育林区及管护区内，围山捕猎的，除没收一切工具外，每人每次罚款200元至500元。

八、对上述的违法活动有揭发检举的人员，村委给予保密外，另按罚款额20%提存予以奖励。凡村两委人员，无举报奖励，必须有自觉举报的责任，若知情不报者，按罚款数额的50%予以处罚。

九、对于上述违法活动者，不服从村委按该条例处罚，进行反抗、辱骂和伤害执法人员的，负责被伤害人的医药费和误工费，并按所违反条款的罚款数额加倍处罚。

瑶白村委会　瑶白村护林队

2011年3月25日

其他南方少数民族乡村地区则是在村规民约中写入有关封山育林的内容。例如，《四川省越西县五里箐乡达支村规民约》① 第5条第3款规定："严禁任何人在封山育林区内割草、砍柴、放牧，轻者除批评教育外，另视情节处罚50~500元（无民事行为能力人失火所造成的烧山应由其监护人承担责任），重者根据《森林法》有关规定依法追究当事人责任。"《四川省越西县马拖乡马拖村村规民约》② 也有封山育林的内容，"从2017年2月1日起全村统一封山育林，任何人未经批准不能私自上山砍伐树木、捡柴，不听者罚款500~1000元"。

① 2017年3月28日通过并施行。

② 2017年3月28日通过并施行。

总之，封山育林的核心是“封”，最大限度上减少人类活动对森林资源特别是天然林的可能影响和破坏。封山育林是森林资源保护的重要手段，也是南方少数民族乡村社会生态环境保护习惯法的鲜明体现，对于引导、规范村民的行为具有重要价值，在以后的森林资源保护中仍然需要予以坚持。

（三）鼓励植树造林

植树造林是《宪法》和《森林法》明确倡导鼓励的森林资源保护行为，解决的是一些荒山荒岭植被覆盖率低的问题，全面改造和提升森林覆盖状况，发挥人类在改造不利自然条件中的能动作用。但是植树造林也要根据当地的自然地理条件和土地权属界分等因素，不能为了盲目追求植树造林的规模就影响其他农业生产，更不能侵犯集体或者他人合法权益。

其一，村民应当在自留山、责任山造林，不得越界造林。《广西金秀瑶族自治县金秀镇林香生产队村规民约》[1] 是在林业“三定”政策实施后制订施行的，第 2 条规定“社员应在自留山、责任山及早造林植树，所造的林木（包括用材林、

---

① 该村规民约于 1984 年 6 月 17 日通过并施行。林业“三定”，是指中共中央、国务院在 1981 年 3 月 8 日发布的《关于保护森林发展林业若干问题的决定》中确定的稳定山权林权、划定自留山、确定林业生产责任制的林业发展方针。根据决定规定，国家所有、集体所有的森林、林木和林地，个人所有的林木和使用的林地，凡是权属清楚的，均应稳定不变，由县或县以上人民政府颁发林权证书予以确认；凡有条件的地方，都要划给农民一定数量的自留山（或荒沙荒滩）植树种草，长期使用；全民所有制林场和农村集体经济组织，都要根据林业生产的特点，认真落实林业生产责任制。

经济林等）要护好管好，做到有计划地砍伐。任何人均不得到他人的自留山、责任山乱砍伐林木，违者视情节轻重，除没收其砍伐的产品外，处以罚款 20～50 元，情节严重者交政法部门给予刑事处分”。《广西金秀瑶族自治县金秀镇罗孟村公所村规民约》第 11 条即规定：“不得越界开荒种植农作物及造林，违者每亩罚款 120～240 元，谁界谁收。”① 有的地方还规定村民必须按照村集体的统一分配安排，按照规划造林。《广西金秀瑶族自治县六巷乡帮家、翁江两村村规民约》② 第 3 条即规定：“社员在本队山界内开荒做自留地，必须由队委或社员大会统一安排，按指定地点开地，按统一规划指定的树种造林。”

其二，耕地周围不得植树造林，因为这会严重影响农作物的采光，也不利于从土壤中获取营养成分。《广西金秀瑶族自治县长垌乡平道村村规民约》第 3 条即规定：“造林绿化要在荒山荒地进行，严禁在水田四周造林，如需要造林的必须距离农田 20 米之外。”《广西金秀瑶族自治县大樟乡中南生产队村规民约》③ 第 16 条规定：“在他人责任田地边造林需距四丈远，违者拔掉。”《广西瑶族自治县罗香乡蒙冲村村规民约》④ 第 1 条第 8 款则规定的是距离耕地“十丈远”，“今后凡私人或集体种植杉树、八角树、黄笋竹等，应离开他人责任田十丈远

① 1989 年 7 月 26 日公布并执行。
② 1982 年 11 月 14 日通过并施行。
③ 1982 年 10 月 13 日晚通过并施行。
④ 1982 年 12 月 3 日通过并施行。

以外，水田边十丈远内禁止造林，以防影响他人农业收入”。

其三，植树造林时注意防火。植树造林大部分是在荒山区域，有时需要烧地、去除杂草，这时需要严格控制火的使用。《广西金秀瑶族自治县金秀镇社村村规民约》第6条规定："开荒造林需烧地的必须实行‘五不烧’的原则，即不经批准不烧，准备不好不烧，不开火路不烧，大风天不烧，午后不烧。对造林发生火灾者，视情节轻重给予赔偿损失。"

其四，除了这些在特定区域范围内禁止造林之外，有的村规民约还规定在集体分配的荒山上造林必须在一定的时间内完成，否则收归集体重新分配或者给予相应处理措施，这也是促进植树造林的措施。《广西金秀瑶族自治县金秀镇新安生产队村规民约》① 第1条规定："社员承包的荒山在三年内造林绿化完，过期荒山归队另行安排。"而在人民公社时期，粮食实行统购统销。广西在20世纪七八十年代曾经实行林粮挂钩制度，促进林业生产。这是因为一些地区本身耕地严重不足，粮食自产不足，需要国家统一分配，而发展林业的条件比较优越，此时就可以将造林与粮食供给挂钩。《广西金秀瑶族自治县长垌公社关于保护森林资源、发展林业生产的公约》② 第二部分是关于"实行林粮挂钩，促进林业生产"的具体制度，主要是通过规定一个年度内的造林任务，来与粮食分配挂钩，具体如下：

① 1984年7月6日通过，1984年7月7日起施行。

② 1980年11月8日通过并施行。

1. 定销队的定销粮维持原定的不变，但林业生产任务，每年都作适当调整。调整的原则主要根据年度计划下达的任务，由大队落实到生产队。

2. 定销队的林业生产任务，与定销粮成正比，即完成林业生产任务的就给 100% 的定销粮，不完成林业生产任务的，少多少，就按比例扣多少。所种的林木，成活率要达到 85% 以上，少于这个百分比的，就折减亩数。

3. 统一定七月为验收月，在验收前粮所暂发销粮 70%，验收后，视情况补足，或者减少定销粮，完不成造林生产任务的，如在当年补种够的可以不扣发定销粮。

4. 为了保证完成国家的木材生产任务，把木材生产任务纳入林业生产任务之内，也实行挂钩，不完成木材生产任务也按比例减少定销粮。

5. 木材上市交易，要同林业生产及木材生产量成正比，即能完成国家木材生产任务，又不超过木材生产量的，就按比例分配木材上市贸易。林造得多，木材任务完成多，批准上市贸易木材就多。

6. 定销粮落实到户，原则上按口粮比例分配，不许搞平均主义。对执行两个基本制度很差，或乱砍乱伐，毁林为地，毁林搞副业的，还应扣减定销粮。

7. 扣减的定销粮，原则上用来解决插花困难户，也可以用作奖励超额完成林业生产的生产队。但用于哪项开支，须经粮所同意公社批准。

8. 对毁林为地的生产队，除给予经济制裁外，还要扣减定销粮。谁主张毁林的，要加重处罚。

其五，不准毁坏水源林。水源林本身就是需要专门保护的区域，如果先毁坏水源林，再进行栽植，这样也会对水源造成严重威胁，因此一些村规民约明确规定不得破坏水源林后再植树造林。例如，《广西金秀瑶族自治县金秀镇社村村规民约》即有“不准毁水源林造林”的内容。[①]

（四）依法依规砍伐利用由集体和个人所有和管理的林木

森林资源保护并不意味着完全不能利用森林资源，发展林业，促进经济发展，保护和利用是一个整体，利用则是要求依法依规利用森林资源。由于森林资源分国家所有、集体所有和个人所有三类，国家所有的森林资源由国家统一管理，不是此处的论述对象。《森林法》第55条规定：“采伐森林、林木应当遵守下列规定：（一）公益林只能进行抚育、更新和低质低效林改造性质的采伐。但是，因科研或者实验、防治林业有害生物、建设护林防火设施、营造生物防火隔离带、遭受自然灾害等需要采伐的除外。（二）商品林应当根据不同情况，采取不同采伐方式，严格控制皆伐面积，伐育同步规划实施。（三）自然保护区的林木，禁止采伐。但是，因防治林业有害

① 《广西金秀瑶族自治县金秀镇社村村规民约》第3条规定：“不准毁水源林造林，不准在封山山林和水源林烧炭，现已分下各户所管理的原始林，任何人不得乱砍滥伐，如发现有偷伐者，执约组按具体情况处理或交上级有关部门处理。”该村规民约于1993年4月25日通过，1993年5月1日起实行。

生物、森林防火、维护主要保护对象生存环境、遭受自然灾害等特殊情况必须采伐的和实验区的竹林除外。省级以上人民政府林业主管部门应当根据前款规定，按照森林分类经营管理、保护优先、注重效率和效益等原则，制定相应的林木采伐技术规程。”第 56 条规定：“采伐林地上的林木应当申请采伐许可证，并按照采伐许可证的规定进行采伐；采伐自然保护区以外的竹林，不需要申请采伐许可证，但应当符合林木采伐技术规程。农村居民采伐自留地和房前屋后个人所有的零星林木，不需要申请采伐许可证。非林地上的农田防护林、防风固沙林、护路林、护岸护堤林和城镇林木等的更新采伐，由有关主管部门按照有关规定管理。采挖移植林木按照采伐林木管理。具体办法由国务院林业主管部门制定。禁止伪造、变造、买卖、租借采伐许可证。”根据《森林法》和其他法律法规的规定，村民砍伐林木时需要办理许可证，否则即是违法行为，违法行为主要是没有采伐许可证而盗伐林木。因此，这里的依法依规砍伐利用由集体和个人所有和管理的林木包含两个方面：一是砍伐时需要申领采伐许可证，遵循相关程序；二是不得偷砍乱伐。

关于村民砍伐利用集体所有和个人所有林木的程序，法律法规已经有明确规制，村规民约则是将这些规制纳入文本中，向村民宣传，进行教育。南方少数民族乡村地区对木材的需求很大，村民的日常生活也需要一些木材，因此并不是所有的采伐都需要申领许可证，例如砍伐枯死树木，捡拾少量干柴，不能机械地适用。有的要求遵循法律规定，经有权机关依法审批后，方可采伐。《浙江省龙泉市竹垟畲族乡盖竹村村规民约》[①]第14条规定，村民采伐竹子、林木，“必须依法审批，严禁乱砍乱伐”。《贵州省锦屏县启蒙镇甘塘村村规民约》[②] 第12条规定：“一律凭证砍伐木材；未经批准砍伐的，一律按偷砍林木处罚。”有的地方则直接规定在本村范围内砍伐木材，需要申领许可证，并缴纳管理费。例如，《贵州省锦屏县大同乡龙矮村村规民约》[③] 第21条规定：“凡在我村辖区内砍伐木材的必须申办砍伐证，并且收取相应的管理费，商品材按每立方米10元，民用材按每立方米5元收取。”

村民有权直接砍伐利用少量林木，但对于老山、风景山、水源山、柴山和牛场等特定区域的森林、林木，有的村规民约规定需要经过村委会的同意。例如，《广西金秀瑶族自治县六巷乡大岭尾村村规民约》[④] 第4条规定，“经村委同意后本村群众只许可砍适当少量的干柴、小杂木作扁担、锄头柄、鸟枪

---

① 具体日期不详，该村规民约中有“三改一拆”的规定，这是浙江省2013年至2015年开始实施的旧住宅区、旧厂区、城中村改造和拆除违法建筑三年行动。据此该村规民约不会早于2013年。

② 2004年12月26日公布，2005年1月1日起执行。

③ 该村规民约于2016年4月15日由村民代表会议表决通过，自2016年5月1日起执行。

④ 《广西金秀瑶族自治县六巷乡大岭尾村村规民约》第4条规定：“本村所规定和1982年11月20日通过的从《山界林权协议》中划为老山、风景山、水源山、柴山和牛场的，一律不准任何单位和个人乱砍滥伐，不准开荒种地、烧炭和砍香菇、木耳树和砍柴，经村委同意后本村群众只许可砍适当少量的干柴、小杂木作扁担、锄头柄、鸟枪壳、篱笆柱等之用，违者，开荒每亩处罚60元，硬烧的加罚米、酒、肉各20斤和6元钱。砍生树作柴作大家所有待干后由村委统一去分。”

壳、篱笆柱等之用”。对于村民个人所有的林木，其他人未经许可也不得私自砍伐。《广西金秀瑶族自治县长垌乡青山、同王两村村规民约》[①] 第3条规定，“他人种植的各种经济林、经济作物，未经许可，不得乱砍乱搞”。

依法依规砍伐林木的另一层含义是严禁偷砍乱伐，对于偷砍乱伐行为则要给予相应的处理。一般来说，南方少数民族乡村地区的村规民约会根据森林、林木的数量、生长年限等性质，确定相应的处理措施，处理措施主要包括批评教育、罚款、请村民吃酒，情节严重的则会送交公安机关处理。杉木、松木、各种竹类是南方少数民族乡村地区的主要树种，根据经济价值的高低，村规民约规定的对偷砍杉木行为的处罚一般重于偷砍竹子的行为。例如，《广西金秀瑶族自治县长垌乡向阳村村规民约》[②] 前5条即是将森林资源分为杉木、松木、毛竹、杂竹等类，进而对偷砍行为予以处理，具体如下：

第一条，凡属我屯集体、个人或者承包者的杉木、松木，不论是本屯或其他（屯）村民偷砍的，按木材站收购林木价格罚款伍倍，并加罚150元作教育餐费用。

第二条，凡属我屯的毛竹、楠竹，偷砍的不论是本屯的村民或其他村屯的村民等，竹子不管规格大小，一律按每条罚款5元，并加罚150元作教育餐费用。

---

① 2004年5月1日通过并施行。

② 1993年4月19日通过并施行。

第三条，凡属我屯集体所有或个人所有的杂竹，本屯群众需要自用的可砍伐，发现偷砍去卖的按每条罚款 5 角。

第四条，凡我屯群众种下的木苗（包括八角、杉木、黄柏、柿子、桃、李、杜仲等），如发现偷盗的，按每条苗木罚款 10 元，故意破坏苗木生长的也按每条苗木罚款 10 元，并罚其补种好，另外还罚其交 150 元作教育餐费用。

第五条，我屯群众种下的香草、绞股蓝，不论是谁人偷盗的，按市场价格每斤罚款伍倍，并罚偷盗者 150 元作教育餐费用。

有的村规民约则不是根据砍伐林木的种类进行相应的处理，而是采取概括性的规定。例如，《四川省越西县大瑞镇林沟村村规民约》① 第 3 条规定："凡擅自盗伐集体和个人林木者，视其情节轻重，罚被盗伐林木价值的 2 至 5 倍；夜间盗伐林木者，加倍处罚，情节严重的报送公安机关追究法律责任。"有的则是对幼木进行专门保护，《贵州省锦屏县启蒙镇甘塘村村规民约》② 第 11 条即规定："有意砍掉幼木做柴火的（包括杉木、松木、茶油树、杨梅树以及果树林），每株罚款 5 元～10 元。"《广西金秀瑶族自治县长垌乡平道村村规民约》③ 第 5 条规定："凡盗窃集体、他人的木材，经查实后按每株直径测量，每市寸罚款 20 元，并原物归主。如原物不在，则限

① 2017 年 3 月 28 日通过并施行。
② 2004 年 12 月 26 日公布，自 2005 年 1 月 1 日起执行。
③ 1991 年 5 月 1 日修订并执行。

其在责任山砍伐同等级的木材归还。”有的村规民约则是根据直径划定几个区间，《广西金秀瑶族自治县金秀镇定卜屯村规民约》第7条规定，对于偷杉木者，“10～18公分每根罚20～50元，20公分以上每根罚100～500元”①，这主要是根据杉木的经济价值高低来区分，杉木生长周期长，所以对于偷盗20公分以上杉木的，罚款数额明显要高于10～18公分之间的杉木。黔东南苗族某村寨一村民在23年前曾经偷伐了一棵松树，被发现后拒不承认，村主任承诺如果他承认就只赔偿一棵松树即可，否则就按照村规民约罚“3个360”（360斤酒、360斤肉、360斤米）。该村民拒不承认，后来村主任将证人找来，并给予该村民“3个360”的处罚，这是村规民约发挥实际作用的例证。②

（五）严禁毁林为地或毁林做副业

作为一种生产性自然资源，森林资源的砍伐需要依法依规，这是一种保护，保护还有维持原貌的要求。森林资源的稀缺性和重要性也要求坚持以保护为核心，以利用为辅助，保护和利用相结合。因此南方少数民族乡村地区在村规民约中也会规定严禁毁林为地或者毁林做其他副业。《广西金秀瑶族自治县金秀镇罗孟大队各生产队村规民约》③ 第3条规定：“严禁

① 定卜屯是共和村下的一个村民小组，该村规民约自2002年9月1日起执行。

② 孙韡：《黔东南苗族村寨村规民约研究》，西南交通大学出版社2014年版，第146页。

③ 该村规民约于1982年5月16日通过并执行。

毁林为地，保护林业的发展，违者坚决按《森林法》处理。”此村规民约并没有区分森林的类型，强调的是全部保护，而在其他地方，则是重视国有林、水源林的保护。《广西金秀瑶族自治县金秀镇新安生产队村规民约》① 第8条规定：“不得到国有林、水源林开荒种地，毁林开荒每亩罚款20元。”对于南方少数民族乡村地区来说，森林资源丰富，林地面积广大，而耕地资源相对稀缺，在这种条件下可能存在毁林为地以种植农作物或者发展副业。

（六）实施退耕还林

1999年，我国的四川、陕西、甘肃三地首先开展了退耕还林试点，由此揭开了我国退耕还林的序幕。2002年1月10日，国务院西部开发办公室召开退耕还林工作电视电话会议，确定全面启动退耕还林工程。2002年4月11日，国务院发出《关于进一步完善退耕还林政策措施的若干意见》（现已失效），全国范围内根据不同情况实施退耕还林。毁林为地是明确禁止的行为，而退耕还林是我国为改善生态环境做出的重大决策，南方少数民族乡村地区也是重点实施区域。退耕还林是直接规范村民的行为，所以需要通过村规民约等社会规范形式加以引导。《四川省越西县大屯乡高桥村村规民约》② 第5条规定，“任何人不能乱砍树子（退耕还林或松树），如发现偷

① 1984年7月6日通过并施行。
② 2017年3月30日生效，同时此前的村规民约作废。

树子的：一棵罚款200元”；第6条规定，“任何人的牛马，不能放到退耕还林地区里面，如发现：一头牲口罚款50元”。《四川省越西县五里箐乡达支村村规民约》第5条第3款也规定，大力倡导村民进行“退耕还林”。[①]《四川省越西县瓦岩乡春景村村规民约》[②] 第13条则规定：“本村村民应自觉保护村内林木，对私自砍伐退耕还林树木的，以每株200~500元进行处罚。”有的村规民约则要求本村村民及外来村民都不可砍伐退耕还林区的树木，“如发现本村村民及外来村民砍伐本村境内林木、退耕还林者，每株处罚200~500元”。[③] 牛羊等动物也是退耕还林的威胁之一，《贵州省锦屏县平秋镇魁胆村村规民约》规定，放任牛毁坏日前的退耕还林苗木，则要罚款30~50元。[④]

退耕还林区域并没有改变原来耕地使用者的权利范围，一般是原耕地承包经营者拥有林地的使用权或者林木的所有权，但这种情况下，林木所有权人也不得私自砍伐。《四川省越西

---

① 《四川省越西县五里箐乡达支村村规民约》第5条第3款规定：“大力倡导植树造林、退耕还林，做好森林防火工作，严禁毁林开荒、带火种上山和失火烧山。”该村规民约于2017年3月28日通过并施行。

② 2017年3月27日通过并执行。

③ 《四川省越西县梅花乡普顶村村规民约》第8条。该村规民约于2017年3月3日通过并施行。

④ 《贵州省锦屏县平秋镇魁胆村村规民约》第5条规定：“对荒芜土地、侵占公共场所，破坏水利、水电（供电设施）、人畜饮水、电视设施、公路、校园，放浪牛毁坏庄稼、树苗、日前的退耕还林苗木等罚款30~50元。”该村规民约于2004年1月26日公布并执行。

县中所镇顺利村村规民约》[①] 第4条即规定："严禁私自砍伐集体或他人树木，自己的树木属于退耕还林也需上报村委会同意并上报上级党委政府批准，否则后果自负。"

（七）严防森林失火、禁止森林用火

森林失火极易造成森林资源破坏和损失，并且火灾之后森林资源短时期内不能得到及时补充，因此森林防火是森林资源保护的重要事务。包含南方少数民族乡村地区在内的我国农村地区在生产、生活过程中又需要使用火，用火安全就极为重要。村规民约对于森林防火工作的重要性也在少数民族地方性法规规章中有所体现。《云南省玉龙纳西族自治县林业管理条例》[②] 第28条规定："自治县、乡（镇）人民政府应当加强森林防火工作，制定火灾应急预案，完善配套措施，划定森林防火责任区，建立责任制。村民委员会应当制定和完善森林防火责任制度。村民小组应当建立健全森林防火工作的村规民约。"《黔东南苗族侗族自治州森林防火条例》[③] 第5条在规定乡级以上人民政府的职责时，就有"协助村民委员会和村民小组制定森林防火村规民约"这一内容。

---

① 2017年3月31日通过并施行。

② 2013年1月16日云南省玉龙纳西族自治县第十五届人民代表大会第一次会议通过，2013年3月28日云南省第十二届人民代表大会常务委员会第二次会议批准，2013年5月28日颁布，2013年8月1日起施行。

③ 2012年2月14日黔东南苗族侗族自治州第十三届人民代表大会第一次会议通过，2012年5月25日贵州省第十一届人民代表大会常务委员会第二十八次会议批准，2012年5月25日颁布，自2012年9月1日起施行。

南方少数民族乡村地区的许多村规民约都有护林防火的专门规定，有的规定得较为详细。例如，《贵州省凯里市旁海镇屯寨村村规民约》在“护林防火”部分规定了10条，其中有下列7条是直接关于防火的，具体如下：

4. 每年10月1日至翌年5月31日为森林防火期。在防火期内，村森林防火领导小组必须实行昼夜值班，对重点林区和重点地段开展巡山检查。特别要做好易发生森林火灾的冬至、春节、元宵、清明等节日的森林火灾防范工作。

5. 森林防火期内，严禁在林区及边缘野外用火。严禁上坟烧香、纸、烛和燃放烟花爆竹、烧蜂窝、烧山狩猎；严禁烧地、烧荒、烧土田坎、烧灰积肥、烧秸秆等农事用火以及施工单位生产性用火；严禁野外游玩烧火、乱扔烟蒂、烧火做饭和烘烤食品；严禁夜间使用火把照明；严禁未经批准的其他生产性、非生产性野外用火。

6. 对未成年人和痴、呆、傻、精神病人等特殊群体监管不严，引发森林、山坡、草坡火灾的，一律由监护人承担责任，并依照《森林防火条例》给予处罚。

7. 村民对自己的自留山、责任山，无论是森林、山坡和草坡，都有保护、防火的义务，不履行义务引发火灾，或放弃不管的，由村民委员会追究责任。

8. 因用火不慎，引发他人森林、山坡、草坡火灾所造成的损失，由火灾引发人按市场评估价1至5倍进行赔偿。

9. 森林防火期内，未经批准擅自在森林防火区内野外用火的，村委会将根据相关法律、法规给予警告，并对个人处以200元以上3000元以下罚款；造成火灾损失的处以6~10倍的罚款。

10. 一旦发生森林火灾，参与扑救森林火灾的人员要服从村森林防火领导小组的指挥，积极参加扑火救灾。

森林防火，重在预防，但是如果发生了火灾，对森林造成了损失，村规民约也会规定相应的处理措施。《广西金秀瑶族自治县长垌乡平道村村规民约》① 第6条规定："凡因用火不慎所造成的山林火灾，所造成的一切损失要如数赔偿。有责任林的用责任林赔偿，无林的赔偿资金，并限期补造，参加救火人员的误工补助由失火者负责（每人每天误工费是5元）。"这一村规民约规定有责任林的人即用责任林来赔偿，是自然资源保护的通常做法，强调的是等价值赔偿。《广西金秀瑶族自治县长垌乡古占村村规民约》② 第4条规定："凡因生产生活用火而引起山林火灾者，损失大的，按法律处理，损失小的，按被烧同等物赔偿，协助救火人员由失火者每天付误工费5元。"《贵州省锦屏县彦洞乡黄门村村规民约》③ 则是根据火灾范围大小而有不同等级的罚款，"凡失火烧山者，每起罚款100~800元，火灾范围损失在1~5亩内罚款100~300元，火灾范围损失在6~10亩内罚款400~600元，火灾范围损失在

① 1991年5月1日起执行。

② 1991年4月15日通过并施行。

③ 2008年2月15日通过并施行。

10 亩以上并造成严重后果的除罚款 800 元现金外送交林业部门处理。对失火所烧的林木除按价赔偿外，还应负责营造成林，参加救火的误工费由失火者按小时计价付给救火人”。大多数村规民约是根据火灾损失的大小而给予相应的处理，对于损失大的，很可能是违反《森林法》《治安管理处罚法》，甚至《刑法》，为了维护国家法律的权威和尊严，要对违法犯罪行为进行惩处；而对于损失小的，则基本上属于村民自治的内部事务，在乡村社会内部依据村规民约等规范就可以处理。由于失火行为的不可控性，在某些情况下很容易造成重大损失，因此民事责任、刑事责任也是行为人可能要承担的。《贵州省锦屏县隆里乡华寨村村规民约》[①] 在“安全生产”部分明确规定：“做好山林火灾的预防工作，不得随意炼山、烧田埂。凡引起山林火警、火灾的，除承担民事、刑事责任外，另自愿承担违约金 100 元 ~200 元。”

下述案例表明村规民约在严防森林失火、禁止森林用火方面实际发挥了作用，具有执行力和强制力：

2014 年 4 月的一天，大约上午 9 点左右，年近 60 岁的张田秀在烧田边的杂草时，不注意看管造成失火，烧了近 3 亩的山地。第二天，贵州文斗村按照当时的村规民约对张田秀进行了处理：（1）罚款 150 元；（2）给参与救火的 23 人每人补助伙食费 20 元，共计 460 元。张田秀很快就认缴了这 610

① 2007 年 7 月 11 日通过并施行。

元钱。①

根据当时的《贵州省锦屏县河口乡文斗村村民自治合约》②，其中规定："未经村民委同意，随意烧山、烧田埂等野外用火的，违反者自愿承担违约金 50～100 元；引起山林火警、火灾的，除接受国家规定的民事赔偿与法律制裁外，还应安排参加扑救火人员当天的伙食。"在救火人员补助费方面，文斗村对张田秀的处理措施是符合该村规民约规定的；关于 150 元罚款，村规民约规定的是对没有引起火灾的野外用火行为，而张田秀的用火行为已经引起了较大面积的火灾，因此更为严重，可能由于山地并没有林木覆盖，只是有些杂草，该山地属于该村的耕地，因此对其只是处以 150 元罚款，并没有移送公安部门处理，仍然属于村民自治的范围。

在贵州省锦屏县茅坪镇上寨村，也曾发生一起村民失火烧山事件，村委会也是根据《上寨村民防火公约》作出了相应的处罚。

关于对龙××失火烧山的处理决定

上处罚字（2004）01 号

龙××，男，32 岁，苗族，上寨村六组人，2004 年 5 月 9 日中午 12 点 25 分在磨坊溪上坝烧田坎，由于思（想）麻

① 贵州省锦屏县文斗村姜更生访谈录，2015 年 10 月 1 日。

② 本村民自治合约于 2012 年 12 月 1 日村民代表会议表决通过，由户主签字认可，自 2012 年 12 月 8 日村支"两委"、执约小组组织实施。

痹，防火意识淡薄，不慎引发山林火灾，烧毁兴营林场竹松混交林，过火面积五十八亩，给国家、集体、兴营林造成了较大损失。经镇林业站、兴营林场、上寨村委研究，决定对龙××作如下处理决定：

一、因天气干燥，从事农业生产用火未经批准，违反“六烧六不烧原则”，其引发火灾后能主动报警，喊人扑救，认错态度较好，从轻处罚。

二、责令其写出深刻书面检查一式三份，并复制三份（一开纸张）张贴于街道。

三、根据《上寨村防火公约》第十条规定，决定对龙××处叁佰元（300元）罚款，罚款交上寨村，罚款用来奖励参加救火村民。

茅坪镇上寨村村民委员会（盖村委会公章）

二〇〇四年五月十五日

抄：镇综治办周世刚副镇长。

抄：镇林业站。

发：龙××本人。

其中提及《上寨村防火公约》，实际上全称应是《上寨村民防火公约》，其全文内容如下：

上寨村民防火公约

预防火警火灾的发生是每个村民的义务和职责，上寨村房屋百分之九十九为木质结构，居住较密集，猪牛圈均盖木皮，柴火堆满房前屋后；山地有百分之九十为森林防火区，每个村民必须保持高度的防火意识，提高警惕。为预防火警火灾的发生，特制定防火公约，望全体村民遵守。

一、服从配合防火安全检查，绝对及时整改火警隐患，杜绝火灾发生。

二、保持灶房、柴房、猪圈的清洁，不许存放刨木花等易燃物品过夜，稻草不准进寨存放。

三、教育小孩不准玩火，小孩引发火警由监护人接受处罚，爱护消防设备，禁止使用消防水。

四、禁止野外用火，森林防火区内不得烧田坎、烧稻草、烧木炭，不得吸烟、烧火取暖。

五、正确使用家用电器，冬天用电火桶、电热毯等取暖要做到人离电停，严禁使用假冒伪劣电热毯等家用取暖器。

六、沼气灶、液化灶用时人不离火，用完必须关火，要经常检查输气管道的安全。

七、不准用焙笼、火桶焙谷子、辣子、衣服裤子、甜酒等。

八、厨房用火、煮猪潲，火炉、火盆烤火取暖，烘烤腊肉等要人离火灭。

九、不论春夏秋冬、天晴下雨，每天家中的水缸要装满水，做到有备无患。

十、违反以上条款罚款50～100元，引发火警罚款100～200元，本辖区内的所有居住户均适用本公约。

户主（责任人）签字：

茅坪镇上寨村村民委员会印发

2003年11月9日

在2005年6月29日通过、2005年7月1日起开始实施的《贵州省锦屏县茅坪镇上寨村村规民约》中，也有关于《上寨村民防火公约》的内容，第5条规定："全体村民自觉遵守《村民防火公约》，对违反规定用火，引发火警的处五十至二佰元罚款，造成轻微火灾的处二佰元至五佰元罚款，并赔偿损失、写书面检查张贴街道。"从中可以看出《上寨村民防火公约》和《贵州省锦屏县茅坪镇上寨村村规民约》确实在发挥着实际作用。2000年3月2日，茅坪镇依法治镇领导小组在向全镇印发的《村规民约》样本中，第1条就是关于防火的规定。"一、失火烧毁山林的，每亩罚款五十元，并负责营造成林，村民参加救火的误工（费）由失火人每人按每小时二元付给。"① 早在1999年10月1日，上寨村就曾初拟村规民约，其中第1条、第2条都是关于森林防火的规定，"一、严防山火、寨火发生，发生火警者，每次罚款壹佰元，并敲锣喊寨一个月。二、失火烧毁山林的，每亩罚款五十元，并负责营造成林，村民参加救火的误工（费）由失火责任者给救火者，每人每小时（按）2元支付。"② 上寨村在防火方面有利用村规民约的传统，这也表明南方少数民族聚居地区，森林资源长期存在，森林植被覆盖率高，南方主要少数民族村规民约对森

---

① 《关于对龙××失火烧山的处理决定》《上寨村民防火公约》、茅坪镇依法治镇领导小组向全镇印发的《村规民约》样本，都是本书作者2016年9月30日在锦屏县茅坪镇上寨村调研时搜集得到。

② 该村规民约最后注明：请将此约修改后，复写（印）到各小组讨论，征求意见，再整理打印、下发、张贴；治保、民兵等联防组织要切实做好兑现执行问题。

林防火一般都有相关规制，体现了历史传承和现代发展的结合。

包括南方少数民族乡村地区在内的我国乡村地区有在重要节庆日祭祀的传统，特别是清明节、春节，此外，少数民族还有自己的传统节庆活动，而之前祭祀、举办活动时通常会用火，这也是森林防火的重要领域。现在我国提倡文明祭扫，不烧纸钱，尽可能不使用火，有的地方则是直接禁止用火。《四川省越西县中所镇顺利村村规民约》① 第7条规定："上山不带火，下岗不带青，每户村民应增强森林防火、防洪意识，村委会建立健全三项制度，每个村民都有责任和义务维护好森林，特别是春节上山祭祀和清明节祭祀严禁任何人带火、火炮、香蜡上山。若私自带上山引发火灾者，除赔偿损失外并移交司法机关处理。"《四川省越西县马拖乡柏联村村规民约》也有关于森林和房屋防火的专门规定，在森林防火方面，"严禁野外用火，发现有人在林区内烧火或做迷信烧鸡或其他物品，一经发现批评教育，不听劝阻的处予100～500元罚款，造成火灾的交林业公安处理。特别是春节、清明期间村民上坟山，严禁携带香、烛、纸钱、火炮上山，违者罚款200～500元，由此而造成林区火灾者，除赔偿损失外，还要追究相关责任。每个家长要对未成年的孩子加强教育，增强防火意识，小孩玩火引起的森林火灾，所赔偿的损失和应负的责任必须由家长负责"。

① 2017年3月31日通过并施行。

此外，森林防火的另一方面要求是村民积极参加报告火灾并参加扑火行动，这是乡村社会的共同责任，出发点是保护每一位村民的切身利益。《四川省越西县依洛地坝乡树且村村规民约》① 第6条，明确要求："护林防火，人人有责。万一发现野外火源，无论如何村民都要设法在第一时间里向村支两委报告，接到火警的任何人都要在最速时间内号召广大群众赶赴现场扑火。"

（八）专门保护古树和珍稀树种

古树和珍稀树种具有重要的生态价值和文化旅游价值，在南方少数民族地区也是被一些少数民族群众视为村寨的庇佑之物，因此村规民约中也有专门保护古树和珍稀树种的内容，村规民约的这种作用也体现在地方性法规规章中。《黔南布依族苗族自治州古树名木保护条例》② 是贵州省黔南布依族苗族自治州为了加强古树名木和古树后续资源保护，促进生态文明建设而制定的专门性地方性法规规章。该条例第11条倡导："乡镇人民政府、街道办事处应当鼓励和支持村（居）委员会发挥基层群众自治作用，采取村规民约、居民公约（社区公约）等方式，对古树名木和古树后续资源予以管护。"

具体到南方主要少数民族村规民约中，保护古树和珍稀树

---

① 2017年3月30日通过并施行。

② 2016年2月29日黔南布依族苗族自治州第十三届人民代表大会第六次会议通过，2016年5月27日贵州省第十二届人民代表大会常务委员会第二十二次会议批准。2016年5月27日颁布，2016年7月1日日起施行。

种的内容也有不同程度的体现。例如，《贵州省锦屏县河口乡文斗传统村落保护管理办法》① 第1条中也有“严格保护传统村落中的文物保护单位、历史建筑、祠堂寺庙建筑、古巷、古道、古井、古树等历史文化遗产”的内容。《贵州省台江县排羊乡展里村村规民约》② 第18条规定：“保护本村风景古树，凡把风景树削皮、火烧、倒其他油料或药水等各种手段整死的罚3000元。”第25条规定：“严禁砍伐国家保护珍稀树种，违者除国家按有关法律处罚外，另罚1000元。”《贵州省锦屏县茅坪镇上寨村村规民约》③ 第2条也规定：“本地辖区内的风景古树、四旁风景树为全体村民共同所有，任何人不得随意损害和砍伐。对损害和砍伐风景古树的处一仟元至二万元罚款，并负责赔偿所造成的全部损失。”综合来看，关于毁坏古树和珍稀树种的行为，村规民约规定的罚款数额一般较大，这也凸显了古树和珍稀树种的价值，增强了强制力和威慑力。

森林资源广泛分布于多数南方少数民族乡村地区，是村民生活、生产的保障，因此各地乡村对森林资源的保护也是极为重视。本节从南方主要少数民族村规民约保护森林资源的形式与内容方面进行了初步论述，在形式方面，既有专门以森林资源保护为核心的村规民约，也有包含森林资源保护内容在内的村规民约；在内容方面，主要包括确立维护林权的原则、划分

---

① 2006年1月1日通过并施行。

② 2006年6月通过并施行。

③ 本村规民约于2005年6月29日经村民代表大会讨论通过，于2005年7月1日起实施。

或者建立森林资源专门保护区、依法依规砍伐利用村集体所有或者个人所有的林木、严禁毁林为地、禁止林区用火等。总之，南方主要少数民族村规民约全方位、多角度对森林资源保护进行了相关规制，这些行为规范也在实践中得到切实的遵守，从而又强化了村规民约的权威性，增强了其强制力。

第二节　南方主要少数民族村规民约与农作物资源保护

农作物资源主要指的是人类可以栽培的各种植物资源，主要包括水稻、小麦等粮食作物，瓜果蔬菜等农作物，饲料作物、药材作物等类型。自人类掌握粮食种植技术后，粮食作物资源一直为人类生存提供最基本和最重要的食物来源。在国家意义层面，粮食自给自足更是国家安全的重要保障。瓜果蔬菜既有满足村民自身需要的食用价值，又有通过市场交易为村民带来收入的经济价值。与北方草原地区不同，南方少数民族乡村地区并没有大面积的饲料作物种植，牲畜主要以低矮灌木、草类为食。药材作物也是一种具有经济价值的农作物，也能满足少数民族聚居地区群众的部分医疗卫生需要。在南方少数民族乡村地区用于农作物种植的土地面积有限、海拔较高等不利自然条件下，当地农民群众极为重视农作物资源的保护，在乡村社会范围内形成了许多包含村规民约在内的规制村民行为的社会规范。

一、防止耕牛等牲畜破坏农作物

我国农业生产发展和农民生活历史离不开耕牛等牲畜，耕牛大大减轻了人类的劳作强度，猪、羊、鸡、鸭等牲畜则为人类提供宝贵的食用肉类资源。但是耕牛等牲畜又是可以吃各种农作物的，如果看管不当，耕牛等牲畜又会成为破坏农作物的主要原因。因此，南方少数民族乡村地区的村规民约中大多数都包含加强耕牛等牲畜看管的内容，其中关于耕牛的管理是主要方面。前文在论述森林资源保护时，已经述及牛场的设立和保护，此处不再赘述。加强耕牛等牲畜管理主要包括以圈养牲畜为主，不得随便放野牛，在农作物收获期间注意看管牲畜。贵州省黔东南地区的苗族群众有“议榔”的形式，即将民众聚集在一起共同商议寨中事务，其中就有关于农业生产保护的记载。“为粮食满仓而议榔，为酒肉满缸而议榔，在羊子踩庄稼的地方议榔，在猴子坏庄稼的地方议榔，议榔庄稼才有收成，议榔寨子才有吃穿。”① 在“羊子踩庄稼的地方”和“猴子坏庄稼的地方”议榔，指的是在这些地方聚集乡民共同形成保护农作物的行为规范，这实质上就是古代乡规民约在农作物保护中发挥实际作用。

关于加强耕牛等牲畜看管，南方少数民族乡村地区村规民约的具体内容详略不一，首先，大部分村规民约都有一般性的

① 贵州省民间文学工作组编著，田兵、刚仁、苏晓星、施培中执笔：《苗族文学史》，贵州人民出版社 1981 年版，第 170 页。

规制，不区分农作物的种类，而是采取概括陈述的形式，不同地区的村规民约在具体的赔偿数额方面则是存在较大差异。例如，《广西瑶族自治县六巷乡香桥生产队村规民约》① 第 20 条："加强对耕牛的看管，不准随便放野牛和其他家畜损坏农作物，能诚恳承认事实，态度虚心的，只赔偿损失。态度恶劣，拒不承认的，赔偿损失外，加罚款 5 元。"此村规民约强调行为人的"态度"，如果虚心接受教育、承认自己的行为，则只需要赔偿损失；否则，还要再罚款 5 元，体现了我国的乡村社会在维护社会秩序时，根据行为人对自己的行为是否有认知悔改而采取不同的措施。而《四川省越西县依洛地坝乡树且村村规民约》② 第 7 条规定："圈好看好牲畜是每个村民的职责。不准猪、牛、羊 、鸭、鸡等牲畜毁坏糟蹋集体和个人的农作物。违者，除赔偿损失外，罚款 50 至 100 元。"这一村规民约没有区分行为人的态度，罚款是必须的处理措施，增强了权威性。在赔偿数额计算方面，有的村规民约则是根据所损农作物的面积大小。《四川省越西县大瑞乡瑞联村村规民约》③ 第 9 条规定："禽畜损害农作物的，由家主赔偿，造成减产或失收的要赔产，并按所损农作物面积每平方米罚款 10 ~ 100 元。"有的村规民约则是根据牲口数量予以相应的处理。《四川省越西县大屯乡高桥村村规民约》④ 第 12 条即明确规定：

① 1982 年 12 月 21 日制定并施行。

② 2017 年 3 月 30 日公布并施行。

③ 2014 年 3 月 28 日通过并施行。

④ 2017 年 3 月 30 日生效。

"不准牛马到别人家地里放，如发现：每头牲口罚款50元。"有的村规民约则是规定根据被损坏农作物市场价的倍数来决定。《四川省越西县丁山乡丁埝村村规民约》[①] 第14条规定："外来人员及本村人员放养一切牲口，损坏践踏一切农作物及果树果木的按市场价的三十倍给予赔偿。"

罚款是村规民约中比较常见的处理措施，但是在不同的情境中也有其他形式的补充。毁坏农作物的牲畜虽然属于主人所有，但是有时为了充分保障农作物所有人的利益，增强处理措施的权威性。有的村规民约则直接规定在一定条件下可以猎杀牲畜。《四川省越西县德吉乡德吉村村规民约》[②] 第10条即规定："加强牲畜管理，严禁放牛、羊、马、猪，破坏本村和邻村的农业经济作物，违者先警告赔偿，屡教不改直接猎杀牲畜。"此处对于行为人"先警告赔偿"，然后如果"屡教不改"，则可以直接猎杀行为人的牲畜。《贵州省台江县台盘乡阳芳村村规民约》[③] 第16条规定："在谷物打苞抽穗直到收割完毕止，不准放鸡鸭鹅猪等禽畜进入其他农户的田里或田坎，否则，任何人都可当场杀死。打死鸡鸭鹅的，打死的人整个享受。打死猪的，按猪头分给打死的人，猪内杂分给协助处理死猪的人，一半边分给猪的主人，一半边猪分给本村其余农户的方法分别享受。"此村规民约对鸡鸭鹅猪毁坏农作物的处理也

---

① 2017年3月28日通过并施行。

② 2017年3月30日通过并施行。

③ 2002年通过并施行，具体日期不详。转引自孙韡：《黔东南苗族村寨村规民约研究》，西南交通大学出版社2014年版，第259页。

不相同，这种差别对待是乡村治理智慧的体现。有的村规民约则是规定在某些条件下，村“两委”可以变卖牲畜，获得相应的价款。《四川省越西县古二乡俄布村村规民约》[①] 第8条规定：“加强牲畜管理，不让牲畜破坏本村和邻村的农作物、经济作物，违者处以100～1000元罚金，屡教不改者由村两委直接将牲畜变卖处理。”莫金山曾搜集到2007年7月9日发生在广西金秀瑶族自治县罗孟村新村屯的一起耕牛糟蹋玉米纠纷事件。3户6头耕牛糟蹋损坏5户玉米，损失共计228元，村委会根据村规民约罚款685元。此处的村规民约是1985年1月5日该村通过的《罗孟村村规民约》，第7条规定“加强耕牛管理，不准随便放野牛，如放牛损坏他人农作物者，由牛主负责一至三倍赔偿损失”，罚款数额符合村规民约的规定。[②]

其次，许多村规民约是根据牲畜破坏的农作物的不同而给予不同的处理，因为农作物种类的不同直接会影响其经济价值的大小。例如，《广西瑶族自治县六巷乡新村一、二队村规民约》[③] 第11条规定了不同的罚款数：“各家各户要看管好自己的耕牛，不看好，吃木薯，每蔸罚款5角，吃红薯由村委、队委评议按产量赔偿，吃菜每蔸罚款5分（萝卜菜按价格赔），吃岭禾按面积估计产量赔偿……牛仔要关好，不关者，吃东西按大牛吃的赔偿。各家各户的猪栏关好，如故意不关者，吃什么东西就要赔什么（限在农历八三年正月底一律关好）。”此

① 2017年3月30日起实施。

② 参见莫金山编著：《金秀瑶族村规民约》，民族出版社2012年版，第87页。

③ 1982年12月17日通过并执行。

村规民约区分了木薯、红薯、菜、萝卜菜、岭禾等不同种类的农作物，其次，后面规定“吃什么东西就要赔什么”，也是符合村民共同认知的一般性规范。《广西三江县独洞乡干冲村村规民约》[①] 第9条第7款也规定：“因放浪猪、牛、羊而毁坏林地苗木（不分种类）或田地庄稼、红花草等，苗木每株罚款5角；吃红花草等，每亩赔偿损失20元。放进田地、林地的耕牛被抓获，牛主应为每头牛缴纳5元罚款费；需管理的，牛主还要为每头牛每天付3元管理费。”这里也是区分了苗木、田地庄稼、红花草等不同的类型，分别给予不同的罚款。

再次，在特定区域或者地点不得放养牲畜。通常而言，种植粮食作物的田地、水源地是不允许放养的。《四川省越西县保安藏族乡保安村村规民约》[②] 第8条：“加强牲畜、家禽看管，严禁敞放猪、牛、羊、鸡等，农牧员不能在矮山及庄稼地边、庄稼行间放牧。畜禽损害庄稼、苗木等农作物的，由畜禽的主人赔偿。发现牲畜进地，在庄稼地里被打伤、打死一律不负责任，损害的庄稼、苗木等农作物由畜禽的主人照价赔偿。”对于打死牲畜不负责任，中华人民共和国成立前，海南黎族实行合亩制的乡村地区也有类似规范。如果牛吃了他人的庄稼，受损失者也可以当场在田地里把牛打死，并且不用向牛主人赔偿。如果是双方共同将牛打死，则双方可以将牛平分，但是牛主人可以多分得一点牛肝。[③] 水沟和水井边也是重点保护区域，

① 该村属于侗族村。该村规民约1990年8月1日通过并施行。

② 2017年3月28日通过并施行。

③ 参见范宏贵：《少数民族习惯法》，吉林教育出版社1990年版，第89页。

《广西瑶族自治县六巷乡新村一、二队村规民约》[1] 第11条也规定："不准放牛去人吃水的水沟边和水井边看，踩坏水沟要修补好外并每次加罚款1元。"《四川省越西县河东乡宝龙村村规民约》[2] 第3条规定："不准在种有庄稼的田间内放牧，违者罚款50～100元；如有踩踏青苗，每株罚款50元。"

最后，在特定时节更要看管好自己的牲畜。例如，《四川省越西县依洛地坝乡所洛村村规民约》[3] 第9条："秋收季节不准乱放猪、牛、羊，损害农作物按3至5倍赔偿。"实际上，在农作物生长的大部分时间和收获季都是不允许乱放牲畜的，因为农作物的生长周期基本上是固定的，农作物一旦遭到破坏，以后很难完全恢复原本的产出。《广西金秀瑶族自治县金秀镇金田村村规民约》第6条规定了"家禽家畜关放期"，"为加强对家禽家畜的管理，防止家禽家畜损坏农作物，根据我村各种作物生长期情况，特制定家禽家畜关放期，关期从清明到芒种，白露到立冬（包括耕牛在内）如在禁期内损坏农作物除赔偿损失外，另罚款3元"。我国农业生产中还有"大小春"的时间概念，"大小春"是我国农业生产中的习惯性称呼，指的是在不同季节播种、生长和收获的作物。春季播种、秋季收获的作物被称为"大春作物"；秋季播种、次年春季收获的作物被称为"小春作物"。"大小春"是农作物的生长期，因此这一期间必须严格保护农作物。南方少数民族乡村地区有"大小春"不得乱放

① 1982年12月17日通过并施行。
② 2017年3月28日通过并施行。
③ 2017年3月30日通过并施行。

牲畜的传统。例如，贵州黔西南州兴义县万屯乡阿红布依族大寨就留存一清代道光十四年（1834 年）所立乡规民约碑，其中一条就是“重大小春不准乱放牲践踏”，[①] 这与当前的做法是类似的，体现了历史文化的传承性和发展性。

南方少数民族乡村地区为了保护农作物，要求加强耕牛等牲畜的看管，这在实践中也被有效执行，其强制力是乡村社会经过长期演变发展而形成的乡村共同体赋予的。广西龙州县的壮族地区，如果某人的家畜家禽吃了他人的庄稼等农作物，那么接下来就会请村里最有威望的老人来处理。当地壮族群众每月基本上都有自己的民间节庆活动，这样就会选择事后的一个节庆活动，在土地庙前置备一桌酒菜，由老人出面邀请双方的当事人来饮酒，实际上就是向老人申诉。如果一个村里有两个姓氏，每个姓氏可以请一两位老人来。老人判明双方是非，双方当事人表示服从，此纠纷就正式解决，理亏方则要支付酒菜钱。在赔偿方面，如果秧苗有损失，需要赔偿肥料和秧苗；如果成熟稻谷有损失，则赔偿稻谷。第一次犯，按实际损失数量少一点也是允许的，但如果是再犯，则要加重处罚，具体数额则由老人决定。[②] 总体而言，南方少数民族乡村地区在实际执行过程中，注重运用本民族文化传统，又能考虑到具体的违反情形，从而作出公平公正的处理。

---

① 黔西南布依族苗族自治州史志办公室编：《黔西南布依族清代乡规民约碑文选》，黔西南布依族苗族自治州史志办公室出版，册亨县印刷厂 1986 年印刷，第 28 页。

② 参见范宏贵：《少数民族习惯法》，吉林教育出版社 1990 年版，第 88 页。

二、严禁进他人田地故意毁坏农作物

耕牛等牲畜是破坏农作物的主要来源，某些村民也可能会以各种方式破坏农作物，这也是村规民约给予相应规制的行为对象。在破坏的具体行为表现上，主要体现为故意踩踏或者用其他方式损毁农作物，造成农作物的折断、倒伏等。相比较而言，南方少数民族乡村地区对于破坏农作物的行为是容易识别的，不用具体详细列明，大多是概括性的表述。例如，《广西金秀瑶族自治县六巷乡香桥生产队村规民约》① 第 21 条规定："不准进别人责任田糟蹋农作物和毁坏田基，不得进别人田抓鱼和挖鼠，违者除赔偿损失外，罚款 5 元。"《四川省越西县依洛地坝乡牛洛村村规民约》② 第 7 条直接明确规定："严禁损毁庄稼，违者每株罚款 20 元。"《四川省越西县丁山乡丁塘村村规民约》③ 第 13 条规定："外来人员及本村人员放养一切牲口，损坏践踏一切农作物及果树果木的按市场价的三十倍给予赔偿。"有些村规民约则对故意毁坏农作物的严重行为给予"踢出村外"的处罚，"对庄稼任意拔抢毁坏者，轻者罚 100 ~ 500 元，并批评教育；重者踢出村外，直报执法部"。④ "踢出村外"是比较具有地方特色的说法，实际上指的是将其排斥

① 1982 年 12 月 21 日制定并施行。

② 2017 年 3 月 30 日通过并施行。

③ 2017 年 3 月 28 日通过并施行。

④ 《四川省越西县贡莫乡差差木村规民约》第 3 条，该村规民约于 2017 年 3 月 28 日制定并生效。

出整个乡村，并报政府执法部门处理。

南方少数民族部分乡村地区在农业生产中还有扯猪草用于饲养猪羊等牲畜的生产方式，猪草在田地里会对农作物的生长和收获产量造成不利影响，但它却是猪羊等牲畜饲养的极佳饲料。在这种情况下，乡村社会一般不会禁止到田地里扯猪草，但是也不排除有人可能以扯猪草之名而到他人田地里进行破坏，因此，有的村规民约对此种行为予以规制。《四川省越西县丁山乡丁塘村村规民约》① 第13条："在别人地里以扯猪草为由，糟蹋庄稼、扯油菜叶子的按照十元一株赔偿并罚款500元。"《四川省越西县河东乡河东村村规民约》② 第1条即是关于扯猪草行为的规制，"村民只能在各自的田间地头割猪草，凡是在我村大小春田间割猪草的，被发现后不听者罚款10～50元。谁发现谁制止，如不听者直接报村两委会处理"。该村规民约一方面规定了允许村民割猪草的地点，另一方面则严禁在"大小春田间"割猪草，也是为了保护农作物。

南方少数民族乡村不同地区发展农业的自然条件不同，所以种植的农作物也不同，在村规民约中也有相应的体现。一般而言，瓜、菜、果等农作物是常见的植物。例如，《广西瑶族自治县六巷乡冲尾村村规民约》第11条："故意糟蹋他人的瓜、菜、果树以及农作物的，除赔偿损失外，每起罚款5元。"而在有的地区则有烟草种植，《四川省越西县依洛地坝乡牛洛

① 2017年3月28日通过并施行。

② 2017年3月28日通过并施行。

村村规民约》第1条："禁止在烤烟种植区域内破坏烤烟，如有损害者，每株罚款50~100元。"

三、严禁偷盗农作物

偷盗行为是影响乡村社会秩序稳定和谐的重要社会治安因素，在农作物资源保护中也不例外。根据当地农作物及其产出的不同，南方少数民族乡村地区的村规民约针对不同的农作物，对偷盗行为的处理也有差异，体现了地方特色和实际发展状况。在历史上，我国南方少数民族乡村地区就重视运用乡规民约，规定不得偷盗他人农作物。黔西南州册亨县冗渡区者冲乡岩洞苗族村寨有一道光二十八年（1848年）所立石碑，其中第15条规定，"各户种植之谷物各管，不可私窃，勿为狗盗"①，其针对的当时社会治安问题就是偷盗农作物，"居民杂处，往往有无籍游民，三五成群，诱赌盘剥。以乞丐为名，身栖岩洞，日则窥探门户，夜则鼠窃狗偷，盗谷物杂粮"。②

南方少数民族乡村地区的村规民约一般会在与社会治安相关的条款中规定严禁偷盗，偷盗的物品不限于此处的农作物。例如，《四川省越西县尔觉乡打里井村村规民约》③ 第8条即

① 黔西南布依族苗族自治州史志办公室编：《黔西南布依族清代乡规民约碑文选》，黔西南布依族苗族自治州史志办公室出版，册亨县印刷厂1986年印刷，第35页。

② 黔西南布依族苗族自治州史志办公室编：《黔西南布依族清代乡规民约碑文选》，黔西南布依族苗族自治州史志办公室出版，册亨县印刷厂1986年印刷，第36页。

③ 2017年3月29日通过并施行。

是一般性规制，“本村村民严禁有偷盗行为的发生，一经查实对所盗物资进行加倍处罚。对构成违法犯罪的及时移送公安机关进行处理”。《四川省越西县河东乡宝龙村村规民约》① 第6条规定：“本村邻里不准相互偷盗，如有发现轻者罚款2000～5000元，重者罚款10000～50000元并上报公安机关，赶出本村。”此村规民约规定的罚款数额较大，有利于发挥其警示告诫作用。

根据偷盗行为发生的时间、农作物不同，村规民约给予的处理措施也不相同，通常性的处理措施是罚款，但是罚款也是根据不同的情境而有不同的数额。具体来说，主要有以下几种情况：其一，相比较而言，夜晚偷盗的社会危害性明显要比白天偷盗要严重得多，因此对夜晚偷盗的处理要比白天偷盗重。《四川省越西县大屯乡华阳村村规民约》② 第7条规定：“白天偷摘他人的苹果，一个罚款5～10元。晚上用背篓、口袋偷苹果，先罚款300～500元，后照数一个（赔）10元。”《四川省越西县河东乡新普村村规民约》在“社会治安”部分第1条也规定：“凡故意毁坏、盗窃、偷摸集体和个人财物者，除追回原物外，处罚200～5000元。夜间出动偷盗者加倍处罚。”其二，根据所偷农作物的重量决定给予相应的罚款数额。《四川省越西县马拖乡马拖村村规民约》③ 第2条第1款规定：“凡偷盗玉米苞、谷子、小麦、大麦、油菜按每斤罚款50元计

① 2017年3月28日通过并施行。
② 2017年3月30日通过并施行。
③ 2017年3月28日通过并施行。

算”。其三，根据所偷农作物的种类决定给予相应的罚款数额。《广西瑶族自治县六巷乡新建村村规民约》[①] 第 2 条：“不准偷别人的东西、果类、菜类、八角、家具、柴火等。（1）不准偷别人的东西，偷他人的果每斤罚款 3 元，原物归还原主。（2）偷菜不论什么菜，每斤罚款 1 元，原物归还原主。（3）偷他人的八角，每斤罚款 8 元，原物归还原主。”

南方少数民族乡村地区根据当地自然地理条件的不同，会选择种植适宜的农作物，并将保护这种农作物写入村规民约中，以强化村民的财产保护意识，规范村民的财产保护行为。例如，四川省越西县大屯乡大兴村主要生产苹果，为了保护果农的利益，该村将保护苹果的内容专门写入村规民约。《四川省越西县大屯乡大兴村村规民约》[②] 第 8 条规定：“苹果是我村的支柱产业，为使广大果农的切身利益不受侵害：（1）不经本人允许，偷摘一个苹果罚款 5 元，不经本人允许，不得进入他人果园，违反一次罚款 50 元，十二岁以下小孩减半。（2）如果发现果农偷果农内部的苹果，先罚款 500 元，然后再按所偷的数量一个罚款 5 元。（3）对于夜间偷盗，先罚款 1000 元，然后再按所偷的数量一个赔 5 元计算，如果拿不出现金就用财产做抵押。（4）如果谁对偷盗的人讲人情，就由讲人情的人付清小偷应付的金额，要是干部徇私情不处理，其罚款就由干部交清。”

---

① 1984 年 5 月 23 日通过并施行。

② 2016 年 4 月 26 日公布并实施。

根据生产和生活需要的不同，森林资源主要属于生产性资源，农作物主要属于生活性资源，二者也是乡村社会植物资源的主要组成部分。南方少数民族乡村地区的森林资源较为丰富，而农作物资源相对较为缺乏，但是二者都是乡村社会发展不可或缺的资源。因此，南方少数民族乡村地区的村规民约对这两种植物资源的保护都有相应的规制。植物资源保护主要可以分为保护生长和合理利用两方面，一是避免或者减轻人类或者牲畜给植物生长带来的不利影响；二是促进人类对植物资源的合理利用，充分发挥植物资源的价值。无论是保护还是利用，都离不开行为规范的预测、教育、强制作用。南方少数民族乡村地区在沿袭原有优秀与植物资源保护相关村规民约乡村治理文化的同时，又根据时代和社会环境的变化而增添新的内容，从而形成较为全面详细的规范体系。更为重要的是，与植物资源保护相关的村规民约在南方少数民族乡村地区发挥着实际的社会效力，并且与国家法律法规形成了良性互动、有效衔接，使得国家法与习惯法在乡村社会这一区域实现了较为顺畅的耦合机制。对于破坏植物资源并不严重的行为，南方少数民族乡村社会一般是根据村规民约、风俗习惯等地方性社会规范予以处理；对于破坏植物资源的严重行为，乡村社会则是会引入国家的强制力量，通过法律途径给予相应的法律制裁。当然，村规民约中的某些罚款类处理措施在法治框架下的合法性可能需要进一步考量，但如果放置于村民自治的框架下，强调“村规”的自治性，强调“民约”的共议性，二者事实上是可以并存的。

第四章 通过村规民约保护动物资源

动物资源是地球自然资源系统中不可或缺、无法替代的资源类型，与植物资源共同构成地球生物资源系统的主体部分。植物资源为人类生存和发展提供粮食、生产资料，动物资源主要为人类生存提供优良蛋白质，同时也具有生产资料的价值属性。总体而言，动物资源主要包括陆生野生动物资源、水生野生动物资源和驯养动物资源三大类，陆生野生动物资源和水生野生动物资源合称为野生动物资源，野生动物资源是地球生物圈生态平衡、生物多样性保持的重要支撑。我国南方少数民族乡村地区，纬度低，气温高，降水丰富，植物资源种类繁多，植被覆盖率高，从而为各种动物的生存提供了良好的自然环境。但是人类活动逐渐向森林地区扩展，人类砍伐森林、种植农作物、捕杀动物，由此动物的生活空间日益缩小，动物种类的多样性受到严重威胁。同时，在长期的历史发展过程中，人类也意识到人与动物之间的关系不应当只有猎杀和被猎杀，人不能只是一味地向动物索取，还应当注重保护动物资源，动物资源的可持续也是人类生存和发展的必要条件。我国古代先民已经形成了保护动物、敬畏自然的诸多理念、规范和方法，村规民约（乡规民约）即是一种重要的社会规范，如今在动物资源保护方面依然发挥着积极作用。南方主要少数民族村规民约在继承传统村规民约治理文化的同时，注重根据社会发展增加或者修改相关内容，以增强村规民约的可适用性。本章从南方主要少数民族村规民约与陆生野生动物资源保护、水生野生动物资源保护和驯养动物资源保护三个方面出发，具体分析村规民约在哪些方面对人的行为进行具体规制。

第一节　南方主要少数民族村规民约与陆生野生动物资源保护

为了保护野生动物资源，我国于1988年11月8日制定了专门的《中华人民共和国野生动物保护法》[①]（以下简称《野

① 2004年8月28日，第十届全国人民代表大会常务委员会第十一次会议《关于修改〈中华人民共和国野生动物保护法〉的决定》第一次修正《中华人民共和国野生动物保护法》；2009年8月27日，第十一届全国人民代表大会常务委员会第十次会议《全国人民代表大会常务委员会关于修改部分法律的决定》第二次修正《中华人民共和国野生动物保护法》；2016年7月2日，第十二届全国人民代表大会常务委员会第二十一次会议修订《中华人民共和国野生动物保护法》；2018年10月26日，第十三届全国人民代表大会常务委员会第六次会议再次修改《中华人民共和国野生动物保护法》。

生动物保护法》)，对野生动物及其栖息地保护、野生动物管理等事项进行了详细规定。野生动物资源是维护生物多样性和生态平衡的关键，其种类和数量的多少直接关系着整个生态系统是否平衡。《野生动物保护法》保护的主要是珍贵、濒危的陆生、水生野生动物和有重要生态、科学、社会价值的陆生野生动物。这里也提到了水生野生动物，不过《野生动物保护法》第 2 条第 4 款也规定："珍贵、濒危的水生野生动物以外的其他水生野生动物的保护，适用《中华人民共和国渔业法》等有关法律的规定。"据此，本节首先主要分析的是南方主要少数民族村规民约与陆生野生动物资源保护的关系，主要是严禁捕杀重点保护动物，规范某些地区村民的合法捕杀行为。

一、严禁捕杀国家和地方重点保护的野生动物

《野生动物保护法》第 3 条规定："野生动物资源属于国家所有。"第 4 条规定：我国"实行保护优先、规范利用、严格监管的原则"。为进一步细化和强化《野生动物保护法》的相关内容，2020 年 2 月 24 日，第十三届全国人民代表大会常务委员会第十六次会议审议通过了《关于全面禁止非法野生动物交易、革除滥食野生动物陋习、切实保障人民群众生命健康安全的决定》（以下简称《决定》)。该《决定》第 1 条明确规定："凡《中华人民共和国野生动物保护法》和其他有关法律禁止猎捕、交易、运输、食用野生动物的，必须严格禁止。对违反前款规定的行为，在现行法律规定基础上加重处

罚。”这体现了国家对野生动物资源的加强保护。同时，针对陆生野生动物资源，该《决定》在第 2 条予以专门规定：“全面禁止食用国家保护的‘有重要生态、科学、社会价值的陆生野生动物’以及其他陆生野生动物，包括人工繁育、人工饲养的陆生野生动物。全面禁止以食用为目的猎捕、交易、运输在野外环境自然生长繁殖的陆生野生动物。”在具体保护种类方面，我国实行的是分类分级保护，国家对珍贵、濒危的野生动物实行重点保护，国家重点保护的野生动物分为一级保护野生动物和二级保护野生动物。地方重点保护野生动物，是指国家重点保护野生动物以外，由省、自治区、直辖市重点保护的野生动物。我国建立了野生动物保护区和自然保护区等，专门划定区域，减少人类活动对野生动物生存的不利影响。一般而言，野生动物保护区和自然保护区离人类的聚居地比较远，否则无法实现有效保护。南方少数民族乡村地区，森林覆盖率高，其中生活着数量众多、种类丰富的陆生野生动物资源，国家在野生动物资源保护方面的投入很多，这不是乡村社会自身能够解决的。并且，陆生野生动物资源的具体地理分布存在较大差异，总体上是不平衡分布，因此南方少数民族乡村地区的很多村规民约并没有直接与陆生野生动物资源保护相关的内容。但是，作为法治国家、法治社会建设一体推进过程中的一种重要社会规范，村规民约在引导村民遵守国家法律法规层面起到积极作用。有的少数民族地区地方性法规规章中就有运用村规民约保护野生动物的内容。《阿坝藏族羌族自治州野生动物植物保护条例》[①] 第46条第2款即规定："村（居）民委员会应当把野生动物植物保护纳入村规民约。"

村规民约一般会要求村民遵纪守法，否则如果达到违法犯罪的程度，村集体也会向公安机关报警或者移送其他有关管理该事务的机关。在保护陆生野生动物资源方面，村规民约主要有两种表现形式：一是总体上规定不得杀国家和地方重点保护野生动物。例如，《广西金秀瑶族自治县金秀镇镇规民约》[②] 第14条："严禁捕杀国家保护的珍稀动物，违者视情节轻重，罚款30～150元，直至追究刑事责任。"二是规定在某一区域内严禁捕杀野生动物。《贵州省锦屏县铜鼓镇花桥村村规民约》[③] 第22条："严禁进入我村辖区捕杀野生动物、鸟禽类，违者罚款100元，并视情节轻重，移交镇人民政府处理。"《浙江省丽水遂昌县三仁畲族乡坑口村村规民约》[④] 第5条"生态保护制度"中第1款的内容是："严禁在百丈坑、横坑、三尖岩等公益林区域砍伐树木及其他破坏植被的行为，严禁在公益林区域从事破坏生态活动，如捕捉野兽、飞禽、石蛙、鱼蛇类等，违者交送县森林公安处理。"对于村民自治范围内可

---

① 2014年1月9日阿坝藏族羌族自治州第十一届人民代表大会第三次会议通过，2014年11月26日四川省第十二届人民代表大会常务委员会第十三次会议批准，2020年11月26日颁布四川省第十三届人民代表大会常务委员会第二十三次会议批准，2020年11月30日颁布，自2020年11月30日起实施。

② 本规约自金秀镇第三届人民代表大会第一次会议1987年10月23日通过。于1987年11月1日起执行，并报金秀县人大常务委员会备案。

③ 2005年1月20日通过并执行。

④ 2017年5月通过并公布施行，具体日期不详。

以处理的捕杀行为，村规民约一般规定的是处以一定数额的罚款，严重的违法犯罪行为则要移送给公安机关等部门处理。《贵州省晴隆县三保彝族乡三保村村规民约》① 在“社会治安”部分第12条规定：“严格保护和禁止捕杀珍稀动物，违者视情节轻重，予以警告或罚款50元~100元。”

二、保护野生动物资源的合理利用行为

陆生野生动物资源种类比较丰富，并不是所有的野生动物资源都需要专门保护，《野生动物保护法》也是强调要根据野生动物的稀缺性来决定是否纳入保护目录。《野生动物保护法》第22条规定：“猎捕非国家重点保护野生动物的，应当依法取得县级以上地方人民政府野生动物保护主管部门核发的狩猎证，并且服从猎捕量限额管理。”此外，野生动物资源在历史上还是人类重要的食物来源，在保护野生动物的时候也不能忽视这一历史事实，特别是在南方少数民族乡村地区原本耕地面积有限、粮食作物不足的情况下，陆生野生动物在很大程度上能够有助于解决食物来源不足的问题。《广西金秀瑶族自治县六巷乡上古陈村村规民约》② 第14条规定：“任何人不准偷拿他人装在山上的铁夹、竹夹及各种野兽等，违者除退还原物外，偷大铁夹每架罚款50元，小铁夹每架罚款30元，偷云鼠每只罚款20元，白兔鼠每只罚款3元，旱獭每只罚款50

① 娄义鹏：《贵州少数民族地区纠纷解决机制研究——以苗族、侗族、布依族为例》，中央民族大学2016年博士学位论文，第204页。

② 1991年1月29日通过并施行。

元，黄猄每只罚款100元，山猪每只罚款（100斤以上的罚款250元，100斤以下罚款150元），麝每只罚款200元，其他野兽按实际价值计算加罚1倍。”该村规民约根据野生动物种类的不同而决定给予不同数额的罚款，这是根据野生动物本身价值而决定的。此外，有的村规民约还专门对地方民族捕猎习惯进行保护。例如，《广西金秀瑶族自治县金秀镇金田村村规民约》① 第11条规定：“维护地方民族装鸟习惯，不准任何人破坏鸟盆，凡是破坏一个鸟盆罚款5元，偷鸟盆的鸟，每只罚款1元，偷各种野兽器具罚款15元，如偷各种野兽器具装得的各种野兽动物，除赔偿外，另罚款25元。”

第二节　南方主要少数民族村规民约与水生野生动物资源保护

水生野生动物资源属于渔业资源的一种，也是农业产业发展的重要领域。鱼类是水生野生动物资源最常见的类型，广泛分布于海洋、河流、湖泊、溪塘等各种水体中，南方少数民族乡村地区的水生野生动物资源主要是鱼类。我国南方地区降水丰富，河流纵横交织，湖泊溪塘众多，鱼类资源比较丰富，优越的地理环境是我国南方少数民族地区渔业生产的主要原材

① 1984年4月20日通过，自1984年4月25日起生效。

料。但是鱼类资源又是相对有限的，在一定时期内可供人类利用的数量是有限的，人类需要合理利用。南方少数民族乡村地区就通过村规民约的制定和实施来保护水生野生动物资源。需要注意的是，南方少数民族部分乡村地区还有在稻田里养鱼的生产方式，但这里的鱼类主要属于个人所有，是从个人财产所有权方面进行保护的，与本节论述的水生野生动物资源保护有较大的不同。因此本节主要论述南方主要少数民族村规民约与野生鱼类等水生野生动物资源保护的关系。

一、设立禁渔期、禁渔区

与森林资源保护相似，保护水生野生动物资源也可以通过设立禁渔期、禁渔区来实现，这是一种综合性、比较有效的方式。1980 年 3 月 15 日，广西金秀瑶族自治县六巷公社的四个生产队共同商议讨论制定了《关于封山造林、封河养鱼问题的决定》。[①] 关于封河养鱼的具体内容为：

根据政策规定，我们四个队有权管理本河流，按原划分河段为标准，上河流由右陈黄田起，四水河由沙冲起直出到石架冲口止，此河段不准任何人员乱炸，不准用农药毒鱼，不准用石灰、茶麸大闹，如有发现这种现象，要严格处理。

1. 炸鱼每炮应罚款 30 元，鱼没收后由主管的生产队处理，对积极揭发报案者，不分内外人员，按所罚得款总金额奖

① 1980 年 3 月 15 日通过并施行。

给30%。

2. 毒鱼，用农药毒鱼每起罚款100元，其他同上第一点处理。

3. 用石灰或茶麸等大闹的，每起罚款50元，同上处理。

4. 从河流用石灰、农药毒鱼到河界，经查明原因后加罚款50%。

封河养鱼主要涉及河流的管理问题，水本身是流动的，鱼类也是流动的，这就需要河流涉及村庄共同参与，否则无法实现封河养鱼的目的。1980年4月11日，六巷公社革命委员会将《关于封山造林、封河养鱼问题的决定》以《关于保护森林和水资源的决定》的名称，向全公社印发，前面有一个按语，从中也可以看出村规民约能够在乡村社会制定和实施的社会原因。

近年来，我公社出现乱砍乱伐乱卖山林，毒鱼、炸鱼、电鱼的现象非常严重，有些人明目张胆地践踏国家制定的《森林法》和有关保护水产资源的规定，违法乱纪，严重破坏国家森林和水产资源。由于乱砍乱卖林木，致使生产队用材不能自给，我们是林业县、社，不但对国家没有较大的贡献，反而向国家伸手，跨队要木材，我们还有什么脸要国家的粮，买国家的商品？我们还有什么脸见人？由于对鱼类的狂轰滥炸、蛮毒偷电，导致一些鱼种已濒临绝种的境地。更有甚者，由于用农药毒鱼和用炸药炸鱼，致使一些人伤残，甚至丧生，严重地威胁人类的生命安全。

为了有效地保护森林及水产资源，我们特将六巷四个生产队《关于保护森林和水资源的决定》印发各队，希望以此作为参考，因地制宜，结合当地的情况，相应地制定出切实可行的措施，保护好森林和水产资源，为实现四化作出贡献。①

分析这一按语，可以归纳出一方面是对国家应尽的责任，另一方面是对公社和生产队自身、对子孙后代的责任，都要求必须大力改变先前的毁坏行为。正是在类似理念的影响下，南方少数民族许多乡村地区都设有禁渔区，有大有小，都是为了保护渔业资源。海南黎族高峰村附近即有“社区共管禁渔区”，也制定了以自然资源与生态环境保护为目标的村规民约。第5条是关于鱼类保护，“禁止外来和本村人在我村界的溪、河水毒鱼、电鱼、炸鱼，网捕和放钓除外。各村小组不得越界捕鱼。本村各小组均设立有供鱼类繁殖的‘禁渔区’，在禁渔区内禁止任何捕鱼行为。违者按各小组规定处罚，严重者上报上级有关部门处理”。② 2008 年 7 月，高峰村的 5 个村民小组，根据村规民约的要求分别都建立了禁渔区，并将保护当地鱼类的规定写进了村小组范围内制定和实施的村规民约。

2017 年 4 月 18 日，湖南省湘西土家族苗族自治州泸溪县洗溪镇八什坪村一组专门召开封河育鱼大会暨禁渔动员大会，

---

① 1980 年 4 月 11 日印发。参见莫金山编著：《金秀瑶族村规民约》，民族出版社 2012 年版，第 244－245 页。

② 参见肖诗白：《野生淡水鱼生存状况忧思录》，载《羊城晚报》，转引自网易新闻，网址：http：//news.163.com/12/0609/15/83ILPINN00014AED.html，最后访问时间：2019 年 6 月 16 日。

根据公告，“八什坪水辗坝至尖沟潭滩口，于公历2017年4月18日，农历二〇一七年三月二十日，封河养鱼”。八什坪村也制定了专门的《封河育鱼村规民约》，其内容是：

公告

近年来，八什坪河流由于药鱼、炸鱼、电鱼和其他捕鱼工具的过度捕捞，造成了水产资源濒临灭绝的边缘。为了生态乡村的建设，为了更好地保护好生态环境，经过花园坪一组在家的村民代表开会、讨论、研究决定，规定如下：

一、关于药鱼、炸鱼、电鱼，罚款5000元人民币，行为严重者移交司法部门处理。

二、禁止一切捕鱼工具，下河捕捞。（如地笼手网、拖网、鱼叉、大炮、天雷、大小丝网等），违者罚款2000元人民币。

三、八什坪机防坝以上，2年内本村村民禁止钓鱼，机防坝以下，本村村民可以在规定的时间（4～6月份，鱼产卵期间外）钓鱼，违者罚款1000元人民币。

四、严禁往河道内倾倒垃圾和有毒废品。

以上规定，望各位村民，自觉遵守，互相监督和大力支持。为了建设美丽家园，贡献一份应尽的义务和力量。

希望八什坪的明天，村民富裕，家园更加美丽！

2017年4月10日 示[①]

---

① 《湖南湘西泸溪县：将禁渔纳入“村规民约”》，泸溪县畜牧水产局2017年4月19日发布在“水产养殖网”上的水产资讯。网址：http：//www.shuichan.cc/news_ view－319756.html，最后访问时间：2019年6月16日。

此外，该村村民为了封河育鱼，还进行了募捐活动，27人共捐8600元，表明该村规民约得到了村民的大力支持。

水生动物资源丰富的河流，其水质一般也较好，在某些地区设立禁渔区与水源保护有密切联系。《浙江省丽水市云和县雾溪乡坪垟岗村村规民约》[①] 第23条规定："增强水源保护意识，严禁在村域范围内各河道以任何形式抓石蛙等野生动物行为，对于村外人员从事以上活动的要坚决予以制止，不听劝阻的要依法上报相关部门，所造成的环境和经济损失，依据国家相关法律法规进行惩处和制裁。"

二、严禁炸鱼、电鱼、毒鱼等违法违规捕鱼行为

国家法律法规并不完全禁止所有的捕鱼行为，而是强调要合法合规捕鱼。《中华人民共和国渔业法》（以下简称《渔业法》）第38条规定的违法行为主要有：使用炸鱼、毒鱼、电鱼等破坏渔业资源方法进行捕捞；违反关于禁渔区、禁渔期的规定进行捕捞；使用禁用的渔具、捕捞方法和小于最小网目尺寸的网具进行捕捞或者渔获物中幼鱼超过规定比例。但是渔业资源保护也要充分考虑到地方实际，南方少数民族乡村地区，水资源分布也存在较大差异，对于某些地区的村民来说，捕鱼是生存的手段，这些渔民依赖捕鱼为生，国家需要保护这些渔

① 具体通过和施行日期不详。该村规民约第2条有"坚持法治、德治、自治相结合"的表述，这一表述最早出现在2017年6月12日《中共中央、国务院关于加强和完善城乡社区治理的意见》中，党的十九大提出坚持自治、法治、德治相结合，因此据推测，该村规民约应是2017年后通过并施行。

民的生计。但是由于盲目追求经济效益，当前一些地方也存在违法违规捕鱼行为，从而对渔业资源保护造成严重威胁。因此，村规民约根据法律法规的相关规定，同时结合当地的捕鱼实际情况，主要是将保护鱼类的内容写入其中，以发挥村规民约的引导和强制作用。

在处理方式方面，多数村规民约规定的是数额不等的罚款，也有一些村规民约是根据当地民族习惯予以处罚。例如，贵州省黎平县坝寨乡蝉寨村规定："在河道实行按组划分管理和收益，严禁任何个人使用渔网、鱼雷、毒药和电击等捕鱼工具进行捕鱼，各组（自然村）也不可以使用鱼雷和毒药捕鱼，违反该管理制度则按'5 个 100'进行处罚，罚没所得供全体村民进行享用，以儆效尤。"① "5 个 100"即 100 斤肉、100 斤鱼、100 斤米、100 斤酒、100 元烟。通常而言，南方部分少数民族在处罚上有"3 个 30 斤""3 个 120 斤"等类似方式，3 个主要是肉、米、酒，这里由于是对捕鱼的规制，蝉寨村村规民约增加了 100 斤鱼、100 元烟的内容，体现了对民族习惯法传统的继承和发展。

综合分析南方少数民族乡村地区村规民约中与鱼类保护有关的内容，村规民约一般分为三种情形予以保护。其一，在村规民约中写入保护渔业资源的原则，并列举相关违法违规行为，但不直接给予具体的处理措施，而是统一由村规民约的责

① 该村规民约的内容，参见陈森霖：《法治建设背景下习惯法适用研究——基于黔东南地区村规民约适用调查》，载《山东农业大学学报（社会科学版）》2017 年第 1 期，第 82 页。

任部分规定。例如，《浙江省桐庐县莪山畲族乡塘联村村规民约》[①] 第 7 条有“严禁电鱼和私自捕鱼”的原则性规定。《浙江省桐庐县莪山畲族乡沈冠村村规民约》[②] 第 7 条规定：“保护渔业资源，严禁电鱼、网鱼、炸鱼等行为。”

其二，不区分违法违规的具体行为，村规民约规定统一的处理措施，一般是罚款，没收捕鱼工具等。《广西金秀瑶族自治县金秀镇镇规民约》第 13 条规定：“严禁炸、电、毒河鱼，违者除没收炸药、电鱼机、农药、机具外，罚款 5 ~ 50 元。”《贵州省锦屏县隆里乡华寨村村规民约》[③] 在“社会治安”第 4 条规定：“严禁电鱼、毒鱼、炸鱼，发现在辖区内电鱼的立即没收电鱼机，发现毒鱼、炸鱼的当事人自愿承担违约金 100 元。”《贵州省锦屏县大同乡密洞村村民自治合约》[④] 第 26 条：“禁止电鱼、毒鱼、炸鱼，发现在辖区内电鱼的立即没收电鱼机，出现毒鱼、炸鱼的当事人每次自愿缴纳违约金 100 元，并接受村内通报批评。”《贵州省锦屏县大同乡普西村村规民约》[⑤] 第 28 条规定：“对有人在本村辖区域内进行毒鱼、电鱼行为的，按每次 100 ~ 300 元的罚款，如有违抗处罚的，一律移交司法部门处理。”《贵州省锦屏县平秋镇魁胆村村民自治合约》[⑥] 第 12 条规定：“凡在村辖区电鱼、毒鱼、炸鱼，收缴

---

① 2018 年 10 月 25 日公布并执行。

② 2018 年 10 月 25 日通过并施行。

③ 2007 年 7 月 11 日通过并施行。

④ 2015 年 4 月 6 日通过并施行。

⑤ 2016 年 4 月 16 日通过并施行。

⑥ 2014 年 12 月 19 通过并施行。

电鱼机等工具外，违者自愿承担违约金100元。”《浙江省桐庐县莪山畲族乡中门民族村村规民约》① 第6条：“保护渔业资源，严禁在莪溪流域一切捕鱼、电鱼、毒鱼活动。一旦发现毒鱼，补偿村委购买鱼苗费用10000元，电鱼、炸鱼没收工具并补偿购买鱼苗费3000元，捕捞鱼和钓鱼（村规定垂钓区除外）没收一切捕捞工具并补偿购买鱼苗费用500元。”

其三，区分违法违规捕鱼的具体行为，村规民约分别给予不同的处罚，主要表现为罚款数额的不同。由于违法违规的捕鱼行为有许多表现形式，村规民约的规制方式也各不相同，有的根据地方实际，尽可能地列举出捕鱼行为，采取了一种绝对禁止方式。例如，《贵州省凯里市舟溪镇屯上村》就列举了8种罚款行为，并奖励举报。“一、罚款条约：1. 用毒药毒鱼罚款3000～5000元；2. 用电打鱼罚款1000～2000元，并且工具没收；3. 用炸药炸鱼罚款300～500元；4. 到河里捡鱼罚款100～200元；5. 用网打鱼罚款100～200元；6. 涨大水捞鱼罚款50～100元；7. 用火炮炸鱼罚款300～500元；8. 钓鱼罚款20～50元。二、奖励条约：1. 抓到以上捕鱼行为奖励70%；2. 举报捕鱼行为奖励20%。”② 从上述内容来看，屯上村几乎禁止所有的捕鱼行为，罚款数额也较大，保护力度较大。

大部分南方少数民族乡村地区的村规民约规定的具体行为方式与《渔业法》中的行为一致，主要有炸鱼、电鱼、毒鱼。

---

① 2018年10月25日通过并施行。

② 转引自孙韡：《黔东南苗族村寨村规民约研究》，西南交通大学出版社2014年版，第102－103页。

《广西金秀瑶族自治县六巷乡大岭尾村村规民约》[①] 第13条规定："严禁炸鱼、电鱼和毒鱼。炸鱼每炮罚30元，炸药、雷管没收、电鱼每次罚30元，工具没收交公社派出所，用石灰毒鱼每起罚款30元，用茶麸毒鱼每起罚80元，用农药毒鱼每起罚100元，并扭送公社，写检讨书50份张贴，并到各村庄、大队、公社机关、各个单位学校游街。"《广西金秀瑶族自治县六巷乡下古陈村村规民约》[②] 第16条规定："严禁炸、电、毒鱼。电、炸鱼各罚30元，用石灰毒鱼罚50元，用茶麸毒鱼罚70元，用农药毒鱼罚100元，没收所得鱼和其工具，并扭送公社写检讨书30份张贴附近村屯。"《浙江省龙泉市竹垟畲族乡盖竹村村规民约》[③] 第17条规定："为保持河道的生态平衡，禁止在辖区河道内电鱼、毒鱼、炸鱼。如有发现一律没收作案工具，违反者需鸣炮放鱼苗，并视情况严重处500～2000元罚款，情节严重或屡教不改者，交由司法机关处理。"沿海或者海岛村庄也会在村规民约中规定不得在海、沟中违规捕鱼的内容，例如，《广西壮族自治区东兴市江平镇万尾村村规民约》[④] 第9条规定："严禁破坏水产资源，不准在海、沟中炸鱼、毒鱼、电鱼，违者处以20～300元罚款。"

---

① 1982年11月20日通过并施行。

② 1982年10月31日通过，自1982年11月1日起生效。

③ 具体日期不详，该村规民约中有"三改一拆"的规定，这是浙江省2013年至2015年开始实施的旧住宅区、旧厂区、城中村改造和拆除违法建筑三年行动。据此该村规民约不会早于2013年。

④ 该村属于京族村寨，1999年9月20日公布并实施。李军明：《京族经济发展与文化变迁》，华中科技大学出版社2017年版，第120页。

有的村规民约列举电鱼、毒鱼、炸鱼、网鱼等违法违规行为，举报违规捕鱼行为还有相应的奖励。《浙江省莲都区老竹畲族镇老竹村村规民约》① 第18条规定："严禁任何人在本村辖区范围内的溪里和水库池塘电鱼、毒鱼、炸鱼、网鱼。如有违者，电、毒、炸鱼者每次赔偿5000～10000元，给予举报者奖励2000～5000元。网鱼者每次赔偿500～5000元，给予举报者奖励500～2000元。情节严重或屡教不改者，交由执法机关处理。"《浙江省莲都区老竹畲族镇丁公村村规民约》② 第12条规定："严禁任何人在本村辖区范围内的溪里和水库池塘电鱼、毒鱼、炸鱼、网鱼。如有违者，电、毒、炸鱼者每次赔偿5000～10000元，给予举报者奖励2000～5000元。网鱼者每次赔偿500～5000元，给予举报者奖励500～2000元。情节严重或屡教不改者，交由执法机关处理。"《浙江省莲都区老竹畲族镇梁村村规民约》③ 第12条规定："严禁任何人在本村辖区范围内的溪里和水库池塘电鱼、毒鱼、炸鱼、网鱼。如有违者，电、毒、炸鱼者每次赔偿5000～10000元，给予举报者奖励2000～5000元。网鱼者每次赔偿500～5000元，给予举报者奖励500～2000元。情节严重或屡教不改者，交由执法机关处理。"《浙江省莲都区老竹畲族镇后坑村村规民约》④ 第12条规定："严禁任何人在本村辖区范围内的溪里和水库池塘

① 2018年10月9日公布并执行。
② 2018年9月28日通过并施行。
③ 2018年9月29日通过并施行。
④ 2018年9月29日通过并施行。

电鱼、毒鱼、炸鱼、网鱼。如有违者，电、毒、炸鱼者每次赔偿5000~10000元，给予举报者奖励2000~5000元。网鱼者每次赔偿500~5000元，给予举报者奖励500~2000元。情节严重或屡教不改者，交由执法机关处理。”《浙江省丽水遂昌县三仁畲族乡好川村村规民约》[①] 第10条规定：“严禁任何人在好川辖区范围内的溪里和水库电鱼、毒鱼、炸鱼、网鱼、钓鱼。如有违者，电、毒、炸鱼者每次罚款5000~10000元，给予举报者奖励2000~5000元。网、钓鱼者每次罚款500~5000元，给予举报者奖励500~2000元。情节严重或屡教不改者，交由司法机关处理。”《浙江省松阳县板桥畲族乡大毛科村村规民约》[②] 第12条规定：“严禁任何人在本村辖区范围内的溪里和水库池塘电鱼、毒鱼、炸鱼、网鱼。如有违者，电、毒、炸鱼者每次赔偿5000~10000元，给予举报者奖励2000~5000元。网鱼者每次赔偿500~5000元，给予举报者奖励500~2000元。情节严重或屡教不改者，交由执法机关处理。”

根据不同地区捕鱼习惯的不同，村规民约也有不同的规制。例如，广西金秀瑶族乡村地区有“熬鱼”的捕鱼方式，并有“大熬”和“小熬”之分，有的地方全部予以禁止，有的地方则只禁止“大熬”。《广西金秀瑶族自治县六巷乡圣堂村村规民约》[③] 第3条：“不准任何人电鱼、炸鱼、熬鱼，每次罚60元，没收所得的鱼和工具（注：炸鱼罚30元）。”《广

① 2015年通过并施行，但具体日期不详。

② 2018年12月10日通过并施行。

③ 1982年3月26日制定并施行。

西金秀瑶族自治县六巷乡坪冲二队村规民约》[1] 第4条："不准电鱼、炸鱼和熬鱼（指大熬）。凡电鱼者，每次罚款60元，并没收其所得的鱼以及电鱼工具；凡炸鱼者，每炮罚款30元，并将其所得的鱼全部没收；凡熬鱼者，每次罚款60元以上（小熬不罚）。"《广西金秀瑶族自治县六巷乡帮家、翁江两村村规民约》[2] 第16条："不准炸鱼、电鱼和熬鱼。违者炸鱼每炮罚款20元，电鱼每次罚款30元，用石灰毒鱼每次罚款60元，用茶麸毒鱼罚款80元，用农药毒鱼罚款100元，并将用具和所得的鱼全部没收归村。"

有的村规民约则没有完全按照《渔业法》的规定，而是根据当地渔业资源保护的实际，另行规定对某些行为的处理。例如，《贵州省施秉县双井镇凉伞村村规民约》[3] 第3条："小孩钓鱼、机子打鱼，只要发现先罚10元，然后按得鱼数量每条罚款5元，没收全部工具，鸭子吃鱼每只罚5元以上。"这里对"小孩钓鱼""机子打鱼""鸭子吃鱼"三种行为进行处理，体现了村规民约的针对性。有的村规民约增加了对特殊鱼类的保护。例如，《贵州省黎平县岩洞乡竹坪村村规民约》[4] 中有"严禁照泥鳅，如发现一次，罚款20元（不管坡上、坝子、个人田、他人田一律不准）"。《云南省贡山县独龙江乡乡

---

① 1982年10月25日通过并施行。

② 1982年5月21日公布并执行。

③ 1995年1月18日修改并颁布实施。

④ 1993年8月13日通过并施行。

规民约》[①] 第 15 条规定："严禁使用触鱼器、鱼头精、炸药等毁灭性方式捕鱼，破坏渔业资源。严禁捕杀、销售、收购扁头鱼。违者依法没收作案工具和非法所得，并处 2000 至 8000 元的罚款。鼓励群众举报，对举报者，给予一定额度奖励。"此村规民约突出了对"扁头鱼"的保护。

第三节　南方主要少数民族村规民约与驯养动物资源保护

驯养动物资源主要包括牛、猪、羊、狗、马、骡、驴、兔、家禽等，其中牛、马、骡、驴等大型牲畜在农业生产中还是重要的生产资料，不仅在传统农业生产中作用明显，在当前一些南方少数民族乡村地区依然能够极大地促进农业生产。而鸡、鸭、鹅、猪等牲畜也是许多南方少数民族乡村地区民众生产生活中的常见动物，既有经济价值，又有食用方面的生活价值。对驯养动物资源的保护主要是保护所有权人的占有、使用、收益和处分等权能，而关于驯养动物的管理主要与乡村环境卫生、生态环境相关，此处暂不涉及，后文有专门论述。另外，前文中在森林资源保护时述及的"牛场"实际上也是对耕牛等牲畜的保护，能够为牲畜提供稳定的食物来源地和活动场

① 2013 年 1 月 9 日起执行。

所，此处也不再赘述。本节关于村规民约对驯养动物资源的保护主要体现为严禁偷盗驯养动物和不得故意损伤集体或者他人所有的驯养动物两个方面。

一、严禁偷盗驯养动物

偷盗行为一直是村规民约中重点规制的行为，其偷盗对象自然也包括鸡、鸭、鹅、猪、牛等驯养动物。有的村规民约中有专门的偷盗处理内容。例如，《贵州省施秉县白洗乡黎山坪村村规民约》① 即有“偷盗处理公约”部分。

偷盗处理公约

1. 每组要建立护寨队，每晚要派 2～4 人查夜到 1 点钟以后，不管是本地人或是外地人，一律不准在寨上乱串（窜），如乱走乱串（窜）被守夜人发现先打后报，再罚款，然后追究一切责任，如守夜人发现抓不到，发出警报大家都要积极出动，要遵守纪律，不能乱串（窜），处理罚的款一半给守夜人，一半给参加处理的群众，无故不参加的，给予一定数额的罚款。

2. 偷牛被抓到，先交给派出所管治，然后协助公安、派出所把事处理好，罚款处理，按上级有关规定处理。

3. 偷鸡、鸭、鹅、猪、狗、鱼、水果等，被抓到按情节轻重罚款，一只鸡、鸭罚五十元，鹅七十元，猪一千五百元，狗

① 1999 年 5 月 1 日通过并施行。

五百元，水果按颗数计算，每颗五角，鱼，如果放一块田的水偷鱼，按亩数计算，一亩一千元，每斤十元计算，照数类推，处理罚的款，除赔偿损失外，其余的都给揭发人及处理人员。

……

5. 翻墙进屋偷盗东西被抓到的，原物退还给损失户，然后按情节轻重罚款五百至一千五百元处理；30% 给损失户，60% 给处理人及揭发人。

如果被处理的偷盗者不服从根据村规民约作出的处罚，黎山坪村在村规民约中还规定："按照当地习俗，群众一起到偷盗者家或违犯者家拉牛，拾猪，挑粮，罚款所得的东西由集体处理。"根据当前法治的要求，此村规民约的规定显然是违反国家法律的，但是此处又强调"按照当地习俗"，即是按照当地处理偷盗的习惯法的要求，蕴涵之意是当地民众长期共同遵守的行为规范。在当前全面依法治国背景下，村规民约、习惯法与国家法的调适是一个值得注意并需要深入分析研究的重大论题。

除了上述在村规民约中单独规定偷盗处理事项之外，其他村规民约大多是在"社会治安"部分或者直接一条或几条规定对偷盗行为的处理。《广西金秀瑶族自治县六巷乡下古陈村村规民约》① 第 11 条："偷猪、鸡、鸭、鹅等禽畜，除退回原物外（吃或卖的按市场价折款），猪罚 30 把禾，其余罚 5 把

① 1982 年 10 月 31 日通过，1982 年 11 月 1 日起生效。

禾。”《广西金秀瑶族自治县金秀镇镇规民约》① 第2条，盗窃家禽、家畜的，“尚不够追究刑事责任的，除退清赃物、赃款外，处以1～5倍的罚款”。《广西金秀瑶族自治县金秀镇社村村规民约》② 第8条：“盗窃耕牛或损害他人耕牛、生猪，除退回原物外，每头另加罚款1000元以上，偷鸡鸭等除退回原物外，每只罚款100元。”《广西金秀瑶族自治县金秀镇金田村村规民约》③ 第5条：“凡是偷窃集体或个人的鸡、鸭、鹅、鱼、猫、狗等禽畜，除赔偿外，另罚款20元。”《广西金秀瑶族自治县长垌乡三角村村规民约》④ 第4条：“凡是盗窃他人鸡、鸭、猪、狗等家禽的，除退回赃物外，另加罚款3倍的处理。”《贵州省台江县排羊乡展里村村规民约》⑤ 第6条：“乱偷别人家猪、牛、鸡、鸭等牲畜的，每人罚款200～1000元，情节严重的移交派出所处理。”

南方少数民族乡村地区在偷盗的处理上还有自己的民族特色或者地方特色。例如，广西金秀瑶族地区，如果抓住偷盗行为人员，除了罚“3个30斤”之外，还要求偷盗人员请全村人吃“石牌饭”或者惩戒餐。《广西金秀瑶族自治县金秀镇三片村村规民约石牌》⑥ 第1条规定：“偷盗财物者，罚30斤

---

① 本规约自金秀镇第三届人民代表大会第一次会议1987年10月23日通过，于1987年11月1日起执行，并报金秀县人大常务委员会备案。

② 1993年4月25日通过，自1993年5月1日起实行。

③ 1984年4月20日通过，自1984年4月25日起生效。

④ 1991年1月10日通过并执行。

⑤ 2000年12月20日通过并施行。

⑥ 1991年1月1日通过并施行。

米、30 斤酒、30 斤肉、30 元钱，失物归原主，全村共吃石牌饭。”《广西金秀瑶族自治县长垌乡桂田大队村规民约》[①] 第 5 条规定：“盗窃财物的，罚三个三：30 斤米、30 斤酒、30 斤肉，用于教育会餐，还要按原价罚款。如 1 元罚 5 元，1 斤罚 5 斤，由大队处理，所得罚款全部归大队所有。请全大队 12 个生产队的调解委员来处理的，所罚得款物，50% 分给委员们作报酬，50% 放大队，还要写检讨书和保证书张贴全大队。”贵州黔东南苗族侗族自治州台江县地区对偷盗者有 3 个 120 斤的处理，附加处理措施是请全村聚餐。《贵州省台江县台盘乡阳芳村村规民约》（2005 年）第 5 条明确规定：“严禁顺手牵羊和一切故意偷盗行为，对偷盗和损害各种财物、林木、农作物，家畜、家禽（鸡、鸭、鱼、鹅、猪、狗、猫、牛、羊等）除按价追究赔偿，或退回原物外，处以责任方 120 斤米、120 斤肉、120 斤酒，请全村聚餐，以示谢罪。另罚款 50 元，交村委，作举报基金。”有的少数民族地方更是规定要罚 3 个 360 斤，如《贵州省施秉县双井镇凉伞村村规民约》[②] 第 1 条直接规定：“凡是偷牛、猪、羊、肉、鸡、鸭、鹅、鱼、瓜果、茄子、包（苞）谷等类东西，罚款：肉 360 斤，酒 360 斤，大米 360 斤，偷稻草每笼罚款 2 元。”并不是所有的少数民族乡村地区的村规民约规定的 3 项都是酒、肉、米，并且数量上也并非都一致的。例如，《广西金秀瑶族自治县金秀镇长

---

① 1982 年 6 月 6 日制定并施行。

② 1995 年 1 月 18 日通过并施行。

滩村村规民约》[①] 第10条即规定：“凡盗窃价值上100元的，每人出猪肉60斤，大米60斤，各种蔬菜100斤，以此招待村上群众会餐，并责成违反者在会上检讨认错。”

二、不得故意损伤集体或者他人所有的驯养动物

偷盗驯养动物是直接侵犯所有权人的完全所有权，在乡村社会中是常见的侵权行为，而一些行为只是对驯养动物造成不同程度的损害，行为人并没有完全占有的目的，在南方少数民族乡村地区主要体现为不得损伤集体或者他人所有的驯养动物。相比较而言，耕牛在农业生产中的地位更为重要，有的村规民约规定村民要爱护耕牛，合理使用。例如，1982年5月21日制定实施的《广西金秀瑶族自治县六巷乡帮家、翁江两村村规民约》第17条：“耕牛是生产队的固定财产，人人要爱护，不准见公牛在一起拦来打架，违者牛打伤的按头每天罚款2元，死的照价赔偿。”1982年11月14日修改的《广西金秀瑶族自治县六巷乡帮家、翁江两村村规民约》[②] 第11条再一次明确规定：“有意逗牛打架者，牛被打伤的，每天罚款2元，直至牛伤好为止。牛被打死的，照价赔偿。”《广西金秀瑶族自治县金秀镇长滩村村规民约》[③] 第8条也规定：“爱护耕牛，使用不当造成损失的，除赔损失外，罚款50～100元。”有的村规民约则要求村民不得打伤他人所有的禽畜，《贵州省

① 1992年5月14日通过并施行。
② 1982年5月21日公布并施行。
③ 1992年5月14日通过并施行。

黔东南苗族侗族自治州剑河县柳川镇巫堆村村规民约》第1条第10款规定："偷打他人的牛、羊、马、猪、鸡、鸭、鹅，罚款10元，造成损失的赔偿损失。"[①]莫金山在广西金秀罗孟屯调查时搜集到一个砍伤耕牛赔偿事例。据莫金山记载，最后的处理结果是砍伤耕牛的人支付2000元，耕牛并归砍伤耕牛之人所有。实际上村规民约的规定是"损害他人耕牛的除退回原物外，每头另加罚款720~1200元"，这就意味着是砍伤耕牛之人以2000元价格将耕牛买下，并没有将耕牛退还给原主人。[②]

各类动物资源与南方少数民族乡村地区村民的日常生活有密切关系，兼具生产与生活双重属性，对动物资源的保护也体现在各村的村规民约之中。南方少数民族乡村地区的动物资源主要分为陆生野生动物资源、水生野生动物资源和驯养动物资源。历史上，南方部分少数民族有捕猎野生动物以维持生计的传统，但是由于过度捕猎、乱砍滥伐、村落范围扩大等原因，动物资源特别是野生动物资源的种类和数量都在下降，并且一些动物资源已经灭绝或者濒临灭绝。关于野生动物资源保护，我国有《野生动物保护法》《渔业法》等专门法律法规予以规制。作为野生动物资源丰富地区，南方少数民族乡村地区也在践行保护野生动物资源的理念。许多村落通过将保护野生动物资源的内容写入村规民约，规范村民个体的行为，并有相应的

① 2005年11月8日通过，自2005年12月1日起施行。

② 参见莫金山编著：《金秀瑶族村规民约》，民族出版社2012年版，第87－88页。

处理措施予以保障，是当前生态文明建设在乡村社会的具体表现。驯养动物资源为村民提供食物来源的同时，也是重要的生产资料和可以出售获得收入的商品。因此，村规民约对驯养动物资源也有相应的保护措施，以维护所有权人的利益。不可否认，前文中述及的南方主要少数民族村规民约虽然在动物资源保护方面有积极作用，但是在罚款数额、处罚方式等方面与法治国家的建设要求存在着诸多冲突，这些都需要在实践中不断修正调整，在保障村民自治的同时，促进国家法治建设。

第五章　通过村规民约保护水资源

水是生命之源，是包括人类在内所有生命生存的重要依赖性资源，也是生物体最重要的组成部分。水资源之于人类及人类社会的重要性，使得对水资源的保护也成为人类社会运行中极为重要的公共事务。老子有云："上善若水。水利万物而不争。"① "水利万物"指的是水的包容性，但人类的所有生产生活行为并非都利于"水"的，水资源的保护和利用一直贯穿着人类社会的发展演变史。南方少数民族乡村地区，大部分地区年降水量比较充足，河流、湖泊、溪塘、沟汊广泛分布，为南方少数民族群众的生存和发展提供了坚实的水资源支撑。但是也要认识到，降水量也有季节和年份的差异，储水量也有地区的差异，南方少数民族乡村地区的水资源保护和利用也是极

① 〔魏〕王弼注：《老子道德经注校释》，楼宇烈校释，中华书局2008年版，第20页。

为重要。

在国家法层面，我国先后制定实施了《中华人民共和国水污染防治法》《中华人民共和国水土保持法》《中华人民共和国水法》等法律法规，对水资源的合理开发、利用、节约和保护进行了比较全面的规制；在习惯法层面，我国不同区域的民众在长期的生产生活过程中形成了包含村规民约在内的行为规范。在南方主要少数民族村规民约中，有的村规民约直接规定了要求村民“积极配合参与水源保护”[①] 的基本原则，而更多的则是在村规民约中规定较为详细具体的内容。通过村规民约保护水资源，主要体现在保护和利用两个主要方面：保护重视的是保持水资源的原生态、提高水质量，水资源污染防治也属于保护的范围；利用重视的是节约水资源、促进可持续。南方少数民族乡村地区的水资源利用主要是农业用水，涉及水利设施兴建、维护和使用等，同时某些地区的自来水管理也属于利用的范畴。总体上看，南方主要少数民族村规民约对水资源的保护是比较全面的，涉及众多领域，也符合当地水资源保护和利用的实际情况。

---

① 《浙江省丽水市云和县雾溪乡坪垟岗村村规民约》第16条。

第一节　南方主要少数民族村规民约与饮用水资源的保护利用

根据水资源分布和储存位置的不同，南方少数民族乡村地区的水资源可以分为水源地水、下游河流水、溪塘水、井水等。一般而言，饮用水的水源地离村庄有一定的距离，主要涉及的是对水源地周围生态环境的保护，表现为对水源林的保护；下游河流水主要作灌溉之用，也是某些下游村落的饮用水来源之一，主要涉及水污染的防治；而水井多位于村落内，受村民的日常行为影响较大，主要涉及合理利用，防止水污染。水资源的利用主要有饮用、灌溉、清洗等方式，总体上看，水源发源地水和井水主要用于饮用，河流水主要用于灌溉或者清洗。作为村民共同遵守的行为规范，南方主要少数民族村规民约具有明确的行为导向功能，本节首先论述村规民约与饮用水资源的保护利用关系。

一、强化对饮用水水源发源地的保护

我国法律法规对饮用水水源发源地采取了较为严格的保护措施。《中华人民共和国水法》第33条规定："国家建立饮用水水源保护区制度。省、自治区、直辖市人民政府应当划定饮用水水源保护区，并采取措施，防止水源枯竭和水体污染，保证城乡居民饮用水安全。”水利部2006年12月30日发布的《关于开展生态清洁型小流域试点工程建设的通知》也规定：“在试点小流域内，制定封山禁牧、封育保护政策和乡规民约，建立水源管理和保护制度，保护林草植被，促进生态自我修复。”生态环境部、农业农村部《关于印发农业农村污染治理攻坚战行动计划的通知》① 中规定：“农村饮用水水源保护区的边界要设立地理界标、警示标志或宣传牌。将饮用水水源保护要求和村民应承担的保护责任纳入村规民约。”水利部、国务院扶贫办、国家卫生健康委2018年7月27日发布并实施的《关于坚决打赢农村饮水安全脱贫攻坚战的通知》，明确要求：“要通过建立村规民约等方式，加强饮用水源保护。”南方少数民族地区在地方立法中也重视村规民约对于饮用水保护的作用。《广西壮族自治区饮用水水源保护条例》② 第7条规定：“村民委员会、居民委员会应当协助人民政府和有关部门依法做好饮用水水源保护工作，结合当地实际，在村规民约或者居民公约中规定村民、居民保护饮用水水源的义务，开展宣传教育，落实保护措施。”第21条又规定：“农村一千人以下五百人以上集中式供水的饮用水水源，由县级人民政府确定保护范围，并设立警示标志；五百人以下集中式供水的饮用水水源，由乡镇人民政府征求所在地村民委员会或者村民小组意见

---

① 生态环境部、农业农村部《关于印发农业农村污染治理攻坚战行动计划的通知》（环土壤〔2018〕143号），2018年11月6日发布并实施。

② 广西壮族自治区第十二届人民代表大会第六次会议于2017年1月18日通过，1月18日公布，自2017年5月1日起施行。

后确定保护范围，并督促和指导将饮用水水源保护纳入村规民约，设立警示标志。村民委员会或者村民小组应当组织村民保护水源。”《酉阳土家族苗族自治县饮用水水源保护条例》[①] 第5条第5款也规定：“村（居）民委员会应当协助做好饮用水水源保护的相关工作，结合当地实际，在村规民约或者居民公约中规定村（居）民保护饮用水水源的义务，开展宣传教育，落实保护措施。”

饮用水水源保护区主要是水源发源地，水源发源地是河流、湖泊的源头区域，是饮用水的最佳取水点，水源发源地水资源的质量直接关系着村民的饮水安全和身体健康。水源地水的储量与农业灌溉也有紧密关系。《贵州省锦屏县大同乡秀洞村村规民约》[②] 第24条规定：“严禁在村饮水源地放养家畜，涮洗有毒物品、脏物等，违者除清洗、消毒干净外，另每次自愿缴纳违约金50元，并接受村内通报批评。”该村规民约的规定表明该村饮用水水源保护区与村庄的距离并不远，因此需要村民采取更为严格全面的保护措施。《贵州省黔南布依族苗族自治州罗甸县红水河镇红河村村规民约》[③] 第6条第8款规定：“在饮用水源保护区内修建危害水质卫生的设施或进行有

---

① 2014年6月18日酉阳土家族苗族自治县第十六届人民代表大会第五次会议通过，2014年8月1日重庆市第四届人民代表大会常务委员会第十二次会议批准，2014年8月1日颁布，自2014年10月1日起施行。

② 2016年4月6日通过并施行。

③ 2014年2月20日通过并执行。转引自娄义鹏：《贵州少数民族地区纠纷解决机制研究——以苗族、侗族、布依族为例》，中央民族大学2016年博士学位论文，第220页。

碍水源水质卫生作业（包括人畜洗浴等）的，收取100元以上200元以下违约金。”一般来说，南方少数民族乡村地区的水源发源地水资源也是下游村庄的饮用或者生产性水源，上下游的村落在水资源利用方面是一个紧密的共同体。因此，村规民约对水源发源地的保护更为严格。例如，广西桂林市恭城瑶族自治县龙虎乡源头村即是位于河流源头的村落，该村整体上都是位于水源地，因此对水源地的保护不仅仅局限于划立水源林这一措施，还包括对所有水体卫生的治理。《源头村“美丽广西·清洁乡村”村规民约》① 第2条规定：“开展饮用水水源地保护建设，清淤治理乡村水井、水塘、小河流、排水沟、下水道，清理水面漂浮垃圾，处理厕所、畜禽场（圈、栏）污水排放。”

南方少数民族乡村地区多山岭森林，河流一般起源于山岭中，因此，各乡村极为重视对水源地的保护，主要是划立水源林或者水源地保护区。在分析村规民约与森林资源保护的关系时，本书已经涉及对水源林的保护，此处只简要述之。水源林具有双重功能，一方面属于森林资源的范畴，另一方面则是水

① 2013年4月19日，广西壮族自治区党委、自治区政府下发《“美丽广西·清洁乡村”活动方案》通知，决定从2013年4月起，用一年多时间在全区开展“美丽广西·清洁乡村”活动，加快推进社会主义新农村建设、生态文明建设和美丽广西建设，确保与全国同步全面建成小康社会，乡村环境面貌发生根本性改变。其中要求“清淤治理乡村水井、水塘、小河流、排水沟、下水道，清理水面漂浮垃圾，处理厕所、畜禽场（圈、栏）污水排放。”参见雷倩倩：《广西“美丽广西·清洁乡村”活动：打造地绿水净乡村》，“广西新闻网·南国早报”，2013年4月22日发布，网址：http：//www.gxnews.com.cn/staticpages/20130422/newgx 51746fee－7417344.shtml，最后访问时间：2019年6月16日。

源的净化系统和储蓄系统。划立水源林的最主要目的就是发挥森林的水土保持功能，保护水源。划立水源林后的保护措施主要是不得开荒，不得乱砍滥伐，否则给予相应的处理。例如，《广西龙胜县龙脊镇龙脊村村规民约》[1] 第 2 条规定："龙脊屋背右凭平安山场、上凭水库倒水、左凭盘古倒水为界作本村水源林保护区，在此范围内的村民的自留山，要积极予以保护，在水源林内不得成片乱砍生柴、林木、开辟新地。成片砍柴、开辟新地教育不听，每分地罚款十五元，其他村民在水源保护区偷砍柴火、林木一次，每次罚款十元，并责令补种幼林。"《广西金秀瑶族自治县大樟乡九贺生产队村规民约》[2] 第 19 条也规定："村对面吃水冲、崩山冲定为我村水源林重点保护区，任何人不得任意乱砍林木，违者砍香信木一根罚款 5 元，砍柴火一根罚款 5 角（其他需用的农具除外）。"

另一方面，由于各地对水源地、水源林保护采取了比较严格的措施，也可能导致盲目追求保护水源林而影响农业生产。为此，有的村规民约也明确规定，划立水源林需要征求各方意见，划定之后其范围不得随意扩大。1952 年 2 月《大瑶山团结公约补充规定》第 2 条是关于山权问题的内容，其中也包含水源地保护的规定，同时也规定不能过度限制开荒，"水源发源地，由政府领导通过各族代表划定水源范围内之林木不应砍伐，以免损坏水源，不利灌溉，除此之外不得乱扩大水源范

① 1985 年 12 月 1 日通过并施行。

② 1984 年 6 月 1 日通过并施行。

围，限制开荒”。[1]

二、规范井水等水资源的使用

南方少数民族乡村地区的水资源分布也极不均衡，并非所有的村落都位于河流湖泊附近，并且河流湖泊水在很多情况下也不能直接作为饮用水，一些村落必须依靠水井、水塘等小型水体获取饮用水。因此，水井在南方少数民族乡村地区饮用水供给方面具有重要地位。同时井水又是一些村民洗菜、洗衣服时需要取用的水，如果使用不当，井水很容易被污染。在长期的历史发展过程中，南方少数民族乡村地区在水井使用方面也形成了许多行为规范，有些内容直接被写入当代的村规民约。

（一）井水分格使用

南方少数民族乡村地区的地下水水位一般较低，井水在很多地区都是自流水或者借助很少的外力就可以实现自流。针对村民对井水的多重需求，南方少数民族很早就懂得将井水分割成几个片格，并限定每一个格中之水的用途。《贵州省施秉县双井镇凉伞村村规民约》[2] 第 10 条：“水井的卫生：上格饮水、中格洗菜（不准洗猪菜）、下两格洗衣服，但在上格不能洗头发、洗澡、洗菜，违者罚 50 元以上。”这种划分符合不同使用需求对水质的要求，饮用水的质量要求最高，洗菜次之，

---

① 转引自莫金山编著：《金秀瑶族村规民约》，民族出版社 2012 年版，第 321 页。

② 1995 年 1 月 18 日公布并执行。

最后是洗衣服等活动。南方少数民族许多乡村地区的井水都有分格使用的规则，这能够较好地保证饮用水安全，同时又能满足洗菜、洗衣服等多元化需求。

（二）强化饮水井周边卫生治理

井水分格使用需要一定的条件，并不是所有的水井都能实现分格使用，有的水井必须用来饮水，不能进行其他活动，此时要求对水井进行严格保护。此外，水井周边的环境卫生与井水的质量密切相关，很多村规民约也要求村民在水井周边一定范围内不得洗菜、洗衣服或者清洗其他脏物。《广西金秀瑶族自治县大樟乡瓮口村村规民约》① 第6条：“严禁在吃水井内洗菜、洗衣裳，违者罚款10元。”虽然并没有直接指明井水也是分格使用，但此处强调保护“吃水井”，说明其功能是唯一的，只能用于获取饮用水。《贵州省凯里市旁海镇屯寨村村规民约》② 在“水利管理”部分也有关于水井保护的规定：“本村所有水井一定保护好，保持水井清洁卫生和冒水正常。不准在水井里洗衣服、洗菜、洗澡、放鱼等和在水井周围修建畜圈、厕所、堆粪等，违者罚款100元，并清理好水井及周围。”

有的村规民约则规定距水井一定范围内不可洗菜、洗衣服，也是为了防止井水被污染，以保证饮用水的安全。《四川

① 1986年6月19日通过并施行。

② 2009年发布，具体日期不详。参见孙韡：《黔东南苗族村寨村规民约研究》，西南交通大学出版社2014年版，第255－257页。

省越西县依洛地坝乡树且村村规民约》[①] 第4条："保持饮水卫生，不准在水井边一米内清洗脏物（衣、裤、蔬菜及其他食物等）、洗澡。违者罚款200元。"《四川省越西县书古乡胜利村村规民约》[②] 第3条："保持饮水卫生，不准在饮水井边1米内洗脏物（衣、裤、蔬菜及其他食物）、洗澡，违者责成洗井外，并罚款200~400元。"《四川省越西县书古乡团结村村规民约》[③] 第3条："保持饮水卫生，不准在饮水井边1米内洗脏物（衣、裤、蔬菜及其他食物）、洗澡，违者责成洗井外，并罚款200~400元。"《广西金秀瑶族自治县六巷乡香桥生产队村规民约》[④] 第13条："维护吃水水井卫生，严禁在水井附近解大小便，不准在水井边洗衣物、米菜等，不得将污水、污物倒进水井，违者每次罚款1元。"《广西金秀瑶族自治县六巷乡上石井生产队村规民约》[⑤] 第14条："维护吃水水井卫生，严禁在水井边洗衣物、米、菜等，严禁将污水、污物倒进水井及水井排水沟内，违者每次罚款1元。"

（三）规范坡水潭等水资源的使用

除了井水之外，南方少数民族乡村地区还存在着坡水潭等其他形式的水体，大部分属于自然聚集或者少许人力辅助即可

① 2017年3月30日公布并施行。
② 2017年3月28日公布并实施。
③ 2017年3月28日公布并实施。
④ 1982年12月21日通过并实施。
⑤ 1982年12月17日通过并施行。

形成的水体，有的可以作饮用水，有的可以作生产用水。作为集体所有和使用的水资源，有的村规民约也规定村民必须规范自己的用水行为，不能污染这些水资源。《贵州省台江县台拱镇大红寨村村规民约处罚条例》① 第4条规定：“在本村的坡水潭敞放鸭、鹅，洗拖把、粪桶先罚50～120元，另指令其将潭清洗并灌水一次。”据此可知，该潭的容量并不十分巨大，却是水汇聚之地，也可以作为村民生活之用，但也需要合理利用，不能造成污染。

三、规范自来水的使用

随着经济社会的发展，南方少数民族乡村社会的水电等基础设施也在不断完善，自来水逐渐普及。但是一些村民可能还保留着之前的用水习惯，或者说还没有形成符合自来水使用的行为规范，存在浪费现象和其他不合理使用行为，为此当代的南方主要少数民族村规民约也注重将自来水使用的规范写入其中。有的村落专门制定关于自来水管理的村规民约。例如，贵州省锦屏县彦洞乡黄门村制定了专门的《黄门村自来水管理制度》。

黄门村自来水管理制度

为了加强本村自来水管理工作，保障生活生产等用水需要，根据《村公共供水管理办法》有关规定，经村委会研究

① 2002年2月1日通过并施行。

决定，特制定如下用水管理制度。

1. 凡在村规划区域内从事村供水工程、施工以及使用村自来水的单位及个人必须遵守本制度。

2. 对村供水源进行严格的保护措施，村委负责对水源监督和定期检查。

3. 新装、改装供水管道的需事前向村委书面申请，经审查批准后，由村负责指导施工，新增户交村委会200元，且农户自筹材料，如需村停水施工，看情况收取工时费用。

4. 村民有维护公共供水设施的义务，发现自来水设施损坏漏水的应及时报告村委，村委接到报告后立即实施检查抢修。

5. 对故意损坏水表使其不能正常计数和损坏村自来水供水设施的视情节轻重在照价赔偿的基础上加罚200~500元的责任金。对举报者经核实后给予一定奖励，并且保护隐私。

6. 没有正当理由和特殊原因，连续两个抄表期不交水费的用户，村两委按有关规定予以停水处理。

7. 村内管道包括水源至水池各支管道及用户以及维修的由集体负责，户内管道由受益户负责维修。

8. 故意破坏自家水表和另接支管的用户，一经发现予以罚款100元以上处理，不整改的（一个星期），予以停水处理。

9. 村成立自来水管理小组，由村委会成员组成。

本制度自公布之日起执行。

黄门村两委（村民委章）

2017年3月1日

有的村规民约则是有自来水使用管理这一部分。例如，《贵州省施秉县白洗乡黎山坪村村规民约》[1] 中即有“自来水公约”这一专门规定。

1. 自来水是我们每个人、畜卫生和健康的保证，如管理不好是一个很大的危害，请每个公民都得遵守，如果谁要乱打乱□[2]水管罚款50元，责令违犯者把自来水管修理好。乱放乱塞自来水管的水罚款30元。

2. 洗菜要在菜池内洗，洗衣要在洗衣池内洗，如违者罚款5元，并且要违者把水池洗干净。

3. 自来水管要爱护、保护好，各组必须找一个人管理，水大小由各组的管理人员来确定，任何人不能因任何理由去破坏。以上罚的款，各组保留作建水池或水管其他事故用。

可以看出，该自来水公约针对的是全村共有共用的自来水，并非各自家庭中都安装的自来水，强调的是公共生活秩序的维护。其中也提及“菜池”和“洗衣池”之分，说明该村也是在引入自来水的基础上，区分饮用、洗菜、洗衣服等不同的功能，在防止污染水资源的基础上充分利用。

在自来水已经进入每户的乡村地区，村规民约的内容要更为丰富。南方少数民族乡村地区的自来水大部分属于村落内部自建、自用，并不属于城市自来水网络，因此需要乡村社会自

① 1999年5月1日通过并施行。

② □表示无法识别字词，下同。

已通过制定村规民约等行为规范来实现有效管理。贵州省凯里市万潮镇万潮村大山林桂花组是一个村民小组，针对该村的自来水使用，该村民小组讨论制定了专门的《万潮村大山林桂花村民组饮水公约》。

万潮村大山林桂花村民组饮水公约

水是关系每个人日常生活的必需，为了使饮水户保持正常饮上清洁的水，经听取大部分饮水户的建议和要求，特制定如下公约，望广大饮水户共同维护遵守执行。

一、按时按月交纳水费（每个月交纳 2 元，全年 24 元），拒不交水费的户，将停止该户的饮水（供应）。

二、不允许任何人任意去打开水池上的盖板和水池铁门，乱去开关水管扎线，一经发现或其他人举报，给予当事人罚款 1000～1500 元。（奖励举报人百分之七十的奖励金）

三、大、小老鸦山两根主水管，人人有责保护，不允许任何人任意去搬动和损坏，违者一经发现或其他人举报，给予当事人罚款 2000～3000 元。（奖励举报人百分之七十的奖励金）

四、除了两根主水管由管水员负责维修外，其分水管、进户的小水管、自家的水龙头破裂，周围的用水户和个人用水户自行设法维修。

五、管水员要积极主动负责管理两根主水、分水管通水，保证水池有水，除遇到旱象天缺水外一般要保障正常用水。

六、违反上述规定，被罚款的户，户户上前处理，不去的饮水户，将停止该户的用水。

注：此公约经二〇〇八年七月六日晚集体讨论通过，并印发每户一份。

大山林桂花村村民饮水管理小组

二〇〇八年七月八日

有的村规民约则是侧重于保护自来水管道设施，要求村民按时缴纳水费。《广西金秀瑶族自治县金田镇双永村村规民约》① 第10条："破坏水、电，造成损失者，按价赔偿并罚款5倍。"《浙江省桐庐县莪山畲族乡中门民族村村规民约》② 第40条："自来水管道设施，水表外由村委统一管理，水表内（含水表）由户主管理。水表外管道，村民不得擅自私接。损坏自来水设施的，按实际产生费用赔偿。"《浙江省桐庐县莪山畲族乡沈冠村村规民约》③ 第16条："自来水管道设施，水表外由村委统一管理，水表内（含水表）由户主管理。水表外管道，村民不得擅自私接。水费收缴时间每年二次（6月、12月），不及时交纳水费户，村管理人员有权停止供水。损坏自来水设施的，按实际产生费用赔偿。"《四川省越西县大屯乡大兴村村规民约》④ 第18条："如发现偷水的，罚款100～200元。"第19条："不经过管理人员和村上私自开口接水的，

① 1999年6月21日通过并施行。

② 2018年10月25日通过并施行。

③ 2018年10月25日通过并施行。

④ 2017年3月30日通过并施行。

罚款 300 元。”

第二节　南方主要少数民族村规民约与农业水资源的保护利用

农业水资源主要是河流、湖泊，在一些地方也包括收集雨水、地下水而成的水库、塘坝、围垸等水体，它们是农业生产用水的主要保障。根据《中华人民共和国水法》第 3 条：“水资源属于国家所有。水资源的所有权由国务院代表国家行使。农村集体经济组织的水塘和由农村集体经济组织修建管理的水库中的水，归各该农村集体经济组织使用。”有的村规民约即将这一法律规定写入，《四川省越西县大瑞乡大古村村规民约》① 第三章第 1 条：“我村所储水源都属于集体所有。村民有保护水源储存、灌溉农田的责任，任何个人不准擅自乱开、闸水。”农业水资源的集体使用，要求村集体必须规范和监督所有村民的灌溉行为，南方主要少数民族村规民约即是这样一种比较有效的社会规范。

一、保护河流等灌溉用水来源

在南方少数民族许多乡村地区，河流、湖泊是主要的灌溉

① 2017 年 3 月 28 日通过并施行。

用水来源，这些水体的质量与灌溉的效果有直接关联。如果村民用被污染过的水灌溉，不仅不会增产，反而会造成减产甚至绝产。关于灌溉用水来源的保护，前文在水生野生动物资源保护部分，已经有部分论述，此处重点关注作为整体的河流、湖泊等水体的保护。地方性法规规章中也倡导乡村社会利用村规民约保护河流河道。云南省文山州为了加强河道管理，保障防洪安全，维护河道生态环境，发挥河道综合功能，专门制定了《文山壮族苗族自治州河道管理条例》①。其中，第 7 条第 3 款明确规定："村（居）民委员会可以制定河道管理村规民约或者居民公约，协助做好河道的清淤保洁。"湖北省长阳土家族自治县也专门制定了《长阳土家族自治县河流保护条例》，②第 8 条规定："村民委员会应当将河流保护纳入村规民约内容，引导村民合理利用水资源，保护和改善水生态、水环境；协助县、乡镇人民政府加强河流保护与管理；加强对辖区内村民进行法制宣传等河流保护相关工作。"

村规民约中与保护灌溉用水来源相关的内容主要有两方面：禁止污染和禁止违法违规捕捞。在预防水污染方面，各村

① 2016 年 8 月 24 日文山壮族苗族自治州第十三届人民代表大会常务委员会第三十二次会议通过，2016 年 9 月 29 日云南省第十二届人民代表大会常务委员会第二十九次会议批准。2016 年 9 月 29 日公布，自 2016 年 12 月 1 日起施行。

② 2015 年 6 月 8 日长阳土家族自治县第八届人民代表大会第五次会议通过，2015 年 9 月 23 日湖北省第十二届人民代表大会常务委员会第十七次会议批准，根据 2019 年 1 月 24 日长阳土家族自治县第九届人民代表大会第五次会议通过，2019 年 3 月 29 日湖南省第十三届人民代表大会常务委员会第八次会议批准的《长阳土家族自治县人民代表大会关于修改部分单行条例涉及生态文明建设和环境保护规定的决定》修正，2019 年 4 月 23 日颁布并施行。

规民约一般是规定不得向河流、湖泊等水体中扔垃圾，不得直接将污水排放。2017 年 8 月《贵州省锦屏县茅坪镇茅坪村卫生管理公约》第 10 条："保护母亲河，全力打造'山青、水清、人更亲'的茅坪古镇。禁止向河道、溪流、水沟水渠、消防池、水池水塘丢弃死亡家禽动物尸体、尿不湿等；禁止将污水、粪水直接排入水域；严禁在镇河滨路护坡、下河步梯处堆放杂物、木材等。违者，一经发现，处以 200 元违约金，同时责令清除。"

关于禁止违法违规捕猎水生动物，主要表现为违法违规捕鱼、石蛙等动物。《浙江省丽水市云和县雾溪乡坪垟岗村村规民约》① 第 23 条："增强水源保护意识，严禁在村域范围内各河道以任何形式抓石蛙等野生动物行为，对于村外人员从事以上活动的要坚决予以制止，不听劝阻的要依法上报相关部门，所造成的环境和经济损失，依据国家相关法律法规进行惩处和制裁。"《广西金秀瑶族自治县忠良乡乡规民约》② 第 5 条："保护水产资源，严禁污染河水，特别是不准用农药毒鱼、炸鱼，不准电鱼，违者除按《治安管理处罚条例》处理外，乡政府处理的按情节轻重罚款 1 ~5 倍。"

河流一般是流经多个村庄，这就要求沿河村庄对自己管辖

---

① 具体通过和施行日期不详。该村规民约第 2 条有"坚持法治、德治、自治相结合"的表述，这一表述最早出现在 2017 年 6 月 12 日《中共中央、国务院关于加强和完善城乡社区治理的意见》中，党的十九大提出坚持自治、法治、德治相结合，因此据推测，该村规民约应是 2017 年后通过并施行。

② 1984 年 10 月 9 日由忠良乡第五届人民代表大会第一次会议通过并执行。

范围内的河道进行专门保护，这也体现了村规民约中。例如，《广西金秀瑶族自治县罗香乡罗运村村规民约》① 第2条是关于罗运村所管辖河道的保护规定。

为了保护水产资源，保障人民的生命安全，防止环境污染，特划定本村的河流管辖范围：大河上由罚丹口下游的伯公潭口直至下游的马鞍分界潭；白牛河、鸡冲河、六俄河、立冲河、滑坪河及本村委内所有的小河、小冲均属本村所管。为保护本管辖区的水产资源及防止环境污染，特作如下规定：

(1) 凡属用农药及其他毒品在本范围内毒鱼的，除没收所得的水产品外，每次罚款200元，拒不交款者加倍罚款，情节严重的，提交政法部门追查刑事责任。

(2) 凡在本范围炸鱼的，按每炸一炮罚款50元（处理），拒不交款者，加倍罚款。

(3) 凡是发现毒鱼、炸鱼的，检举者按所罚款奖给50%，包庇者按作案者处理，其余款均按本约第一条中的规定处理。

从具体内容上看，上述村规民约也是关于严禁毒鱼、炸鱼的惩处。鱼类等水生动物保护与水资源保护是双向关系，鱼类种群的数量是水体质量的反映，水体质量好则反过来有利于鱼类等水生动物的生长。

① 1985年8月11日通过并生效。

二、保护水利设施

水利设施主要是根据土地和水资源分布、对水资源的有效利用而建的。新中国成立后，我国农村地区动员群众兴建水利设施，促进农业生产。在兴建水利设施的同时，各地乡村也制定了相应的使用规范。当前，一些水利设施仍然正常发挥作用，但也需要做好日常维护工作，也需要进行相应的规范。南方主要少数民族村规民约在继承传统水利灌溉管理规范的同时，注重增加符合现实社会需要的新内容。

其一，村民有积极参与水利设施维护的义务。《广西金秀瑶族自治县长垌乡道江生产队公约》① 第6条：“水田定产到各组后，如洪水冲崩河堤，无论是哪个组的田边，均由生产队按比例抽调各组长劳力进行修理。”《广西金秀瑶族自治县长垌乡平道村村规民约》② 第10条：“从本约制度制定之日起，每个劳动力每年要参加修水利、修路、架桥等其他公益活动的义务劳动15天，误一天者，每一天工按6元计罚款交给集体。”《广西金秀瑶族自治县六巷乡上石井生产队村规民约》③ 第13条：“维护集体水利设施，按水管所要求完成水利维修任务，拒不完成任务影响放水者，每个工罚款5元。”《广西壮族自治区东兴市江平镇万尾村村规民约》第3条规定：“各农户必须保持农田排灌圳渠畅通。凡不按时清理自己（田四周）

---

① 1981年1月13日全体社员讨论通过实行。

② 1991年5月1日公布并执行。

③ 1982年12月17日通过并施行。

圳渠而影响他人排灌的，由村委会追究其责任并让其做出经济补偿。屡次拖拉或不完成的，村委会责令生产队收回其农田，由生产队另行发包。”① 该村规民约中出现“收回其农田”的内容，实际上这是违反《农村土地承包法》等法律法规的，应当加以修改。

其二，严厉惩处村民破坏水利设施的行为。《贵州省凯里市旁海镇屯寨村村规民约》② 有专门“水利管理”一部分，其中第1条规定：“本村所有引水沟、管要保持畅通，不准乱开乱挖乱堵，违者罚款100元。”《浙江省丽水遂昌县三仁畲族乡坑口村村规民约》在“公共设施保护制度”部分，规定“不得破坏及占用水利设施，如渠道、堰坝、水库等”。③《广西金秀瑶族自治县长垌乡长垌、古方两村村规民约》④ 第5条：“凡是破坏水利设施、通讯、广播设施，浪费水源，造成一定的经济损失，不够追究刑事责任的，除赔偿经济损失外，另罚款30～200元。”《四川省越西县五里箐乡普提村村规民约》⑤ 第5条：“保护和爱护水利设施，未经允许不得在大沟

---

① 该村属于京族村寨，1999年9月20日公布并实施。李军明：《京族经济发展与文化变迁》，华中科技大学出版社2017年版，第120页。

② 2009年8月公布并生效。参见娄义鹏：《贵州少数民族地区纠纷解决机制研究——以苗族、侗族、布依族为例》，中央民族大学2016年博士学位论文，第187页。

③ 《浙江省丽水遂昌县三仁畲族乡坑口村村规民约》第6条第1款：“不得破坏及占用水利设施，如渠道、堰坝、水库等，不得私自在自来水主管上接自来水。”

④ 1994年3月6日通过并施行。

⑤ 2017年3月28日通过并施行。

任何地方开水口和破水混，违反者除责令其修复外，还要受到一定的经济处罚，严重者送有关部门处理。”《广西壮族自治区凌云县逻楼镇山逻村民委员会村规民约》[①] 第9条：“禁止在水利渠道边缘3~10米内开荒、垦荒，如需要开发者，应经村民委员会干部、组干研究同意后方可开发，如违反者造成水土流失，影响农田灌溉的，要责令其本人清通并加以罚款，按每平方米2元计算，付清全部整修费。偷砍水源林，违者按每砍一株罚款10~30元。”《广西金秀瑶族自治县六巷乡毫冲新旧队村规民约》[②] 在“农业”部分，“不准撬别人的田水、水沟，共用沟者，不准只顾自己不顾别人故意撬别人田水、水沟，一次罚款5元（见者与集体各半）”。《广西金秀瑶族自治县六巷乡坪冲一队村规民约》[③] 第17条：“不准乱踩他人的田水门，封他人的水沟，造成田旱的要赔偿损失，违者罚款10元。”《广西壮族自治区东兴市江平镇万尾村村规民约》[④] 第2条规定：“不准破坏水利设施（含排灌大圳、涵洞、水闸、海堤等），违者除赔偿损失外，并处以10~200元罚款。”

其三，不得私自改变灌溉渠道。《广西金秀瑶族自治县长垌乡平道村村规民约》[⑤] 第1条：“分下的责任田，用水应按原来水利灌溉，任何人不得随意堵渠道，改变渠道走向，违者

① 2002年12月20日公布并执行。

② 1982年10月13日通过并施行。

③ 1982年11月15日社员大会通过并施行。

④ 该村属于京族村寨，1999年9月20日公布并实施。李军明：《京族经济发展与文化变迁》，华中科技大学出版社2017年版，第120页。

⑤ 1991年5月1日通过并施行。

所造成的庄稼损失，由当事人负完全责任。小型水电站用水，必须要在保证灌溉农田的前提下才能发电，并做到水归田。”《广西金秀瑶族自治县六巷乡上古陈村村规民约》① 第10条：“各家各户的责任田、开荒田，要按原水源要水，不准在他人水渠内挖新渠、架新水笕，违者每处罚款20元。”

三、规范灌溉秩序

南方少数民族乡村地区的灌溉不是某一个个体的行为，而是直接涉及整个村集体的整体利益，因此需要对灌溉秩序进行规范。

其一，村集体统一管理灌溉事务，不得乱挖渠道放水。《贵州省凯里市旁海镇屯寨村村规民约》② 在“水利管理”部分的第2条规定：“田间灌溉用水由村统一管理，使用水时先向村请示，由村统一安排。不准乱用盗用，违者罚款200元。”《广西金秀瑶族自治县长垌乡青山、同王两村村规民约》③ 第15条：“严禁乱挖渠道取水及乱放水冲他人的田，违者除恢复原状赔偿损失外，处罚90斤。”“90斤”指的是米、酒、肉的总和，即米30斤、酒30斤、肉30斤，所处罚的米、酒、肉数目相等，并全部用于村民教育会餐。

其二，全体村民必须遵循分水管理制度，不得有抢水争水

---

① 1991年1月29日通过并施行。

② 2009年发布，具体日期不详。参见孙韡：《黔东南苗族村寨村规民约研究》，西南交通大学出版社2014年版，第255－257页。

③ 2004年5月1日通过并施行。

行为，否则给予相应的处理措施。南方少数民族乡村地区多以水稻种植为主，这就涉及用水分水问题，村民之间必须严格按照一定的规范执行，否则很容易引发矛盾纠纷，村规民约即是这样一种比较有效的行为规范。为此，南方主要少数民族村规民约中对此也有相关规制。例如，《广西三江侗族自治县独侗乡岜团村村规民约》[①] 在“农业方面”第 1 条规定：“社员灌溉用水按各屯、各条水利规定的分水管理制度执行，如若出现堵塞他人水利者，第一次罚款 10 元、第二次罚款 20 元、第三次罚款 50 元。”《广西金秀瑶族自治县长垌乡古占村村规民约》[②] 第 6 条也规定：“维修好各责任所管的水利，不准抢水，已经民主商定垫好的水口（指水沟的分水口和冲沟的分水口）和田口不准乱撬，如乱撬造成他人水田受旱的，按受旱损失罚款（或者赔偿）。”《广西金秀瑶族自治县金田镇金田村村规民约》[③] 第 17 条：“礼貌用水，不准争水闹架。①三月耙田后，各户的水田应以原生产队的开水口为准，不得乱开新水口，如急需用水，用后必须保持上面田的原有水平。②插田后的本田须经三天的时间以后方能放水过田。以免造成肥土流失。”《广西金秀瑶族自治县田村村规民约》[④] 第 2 条：“礼貌用水，不准争水闹架。①三月耙田以后，各户的水田应按原生产队的开水口为准，不得乱开新的水口。如急需用水，用后必须保持

---

① 2005 年 10 月 1 日通过并施行。

② 1991 年 4 月 15 日通过并施行。

③ 1984 年 4 月 20 日公布，1984 年 4 月 25 日起生效。

④ 1984 年 1 月 1 日公布并生效。

上面田的原有水平。②插田后的本田须经三天时间以后方能放水经过，以免造成肥土流失。”《贵州省台江县老屯乡皆薅羊村村规民约》[①] 第17条也规定：“属引水养田的要按原来集体的引水方法放水养田，如果上流的田主不给下流的田主放水养田，要让出排水沟，便于引水养田。否则强制两块田交换。”该村规民约的这种处理措施能够有效预防上流田主违反分水灌溉制度。

其三，灌溉不当造成他人损失要赔偿。《广西金秀瑶族自治县大樟乡中南生产队村规民约》[②] 第14条：“凡在田面上种地，水土流失进田，冲地者负责清除流失泥土，损坏作物照赔。”这里规定如果灌溉不当，水土流入他人田地，那么冲地者要承担相应的责任，要求冲地者注意灌溉，运用合理灌溉方式，不得侵犯他人的合法利益。

在南方少数民族地区生态环境保护习惯法中，水资源保护不是独立的，与土地资源保护、植物资源保护、动物资源保护等都有着密切关系。在整个自然资源生态系统中，水资源处于基础性地位，这种重要性既反映在我国的法律法规注重保护水资源，也反映在南方少数民族乡村地区的民众通过制定和实施村规民约来具体进行水资源保护的实践。通过村规民约保护水资源，主要是明确保护和利用的相关规范，辅之以相应的惩罚

① 2008年2月公布并生效。参见娄义鹏：《贵州少数民族地区纠纷解决机制研究——以苗族、侗族、布依族为例》，中央民族大学2016年博士学位论文，第190页。

② 1982年10月13日晚通过并施行。

性措施，以引导和规范村民的水资源利用行为。南方主要少数民族村规民约在水资源的保护和利用方面，一般是规定保护好各种水源，在利用时也不能造成污染、存在浪费现象。水资源的保护和利用是一个整体，保护的目的是促进可持续利用，合法合理有效的利用又是一种保护。

第六章 通过村规民约保护矿产资源

矿产资源指经过地质成矿作用而形成的、埋藏于地下或出露于地表，并具有开发利用价值的矿物或有用元素的集合体。《中华人民共和国矿产资源法实施细则》第 2 条对矿产资源的定义是“由地质作用形成的，具有利用价值的，呈固态、液态、气态的自然资源”。但是，矿产资源又是非可再生能源，其储存量是有限的，这就需要在保护和利用之间实现平衡，促进矿产资源的可持续利用。与其他自然资源不同，矿产资源属于国家所有，其开发和利用由国家统一规划和实施，矿产资源的保护也主要由国家法律法规来保护。

我国南方地区的矿产资源以有色金属矿产资源为主，广泛分布于云南、江西、贵州等地，其中有一些矿产资源集中分布于南方少数民族乡村地区。在南方少数民族乡村地区，我国既重视运用国家法律法规保护矿产资源，也重视通过村规民约等社会规范来引导村民参与保护矿产资源。总体上来说，南方主要少数民族村规民约关于矿产资源保护的内容并不是非常多，这是由于矿产资源的分布不均和法律性质决定的，并不是所有的南方少数民族乡村地区都有经济价值高的矿产资源，乡村社会经常使用的是房屋建造、道路修筑等相关的沙石。而且，矿产资源属于国家所有的这一法律性质又决定了国家在矿产资源开采和利用中是主导者，村集体或者村民在此方面并不能参与其中。

一、国家鼓励乡村社会通过村规民约保护矿产资源

《中华人民共和国矿产资源法》（以下简称《矿产资源法》）第3条规定："矿产资源属于国家所有，由国务院行使国家对矿产资源的所有权。地表或者地下的矿产资源的国家所有权，不因其所依附的土地的所有权或者使用权的不同而改变。国家保障矿产资源的合理开发利用。禁止任何组织或者个人用任何手段侵占或者破坏矿产资源。"该法律规定明确了矿产资源的国有属性，任何组织或者个人都不得侵占或者破坏矿产资源。同时，矿产资源保护是需要全体国民共同参与的活动，仅有国家机关参与是无法实现全面保护的。表面上看，矿产资源主要属于国家治理事务，与普通村民并无直接关系，但某些矿产资源分布在乡村附近，根据这种情况，村民参与保护是必然要求。例如，河南省鹤壁市淇滨区发布的《严厉打击非法开采矿产资源行为专项行动实施方案》（2018年12月11日）积极发挥村级党组织、村委会作用，将打击非法开采保护生态环境纳入村规民约，成立村级打击非煤矿山非法开采巡

查队，全天候开展打击非法开采巡查监管工作。

从制定根据上看，当代的“村规民约作为乡土社会约定俗成的行为规范，得到了国家法的确认。法律法规成为制定村规民约的根据”①。村规民约“是国家法律法规在最基层的具体体现，是对国家法律法规在基层贯彻落实的有益补充”②，因此在矿产资源保护方面，国家也鼓励乡村社会通过村规民约保护矿产资源。例如，南方少数民族乡村地区的村规民约一般都包含要求村民遵纪守法的规定，要求村民不得偷盗国家财产的规定，这些在矿产资源保护方面都是适用的。《贵州省台江县排羊乡展里村村规民约》③“社会治安”第1条：“每个村民都要学法、知法、守法，自觉维护法律尊严，积极同一切违法犯罪行为做斗争。”全面依法治国，要求包含南方少数民族乡村地区村民在内的全体国民都要遵守国家法律法规，增强法治意识，注意运用法律手段维护自己的合法权益，敢于同违法犯罪行为做斗争。

二、严禁偷盗、偷采矿产资源

矿产资源属于国家所有，其他组织和个人只有开采权等使用权。《矿产资源法》第35条规定：“国家对集体矿山企业和

---

① 池建华：《从村规民约看乡土社会规范的多元性》，载《学术交流》2017年第5期，第119页。

② 张爱珍：《发挥村规民约作用 助推基层党风廉政建设》，“中共云南省纪律检查委员会、云南省监察委员会”官方网站。网址：http://www.jjjc.yn.gov.cn/index.php/info-45-32854.html，最后访问时间：2019年6月16日。

③ 2008年1月1日通过并施行。

个体采矿实行积极扶持、合理规划、正确引导、加强管理的方针，鼓励集体矿山企业开采国家指定范围内的矿产资源，允许个人采挖零星分散资源和只能用作普通建筑材料的砂、石、黏土以及为生活自用采挖少量矿产。”因此，总体上看，村集体或者个人能够开采利用的矿产资源是有限的，主要以沙石为主，南方少数民族乡村地区的村规民约多数也是针对这些矿产资源进行相关规制。

其一，矿产资源开发由村集体统一管理。大多数村规民约规定沙石等矿产资源的开发必须由村委会统一规划和安排，与村委会签订合同，以保障村集体的利益。《四川省汶川县龙溪乡俄布村村规民约》① 第6条规定：“人人爱护村上的公物，保护村上的环境和资源，资源的开发利用必须由村委会统一规划安排，不准私自开发资源，违者收取二百元至三百元的损失补偿费，严重者按有关法律条款追究刑事责任。”《贵州省从江县贯洞镇腊水村村规民约》中也规定：“凡是开采石场的，必须通过村民委批准，办好手续后才能允许开采，违者罚款500元，炸倒、毁坏的树木由村处理，并按树的大小罚款每棵50元以上。”②《贵州省施秉县双井镇双井村村规民约》③ 第4条：“非煤矿、砂石开采，必须与村民委员会签订合同，无合同开采者，村委会有权没收开采工具，并罚款500～1000元。”

---

① 1991年10月28日通过并施行。

② 丁焱：《新型村规民约对民族习惯法的继承和发展——以黔东南州苗族侗族村规民约为例》，广西师范大学2012年硕士学位论文，第34页。

③ 2005年3月10日通过并施行。

1998 年 12 月 28 日通过、自 1999 年 1 月 1 日起开始实行的《贵州省锦屏县茅坪镇上寨村村规民约》第 11 条也规定，对外村人进入本村探采矿石的，“除没收工具和所得财物外，并处十至五百元罚款”。早在 1991 年 1 月 1 日，茅坪镇上寨村就在村规民约第 17 条规定：“严禁外村人非法进入我村境内开采沙（疑应为“砂”）石，如发现后，以盗窃我村财产处理，每方砂石按当时市价罚款二至四倍。”第 18 条接着规定：“本村人不准巧立名目勾结外村人砍柴卖、烧炭卖、开采砂石；凡是外村人进入我村砍柴卖、烧炭卖、采砂石和（做）其他有经济收入的活动，都要与我村订立经济合同或按货论价交款后方可进行，否则，没收一切开采运输工具。”有的村规民约根据当地乡村治理传统，要求“凡需要开采集体山石，必须向本屯老人协会申报，经会员讨论同意交清款项后方可开采。违者以盗窃处理，并罚款 2000～5000 元”。①

其二，规范矿产资源开采行为，不得损害国家、集体或者个人的利益。在具体的矿产资源开采利用过程中，开采者和使用者必须遵循操作规程，在规定地点进行，集体矿企或者个人在使用过程中也不得有损害国家、集体或者其他个人的合法利益的行为。《广西金秀瑶族自治县岭尾村村规民约》② 规定：

---

① 这是广西壮族自治区三江侗族自治县平江村村民小组制定的村规民约，请参见杨和能：《侗族村规民约在社会治理中的社会价值研究——以广西三江侗族自治县平江村民小组村规民约为例》，载《广西社会主义学院学报》2017 年第 3 期，第 72 页。

② 1982 年 11 月 20 日通过并施行。

“不准破坏生产，不得擅自放牧家禽家畜、毒杀家禽家畜，损坏水利设施、开石放炮，不得阻塞和污染水源，”① 这里要求开石放炮不得阻塞和污染水源。

其三，村规民约一般会统一规定严禁私采盗挖。有的村规民约要求在特定区域不得开采，例如，《贵州省施秉县双井镇双井村村规民约》② 第3条规定：“对村头寨尾严禁挖沙（砂）取石……违者罚款100～500元。”有的村规民约则是统一规定村内不得私采盗挖。《浙江省桐庐县莪山畲族乡沈冠村村规民约》③ 第11条：“严禁私采盗挖砂石、非法盗采矿产资源。”《浙江省桐庐县莪山畲族乡中门民族村村规民约》④ 第35条规定：“严禁私采盗挖砂石、非法盗采矿产资源。”《广西壮族自治区东兴市江平镇万尾村村规民约》⑤ 第7条规定：“严禁在未搞好护岛工程、影响护岛、湖林工程的地方取砂、挖土或淘矿，违者处以30～200元罚款。”《贵州省黔南布依族苗族自治州罗甸县红水河镇红河村村规民约》第6条第9款规定：“未经有关部门和村委会许可，任何单位和个人不得在本村辖区办私自采砂、采石、采矿，违者收取1000元以上3000元以

① 薛新新：《论广西瑶族村规民约——以金秀、恭城瑶族自治县为例》，广西师范大学2014年硕士学位论文，第37页。

② 2005年3月10日通过并施行。

③ 2018年10月25日通过并施行。

④ 2018年10月25日通过并施行。

⑤ 该村属于京族村寨，1999年9月20日公布并实施。李军明：《京族经济发展与文化变迁》，华中科技大学出版社2017年版，第120页。

下违约金，并制止其行为，停止作业。”①

在矿产资源保护方面，南方少数民族乡村地区的村规民约能够发挥实际作用。在一篇题为《村规民约记心中，我们在行动》的报道中，云南省维西傈僳族自治县攀天阁乡新华村将私采盗挖矿产资源的行为写入村规民约，并向村民广泛宣传，取得了较好的社会效果。

为切实落实好“三村七进一行动”中平安村的相关建设要求，2017 年 6 月 10 日上午乡党委副书记张雪刚以及乡派出所和新华村三委利用耶起哭教堂礼拜时机，针对耶起哭部分群众到白济矿山盗矿的行为，在耶起哭教堂宣传村规民约及相关法律常识。

会上派出所所长周绍云结合相关法律用通俗易懂的语言进行了盗窃罪相关法律条例的宣讲：包括盗窃罪的构成要件、量刑标准、立案标准。给在场的所有人员上了一堂深刻的法律知识课。

新华村主任陈坤用傈僳语讲述了我村的概况和存在的一些问题，他指出新华村矿产资源丰富，特别是耶起哭、格坡洛一带，地势险要、存在较大的安全隐患。近年来由于矿洞大量的开采，加上植被稀少，在雨季就会出现滑坡、泥石流等自然灾害，导致了部分农民产业损失大，收入少。陈主任在讲这些存

① 2014 年 2 月 20 日通过并执行。转引自娄义鹏：《贵州少数民族地区纠纷解决机制研究——以苗族、侗族、布依族为例》，中央民族大学 2016 年博士学位论文，第 220 页。

在问题的时候，也深刻检讨了自己："由于自己工作的不足导致了有些问题的出现，但对于格坡洛一带的情况，我们一直站在老百姓的立场努力着"，多么朴素的一句话牵动了在场所有人的心。但就目前情况来看，不至于去偷盗，因为政府一直关心着格坡洛的情况和人民，一直在为人民寻找生计和出路。出现这样的情况第一大原因就是意识不到位，还有就是矿山管理问题。最后陈主任再次宣传了我村的村规民约，特别是盗窃矿产的处罚规定。规定指出如果盗窃，出了问题，当事人自己负责、村委会口头警告且写保证书、处罚金3000元整。再次犯案者：在五年之内不得享有任何国家惠农政策，并且处罚金1万元整。这个规定的落幕，保障了人民的生命安全，也对我村的管理起了关键性的作用。村规民约的规定和执行做到了辩证地看待问题，能具体问题具体分析，为以后的工作打下了基础，不成规矩、难以成方圆。村规民约的执行在百姓心中树立了公信力，同时也得到了政府的高度重视。村规民约，要落实处，这已经成为我村的座右铭。为此，我们要更加增强"四个意识"，勇于担当，在推动好地方经济发展同时，也要保护好地方人民群众的生命安全。①

根据该新闻报道，《云南省维西傈僳族自治县攀天阁乡新

① 著者不详，《村规民约记心中，我们在行动》，参见云南省政府信息公开门户网站迪庆州维西县攀天阁乡网页，网址：http：//xxgk. yn. gov. cn/Z_ M_ 011/Info_ Detail. aspx? DocumentKeyID = 0D6C2C4D3A1E40419690539CA59061B6，最后访问时间：2019 年 6 月 16 日。

华村村规民约》有关矿产资源保护的规定内容大致是：严禁盗窃矿产资源，如有违反，村委会给予口头警告并要求写下保证书，处罚金3000元；再次犯案者，在五年之内不得享有任何国家惠农政策，并处罚金1万元整。该事例是通过村规民约保护矿产资源的鲜明体现，有处罚措施予以保障，矿产资源的经济价值高，用途广泛，但是又是非可再生的，因此需要加强保护，合理开发利用，确保可持续。矿产资源属于国家所有，由国家统一规划安排开发利用，并由《矿产资源法》等法律法规予以保障。而村集体能够使用的矿产资源是有限的，但并不意味着村集体或者村民没有保护矿产资源的责任。南方少数民族乡村地区在不同区域分布着矿产资源，村集体或者村民有义务保护这些国有财产。对于村集体可以开采利用的矿产资源，村集体或者村民也应当坚持保护和利用相结合。无论是矿产资源的保护还是利用，都需要遵守一定的社会规范，国家法律法规、村规民约都可以发挥其各自的积极作用。南方少数民族村规民约主要关注两个方面：一是保护矿产资源，严禁偷盗偷挖；二是规范利用由村集体管理使用的矿产资源，在开采过程中不得破坏乡村环境。在具体实践中，通过制定和实施村规民约，南方少数民族乡村地区在矿产资源保护方面取得了一定的成效，也需要在实践中不断予以完善。

第七章 通过村规民约推进乡村环境卫生整治

我国宪法法律有关于乡村生态环境保护和乡村环境卫生整治的明确规制。《中华人民共和国宪法》第 26 条规定："国家保护和改善生活环境和生态环境，防治污染和其他公害。国家组织和鼓励植树造林，保护林木。""生活环境"和"生态环境"都属于"环境"的范畴，《中华人民共和国环境保护法》对"环境"的定义为："影响人类生存和发展的各种天然的和经过人工改造的自然因素的总体，包括大气、水、海洋、土地、矿藏、森林、草原、湿地、野生生物、自然遗迹、人文遗迹、自然保护区、风景名胜区、城市和乡村等。"从概念的内涵和外延上来看，"生活环境"侧重于人类社会生活所处的周边环境，与人类的社会生活联系密切；"生态环境""环境"的范围要更广泛一些，可以涵盖"生活环境"。本章主要探讨乡村环境卫生整治，与"生活环境"的关系更为紧密，宏观意义上的"生态环境"也可以包括"生活环境"。我国 2018

年国务院部委体制改革中，重新整合组建了自然资源部与生态环境部，自然资源部的功能更聚焦于对自然资源的产权界定、确权、分配、流转、保值与增值，而生态环境部更侧重于污染防治、生态保护、核与辐射安全。具体到乡村生态环境，污染防治、生态保护是主要方面，与当前我国正在推进的乡村环境卫生整治工作存在重合之处，因此从狭义上看，乡村生态环境保护与乡村环境卫生整治所包含的内容是基本一致的。

在当前推进农村人居环境整治工作，建设生态宜居、美丽乡村的社会背景下，南方主要少数民族村规民约是推进乡村环境卫生整治的有效社会规范。本章主要分析南方主要少数民族村规民约推进乡村环境卫生整治工作的形式、内容与作用机制。本章首先分析南方主要少数民族村规民约与生态宜居的关系，生态宜居是实施乡村振兴战略的总要求之一，二者存在着密切关系。然后，从村容村貌提升整治、公共环境卫生整治、家庭环境卫生整治三个主要方面，具体论析南方主要少数民族村规民约与乡村环境卫生整治的关系。

第一节　南方主要少数民族村规民约与生态宜居

党的十八大作出“大力推进生态文明建设”的战略部署，并第一次明确“美丽中国”是生态文明建设的总目标。党的十八大以来，党中央把生态文明建设作为统筹推进“五位一体”总体布局和协调推进“四个全面”战略布局的重要内容。党的十九大更是历史性地将“美丽”二字直接写入社会主义现代化强国目标，提出“坚持人与自然和谐共生”的基本方略，要求“加快生态文明体制改革，建设美丽中国”。生态文明建设在乡村社会主要体现为生态环境保护和卫生整治，这是实现乡村振兴战略中“生态宜居”总要求的应有之义。作为适用于乡村社会的行为规范形式，南方主要少数民族村规民约的制定和有效实施不仅有助于促进治理有效，也有利于建设生态宜居的美丽乡村。在乡村环境卫生整治领域，也体现了治理有效是基础，生态宜居建设需要建立在治理有效的基础之上，否则不能动员全体村民积极参与到乡村环境卫生整治工作之中。村民是美丽乡村建设的最终决定性力量，生态宜居也不能成为简单的、表面的“形象工程”。

一、通过村规民约推进乡村环境卫生整治的必要性

2017 年 10 月，党的十九大确定在中国特色社会主义进入新时代的社会和历史背景下，实施乡村振兴战略，并提出“产业兴旺、生态宜居、乡风文明、治理有效、生活富裕”这五项总要求。2018 年 1 月 2 日，中共中央、国务院印发的 2018 年中央一号文件《关于实施乡村振兴战略的意见》，再次明确指出，“乡村振兴，生态宜居是关键。良好的生态环境是农村最大优势和宝贵财富。必须尊重自然、顺应自然、保护自然，推动乡村自然资本加快增值，实现百姓富、生态美的统一”。文件同时强调：“乡村振兴，治理有效是基础。必须把

夯实基层基础作为固本之策，建立健全党委领导、政府负责、社会协同、公众参与、法治保障的现代乡村社会治理体制，坚持自治、法治、德治相结合，确保乡村社会充满活力、和谐有序。”2018 年 2 月，中共中央办公厅、国务院办公厅印发《农村人居环境整治三年行动方案》，对未来三年农村人居环境整治提出了具体要求。2018 年 9 月 26 日，中共中央、国务院印发《乡村振兴战略规划（2018—2022)》，再次明确以建设美丽宜居村庄为导向，以农村垃圾、污水治理和村容村貌提升为主攻方向，开展农村人居环境整治行动，全面提升农村人居环境质量。按照中央关于实施乡村振兴战略的部署安排，到 2020 年，农村人居环境明显改善，美丽宜居乡村建设扎实推进；到 2035 年，农村生态环境根本好转，美丽宜居乡村基本实现；到 2050 年，乡村全面振兴，农业强、农村美、农民富全面实现。2019 年 1 月 3 日，中共中央、国务院在 2019 年中央一号文件《关于坚持农业农村优先发展做好“三农”工作的若干意见》，再一次强调要“扎实推进乡村建设，加快补齐农村人居环境和公共服务短板”，并在“抓好农村人居环境整治三年行动”“加强农村污染治理和生态环境保护”等方面提出了具体的要求。此后，2019 年 3 月 6 日，中共中央办公厅、国务院办公厅转发了《中央农办、农业农村部、国家发展改革委关于深入学习浙江“千村示范、万村整治”工程经验扎实推进农村人居环境整治工作的报告》，对新时期农村人居环境整治工作再一次提出了明确要求，乡村生态环境的重要性日益凸显。生态文明建设的地位愈加凸显，具体到乡村生态环境保护方面，主要体现为推进农村人居环境整治，建设生态宜居的美丽乡村。2020 年 1 月 2 日，中共中央、国务院在 2020 年中央一号文件《关于抓好“三农”领域重点工作确保如期实现全面小康的意见》中，明确要求“扎实搞好农村人居环境整治”，“治理农村生态环境突出问题”。2020 年 3 月 3 日，中共中央办公厅、国务院办公厅印发《关于构建现代环境治理体系的指导意见》，提出“构建党委领导、政府主导、企业主体、社会组织和公众共同参与的现代环境治理体系”，对乡村环境卫生整治也提出了更高的要求。作为乡村社会村民共同遵循的行为规范，村规民约对于动员和强化公众共同参与具有重要意义。2020 年 4 月 29 日，第十三届全国人民代表大会常务委员会第十七次会议对《中华人民共和国固体废物污染环境防治法》进行了第二次修订，第 46 条规定：“地方各级人民政府应当加强农村生活垃圾污染环境的防治，保护和改善农村人居环境。国家鼓励农村生活垃圾源头减量。城乡接合部、人口密集的农村地区和其他有条件的地方，应当建立城乡一体的生活垃圾管理系统；其他农村地区应当积极探索生活垃圾管理模式，因地制宜，就近就地利用或者妥善处理生活垃圾。”这对农村环境卫生整治提出了针对性要求。2021 年 1 月 4 日，中共中央、国务院在 2021 年中央一号文件《关于全面推进乡村振兴加快农业农村现代化的意见》中，将“乡村生态环境得到明显改善”作为 2025 年农业农村现代化重要进展的重要内容，提出了“大力实施乡村建设行动”的重要行动布局，并开始实施农村人居环境整治提升五年行动。2021 年 4 月 26

日，农业农村部发布《关于全面推进农业农村法治建设的意见》，其中也指出要发挥村规民约的规范指导作用，深入推进乡村依法治理。2021 年 4 月 29 日，第十三届全国人民代表大会常务委员会第二十八次会议通过了《中华人民共和国乡村振兴促进法》，这是乡村振兴领域的基本法律，对生态保护也进行了专门规制。第 34 条指出要“加强乡村生态保护和环境治理，绿化美化乡村环境，建设美丽乡村”。2021 年 10 月 21 日，中共中央办公厅、国务院办公厅印发了《关于推动城乡建设绿色发展的意见》，再次明确“打造绿色生态宜居的美丽乡村”。2021 年 12 月 5 日，中共中央办公厅、国务院办公厅印发《农村人居环境整治提升五年行动方案（2021—2025 年）》（以下简称《方案》），指出“到 2025 年，农村人居环境显著改善，生态宜居美丽乡村建设取得新进步”。在“充分发挥农民主体作用”方面，该《方案》明确提出要“完善村规民约”，“鼓励将村庄环境卫生等要求纳入村规民约，对破坏人居环境行为加强批评教育和约束管理，引导农民自我管理、自我教育、自我服务、自我监督。倡导各地制定公共场所文明公约、社区噪声控制规约。深入开展美丽庭院评选、环境卫生红黑榜、积分兑换等活动，提高村民维护村庄环境卫生的主人翁意识”。

长期以来，南方少数民族乡村地区为了改善乡村生态环境，注重发挥村规民约这一社会规范的积极作用。土地资源、森林资源、水资源等自然资源的保护本身就是改善乡村生态环境的重要领域，前文已经对村规民约与自然资源保护的关系进行了初步论述。在 2018 年中央一号文件中，统筹山水林田湖草系统治理也是生态宜居建设的重要方面。自然资源保护和生态环境保护的侧重点有所不同，自然资源保护强调的是保护和利用自然资源的可持续的经济价值，生态环境保护强调的是保护和改善人的生存环境，更多的是人的日常生活环境问题，追求的是人类社会本身的可持续发展。此处重点论述村规民约与乡村环境卫生整治的关系。此处所讲的乡村环境或者说乡村生活环境指的是“以农村居民为中心的乡村范围内各种天然的和经过改造的自然因素的总和”①，它是乡村居民生存、生活和发展的基础性条件。村规民约是适用于乡村社会范围内的行为规范，同时有宪法法律作为制定根据，是村民进行自我管理、自我服务、自我教育、自我监督的行为规范，是引导基层群众践行社会主义核心价值观的有效途径，是健全和创新党组织领导下自治、法治、德治相结合的现代基层社会治理机制的重要形式。

总体而言，乡村环境卫生整治主要属于村民自治内部事务，因此主要依靠村民自己的力量，村规民约在乡村环境卫生整治中的积极作用在我国法律法规体系中也有体现。在法律行政法规部门规章等中央规范性文件中，就有许多规范性文件倡

① 陈寒非、高其才：《乡规民约在乡村治理中的积极作用实证研究》，载《清华法学》2018 年第 1 期，第 71 页。

导鼓励乡村社会制定村规民约保护乡村环境卫生。① 例如，原国家环境保护总局（现生态环境部）2006 年 12 月 5 日印发和实施《国家级生态村创建标准（试行）》，其中在四项“基本条件”方面，第 4 项即是：“有村规民约和环保宣传设施，倡导生态文明。”原农业部（现农业和农村部）2007 年 5 月 30 日发布和实施《乡村清洁工程项目资金管理暂行办法》，要求“项目实施村应制定村规民约，规范农民日常生活、生产行为，推行垃圾定点存放，鼓励有机肥还田，合理施用化肥、农药，从源头防治农村环境污染”。国务院 2014 年 12 月 23 日发布的《关于进一步加强新时期爱国卫生工作的意见》（国发〔2014〕66 号），也要求各地乡村“制订或修订村规民约，落实清扫保洁制度，组织开展义务劳动，清理乱堆乱放，拆除违法建筑，疏浚坑塘河道，营造清洁有序、健康宜居的生产生活环境”。在民政部、中央组织部、中央政法委、中央文明办、司法部、农业农村部、全国妇联 2018 年 12 月 4 日发布的《关于做好村规民约和居民公约工作的指导意见》中，也将“维护生活秩序，注意公共卫生，搞好绿化美化”作为村规民约维护公共秩序的重要内容。

在地方性法规规章中，也有许多规范性文件倡导乡村社会

① 此处的中央规范性文件还包括中共中央单独发布或者和国务院共同发布的规范性文件，还包括最高人民法院、最高人民检察院发布的规范性文件。高其才教授对这些中央规范性文件进行了梳理，其中关于农村环境卫生方面的就有许多，具体内容请参见：高其才：《村规民约在乡村治理中的作用——从法律行政法规部门规章等中央规范性文件角度的考察》，载《暨南学报（哲学社会科学版）》2017 年第 9 期，第 8 页。

制定村规民约，进行乡村环境卫生整治。[①] 例如，《山西省环境保护条例》[②] 第四章“生活环境保护”第54条即规定：“乡（镇）人民政府应当指导村民委员会制定村规民约，规范保洁行为，建立日常卫生保洁制度。”《云浮市农村生活垃圾管理条例》[③] 第11条也规定：“村民委员会应当召集村民会议或者村民代表会议制定村环境卫生管理的村规民约，组织落实农村公共场所的保洁制度。村规民约可以对环境卫生清扫区域、作业标准、作业规范和农村生活垃圾处理费标准及其筹集方式等内容作出规定。”第12条第3款规定：“村道等农村公共场所按照村规民约的规定进行清扫和保洁。”《金华市水环境保护条例》[④] 第8条第3款也规定：“村（居）民委员会可以依法

---

① 高其才教授对这些地方法规规章进行了梳理，其中关于农村环境卫生方面的就有许多，具体内容请参见：高其才：《通过村规民约的乡村治理——从地方法规规章角度的考察》，载《政法论丛》2016年第2期，第17－18页。

② 1996年1月19日山西省第八届人民代表大会常务委员会第二十次会议通过，1997年7月30日山西省第八届人民代表大会常务委员会第二十九次会议《关于修改〈山西省环境保护条例〉的决定》修正，2016年12月8日山西省第十二届人民代表大会常务委员会第三十二次会议修订。

③ 2016年11月3日云浮市第五届人民代表大会常务委员会第四十五次会议通过，2016年12月1日广东省第十二届人民代表大会常务委员会第二十九次会议批准，自2017年3月1日起施行。

④ 2016年10月25日经金华市第六届人民代表大会常务委员会第四十二次会议通过，2016年12月1日经浙江省第十二届人民代表大会常务委员会第三十五次会议批准，根据2019年8月16日金华市第七届人民代表大会常务委员会第二十二次会议通过的《金华市人民代表大会常务委员会关于修改〈金华市水环境保护条例〉的决定》和2019年9月27日浙江省人民代表大会常务委员会关于批准《金华市人民代表大会常务委员会关于修改〈金华市水环境保护条例〉的决定》的决定修正。2019年10月15日公布并施行。

组织制定村规民约、居民公约，明确有关垃圾收集、水面保洁、环境绿化、民主监督等权利义务以及奖惩机制，引导村（居）民参与水环境保护活动。”

具体到南方少数民族地方立法，许多少数民族地区也注意到村规民约在乡村环境卫生整治工作中的积极作用，通过地方立法倡导乡村社会在村规民约中纳入乡村环境卫生整治的相关内容。《甘孜藏族自治州实施〈四川省城乡环境综合治理条例〉的补充规定》[①] 第6条第3款规定：“村（居）民委员会应当将维护辖区容貌秩序、环境卫生、设施建设等内容纳入村规民约。”《芷江侗族自治县城乡环境综合治理条例》[②] 第27条第4款也规定：“村民委员会（社区居民委员会）应当制定维护本区域容貌和环境卫生的村规民约，对容貌维护、建设和垃圾的收集、清运、处理以及污水的排放、处置等作出约定。”广西壮族自治区为了持续改善乡村人居环境，统筹城乡发展，促进人与自然协调发展，推进生态文明建设，于2016年专门制定了《广西壮族自治区乡村清洁条例》[③]。其中第13条明确规定：“村民委员会根据本村实际情况组织制定和完善

① 2016年1月15日甘孜藏族自治州第十一届人民代表大会第五次会议通过 2016年9月28日四川省第十二届人民代表大会常务委员会第二十八次会议批准。2016年9月28日颁布，2016年11月1日起施行。

② 2015年1月13日经芷江侗族自治县第七届人民代表大会第三次会议审议通过，并于2015年3月31日经湖南省第十二届人民代表大会常务委员会第十五次会议审查批准，2015年5月4日颁布，自2015年7月1日起施行。

③ 广西壮族自治区第十二届人民代表大会第五次会议于2016年1月29日通过，2016年1月29日颁布，自2016年7月1日起施行。

乡村清洁村规民约，将下列事项纳入村规民约的内容：（一）保洁员的雇用、保洁费的筹集和使用；（二）村民清扫打理自家庭院、房前屋后卫生的行为规范；（三）生产、生活废弃物的处理规范；（四）维护乡村公共环境卫生的行为规范；（五）爱护乡村清洁设施的行为规范；（六）违反乡村清洁村规民约的处理措施。”第14条接着规定：“村民委员会、村民小组应当建立日常卫生保洁制度，按照谁受益谁付费的原则和村规民约向有关单位和个人收取保洁费。经村民会议或者村民代表会议讨论决定，村民委员会、村民小组可以从村集体经济所得收益中提取一定比例用于本村屯日常卫生保洁。”实际上，广西壮族自治区自2013年4月到2014年12月就在全区开展“美丽广西·清洁乡村”活动，该条例是对这一活动各种措施的法律化、规范化。

乡村生态环境区分为家庭环境卫生和公共环境卫生两方面，公共环境卫生属于公共事务，是所有村民共同的生活环境，自然需要所有村民共同参与。而关于家庭环境卫生，表面上看，家庭环境卫生属于私人事务，本应当由村民自己决定，与其他人无关，如果他人随意干涉，也可能会侵犯村民的利益。但是村民是相关共同体的一员，本身就不是完全独立于乡村共同体之外的，村民是村中之民，在世代延续和交往中形成了村庄这个兼具物质与精神双重内核的共同体。从而，家庭环境卫生也属于乡村生态环境的一部分，需要纳入乡村这个共同体。从家庭环境卫生与乡村公共卫生的关系上看，家庭生活垃圾、污水排放等都与乡村公共卫生紧密相关。某些村民随意丢弃生活垃圾，随意排放生活污水，私搭乱建生产生活设施，这些都对乡村公共卫生、乡村生态环境造成严重威胁。因此，通过村规民约保护乡村生态环境是极为必要的，村民个体的每一个破坏乡村生态环境的行为都是影响整个乡村生态环境的行为。

二、推进乡村环境卫生整治村规民约的主要内容

作为一种具有历史传承性的社会规范，自然资源保护和利用方面一直是村规民约的重点内容，中华人民共和国成立后的南方少数民族乡村地区的村规民约也基本上包含这一方面的内容。但是，在乡村环境卫生整治、公共卫生方面，南方少数民族乡村地区的村规民约经历了一个由少到多的发展演变过程。

在党的十八大召开之前，各地的村规民约虽然有村庄环境卫生的内容，但总体上相关内容并不多，一般是原则性、概括性规定。这一时期，“卫生”或者“公共卫生”是关键词。例如，《广西金秀瑶族自治县金秀镇坤林村村规民约》第10条：“讲究卫生，家中和巷路都要搞好卫生，如妨害公共卫生，影响村容者，轻者教育，重者罚款10~20元。”《广西金秀瑶族自治县金秀镇罗孟大队各生产队村规民约》[1] 第11条：“各队各户开展搞好环境卫生活动，要求各队大搞一次卫生活动，各户要求一个星期搞一次环境卫生活动。”《广西金秀瑶族自治县金秀镇六段大队村规民约》[2] 第10条：“队队都要讲究卫生

① 1982年5月16日通过并施行。

② 1984年5月21日通过并施行。

和进行‘五讲四美’活动，人人都要讲文明，讲礼貌，如妨碍公共卫生，影响村容乡貌者，轻的教育，重的每次罚款 10 元。”《广西巴马瑶族自治县巴马镇法福村村规民约》① 第 14 条：“搞好公共卫生，不随地倒垃圾，修房盖屋余下垃圾及时清理，柴草粪土按指定地点堆放。”有的地区也制定和实施了乡村卫生公约。例如：

卫生公约一：

《广西金秀瑶族自治县金秀镇长二村民委卫生公约》

（2007 年 3 月 24 日）

为了搞好我村卫生清洁工程，推进创建平安和谐的农村新面貌，提高我村精神文明建设，经村党员、村民代表大会讨论通过，制定本条约，希望全体村民共同遵守。

1. 倡导、关爱清洁，人人有责，由村小组组织领导，党员、团员、村民代表共同抓此项工作，营造一个全民讲卫生清洁的风气。

2. 以各自门前为各户卫生责任区，要求各户（将垃圾）放垃圾桶，清扫后的生活垃圾倒入垃圾桶，由专人负责运到指定地点，各户的建筑垃圾必须自行清理到垃圾池。

3. 各户必须严管自己的家畜，不准流放。如发现马、牛在巷上拉屎的，责令饲养主自行清理，提倡不要养狗。

① 2005 年 6 月 17 日通过并施行。

4. 各户必须把自家门前的柴火杂物堆放好，力求整洁美观，不挡巷道。

5. 每户每月缴纳2元清理垃圾费（也可由各屯自行规定）。

6. 坚持每天一小扫，十天一大扫的工作制度进行清洁卫生，保证村屯长期卫生整洁。

长二村村民委员会

村规民约执约队员名单：

队长：陶永生　　　　　副队长：陶永荣　莫一波

成员：陶伟通　陶　明　陶永洪　陶干荣　莫运才

莫仕忠

卫生公约二：

启蒙集镇边沙文明卫生秩序公约

（征求意见稿）

第一章　总则

第一条　为建设百姓富生态美的启蒙边沙小集镇，依据《中华人民共和国村民委员会组织法》的规定，结合本村实际，制定本公约。

第二条　全体居民应遵守国家有关涉及环境卫生保护的法律、法规和边沙村“两委”制定的规定、通告、通知。

第三条　爱护集镇边沙，建立清新舒适新环境，是每位居民义不容辞的职责和光荣的义务。全体居民应人人参与边沙“赶集日”大扫除日活动，提倡以讲卫生为光荣，不讲卫生为可耻的文明卫生新风尚。

第四条　充分发挥集镇边沙党员、村（组）干、志愿者模范带头作用，实行“党员亮明身份清洁一条街”“十户一体”“生日放鱼”工作机制，推动人居社会环境的有效改善。

第五条　本公约适用于启蒙镇政府所在地边沙集镇的机关单位、学校、商铺、村“两委”、保洁员、干部、农户、居民、租户、过往人员。

第二章　公共卫生秩序管理及违约处罚

第六条　遇红、白喜事，提倡节俭，食品卫生，燃放安全。不准将残叶剩饭倾倒房前屋后阳沟、阴沟。实行“谁家办事，就定在谁家门口”燃放烟花制度，劝导宾客文明节约，形成燃放后自清扫的良好习惯。不允许在公共街道燃放烟花爆竹。违者，处罚办事户主即打扫清理干净外，另处罚 100～500 元违约金。

第七条　边沙是启蒙镇政治、经济、文化、商业活动中心。鸡、鸭、鹅、狗必须实行圈养，不准在边沙人户居住半径 100 米内公共街道、私人空置基地、公共背街小巷、过道、房前屋后及水沟、阳沟、河道、溪流、水塘、坝区散养饲养。违者，除应当对无业主管理的进行捕杀外，还另进行对主人处以 100～500 元违约金。

第八条　公路两侧的商铺、摊位实行卫生、容貌、秩序“三包”制度，不得在店外存放任何商品、废品、腐锈烂物品，不得向街道延伸临时构建塑料的雨篷、布篷，不超标线、不临街占道，不霸道经营。违者，除强制拆除外，还另进行对主人处以100~300元违约金。

第九条　爱护镇容寨貌。不乱搭乱建有损于形象的建筑；不乱贴野广告；不往店外、街道泼洒生活污水；不向公路、学校、停车场、凉亭楼阁、露天空置地等公共场所抛撒垃圾，不随意倾倒建筑垃圾。违者，一经发现或被查处公诸众，并罚款100~300元，同时责令清除。

第十条　保护母亲河，敬畏母亲河，全力打造“水清、流畅、岸绿、景美”的边沙水域，实行“生日放鱼”制度，优化水质，佑我儿孙。严禁向河道、溪流、水沟水渠、消防池、水池、水塘丢弃病猪死猫、尿不湿等等垃圾；禁止将污水、粪水直接排入水域；严禁任何单位或个人到辖区水域非法电鱼、毒鱼，不得网鱼、笼鱼、围鱼和用其他专用工具捕鱼。违者，一经发现或查处，一律处罚500~5000元。提供举报人员信息真实的给予奖励处罚所得50%。

第十一条　临街施工需要堆放建筑材料务必向村民委申请，保证不占公路路面三分之一，并做到堆放整齐、围栏遮护，周边清洁，确保一周内使用完毕。违者，当无人管理（时）强行清障铲除，同时还要处罚污染公路环境（者）200~500元。

第十二条　过往车辆不得将车上垃圾乱掷乱倒在辖区内公路的可视范围内；进入辖区内的车辆停靠必须服从治安联防队划定的范围、指定的地点和规定的时间进行管理，并做到车辆行驶停放文明、有序、整齐、守时、整洁。违者，由联防队采取相应处置措施，并处罚违约金30~100元；若强行拖走的还要承担拖运费200元。

第三章　各居民户卫生秩序管理及违约处罚

第十三条　各户住房（含厨房、谷仓、厕所、猪牛圈、鸡舍、空置地基）的责任区域、门前两侧四周的墙根小路至排水沟，是住房的环境卫生保洁范围，人居环境必须进一步改善，庭院必须美化，房前屋后栽花种草。

第十四条　房屋建设必须符合美丽乡村布局，各农户新建房设计上落实厨卧分离、厕圈分离、人畜分离等要求，旧房改造必须实行“三改”即改厨、改厕、改圈，化粪池建设必须符合“三间”式要求，必须将生活用水/粪水沉清后方能排入河道。违者，除责令整改外，另行处罚200～1000元。

第十五条　“星期一”为各户及单位的卫生日。做到所属地面无暴露垃圾、木渣、木棒、纸草、烟头、果皮果壳、废包装袋、积水、粪便等，做到柴草不乱码、粪土不乱堆、垃圾不乱倒、污水不乱泼、畜禽不乱跑、衣被不乱晒、杂物不乱放、车辆不乱停、摊点不乱设、房屋不乱建等。违者，每次除责令整改外，处罚违约金20～100元。

第十六条　住户室内实行每周一大扫，每天一小扫，做到屋内无灰尘、无污水、无臭味，确保干净整洁、物件摆放整齐有序。违者，经两次教育不整改的，通报批评并照相公开曝光，仍不整改的挂黄牌“最差卫生户”，并处罚违约金100～200元，由村聘请人员一次性清除。

第四章　环境保洁制约责任

第十七条　树立良好的爱洁爱卫良好形象，积极参与环境卫生事业，维护并尊重辛勤劳动的成果，敢与爱卫保洁不良行为作斗争，检举揭发、制止、监督不洁行为。

第十八条　各居民户、单位、商户（摊位户）所产生可燃垃圾一律实行“打包”袋装，于上午6：30~9：00（启蒙赶集日为下午16：30~18：30）在指定的地点将垃圾投放到垃圾箱内。其他建筑材料、大宗垃圾必须服从村民委的安排自行处理。对不按时间和地点投放的，一律曝光并处罚100~300元，同时责令其蹲街巡守察，直至下一人违反接替为止。

第十九条　环卫保洁人员每天实行“清早一大扫，大扫过后时时保”；清运人员每天按时按点投放、收回垃圾箱，有序、规范、诚信运作。违者，每次处罚20~60元，并责令整改。

第二十条　村“两委”授权治安联防队对本辖区交通的管理和疏导；治安的防范和处理；环境卫生的教育、指导、监督、收费、处罚等工作。村“两委”要积极主动协调、对接镇人民政府和上级有关部门，全力改善、完善边沙集镇基础设施，辖区各居民户、单位、商户（摊位户）必须密切配合、支持。治安联防队队员不作为、慢作为、乱作为的，将及时进行调整。村“两委”成员对所负责的路段以及抓环境卫生整治工作不力导致边沙村集镇环境卫生恶化并产生负面影响的应当引咎辞职。

第五章　经费来源管理及保障

第二十一条　按照“垃圾社会化，垃圾商品化”“谁产生垃圾、谁负责清理”和“谁污染，谁治理”的原则，环境保洁工作经费实行政府多挤一点、机关单位出一点、居民商户共同担一点的方式进行。

第二十二条　保洁卫生费收取：机关单位住户职工、边沙居民、农户、租房户——每月每户5元；赶集日按摊位出清理垃圾费每次2～20元；餐饮店每月15元；夜市摊位每月15元；商铺门面每月每户收10元；超市门面2间以下的每月20元，3间以上的超市每月30元；电子加工企业和其他经营性生产企业每月30元；学校、幼儿园按在册人员每人每月0.3元计算收取；医院按每月100元收取。违约金处罚所得列为卫生费管理使用范畴。

第二十三条　保洁经费使用实行一季度一公开制，接受社会监督。

第六章　附则

第二十四条　本公约向社会广泛征求意见，经村民代表及村民小组长会议通过后，双方签订合约即生效实施。若条款增加或变动，需经村民代表及村民小组长会议讨论通过。

第二十五条　本公约由边沙村村民委员会负责解释。

本公约于2017年8月1日开始实行。

自党的十八大以后，特别是自提出实施乡村振兴战略以来，除了继续强调“公共卫生”之外，村规民约中关于生态环境保护、生态宜居、环境卫生治理的内容越来越多。2016年5月25日通过、2016年6月1日起实施的《广西金秀瑶族自治县金秀镇六拉村奋战屯村规民约》中主要是以“公共卫生”为主，“村风民俗及邻里关系”第2条规定“积极开展文明卫生村屯建设，搞好公共卫生，加强村容村貌整治，严禁随地乱倒乱堆垃圾、秽物，修盖房屋余下的垃圾碎片应及时清理，柴草、粪土应定点堆放，不得妨碍车辆和行人的正常通行。违反者，由当事人负责清理；当事人不按规定、期限及时清理的，由全屯群众代为清理，费用由当事人承担，工钱按200元/天/人进行计算。如有村屯群众碍于亲朋戚友情面不参加的，则需向村屯集体倒付工钱，倒付工钱亦按200元/天/人进行计算”。该条主要涉及的是垃圾废物的处置，从处罚方式看，其罚款数额较大，并且需要支付全屯其他群众的劳动费用，这种处罚方式的强制力较强。

当前，“生态宜居”的内容开始直接出现在村规民约中。例如，2018年10月通过并实施的《浙江省桐庐县莪山畲族乡龙峰民族村村规民约》直接对标乡村振兴战略的总要求，分“生态宜居”“产业兴旺”“乡风文明”“治理有效”四个方面。其中将“生态宜居”放在首位，其内容是：

清洁家园　美丽庭院　从我做起
建房审批　建筑垃圾　按规执行
生活污水　统一纳管　有序排放
生活垃圾　要做分类　定时投放
家禽家畜　实行圈养　整洁村庄

2018年10月25日通过并实施的《浙江省桐庐县莪山畲族乡尧山村村规民约》则是分为“生态宜居”“产业兴旺”“乡风文明”“治理有效”“生活富裕”“相关奖惩规定”“村级运维管理”七个方面，“生态宜居”也是被放在首位。其内容如下：

积极开展文明卫生村建设，搞好公共卫生，加强村容村貌整治，严禁随地乱倒乱堆垃圾、秽物，修房盖屋余下的垃圾碎片应及时清理，柴草、粪土应定点堆放；积极配合做好垃圾分类工作，生活垃圾需进行“一分二无”，定点定时投放。

自觉遵守“五水共治”有关规定，做好污水处理工作，树立水域环境安全意识，不得将生活垃圾、污水等排入池塘、小溪、河道等水域。

村民饲养家畜家禽实行圈养，不得乱搭乱建饲养棚舍，定时清理畜禽粪便，对死禽死畜要进行深埋或送集中处理点处理。

村民自觉服从殡葬管理政策。骨灰统一安放在村公墓山（前山湾里），套墓由村统一定制，从上到下、从左到右依次排放，本村户籍人口收费5000元/穴；祖籍在尧山村人员收费7000元/穴。

尧山村制定的村规民约内容丰富，涵盖垃圾处理、水污染防治、禽畜饲养、殡葬管理等方面，不是局限于公共卫生领域，符合生态文明建设背景下乡村生态环境保护的新要求。

乡村生态环境保护涉及生活垃圾治理、生活污水治理、村庄规划建设等众多领域，因此有的村规民约首先从总体上要求所有村民参与支持乡村各项生态环境保护工作。例如，《浙江省莲都区老竹畲族镇新陶村村规民约》① 第7条：“人人爱护

① 2018年10月1日通过并施行。

生态环境。积极配合参与‘五水共治’‘三改一拆’‘六边三化三美’‘洁净村居’‘垃圾分类’相关工作。”《浙江省莲都区老竹畲族镇沙溪村村规民约》[①] 第7条：“人人爱护生态环境。积极配合参与‘五水共治’‘三改一拆’‘六边三化三美’‘洁净村居’‘垃圾分类’相关工作。”《浙江省莲都区老竹畲族镇后坑村村规民约》[②] 第7条：“人人爱护生态环境。积极配合参与‘五水共治’‘三改一拆’‘六边三化三美’‘洁净村居’‘垃圾分类’相关工作。”

无论是公共环境卫生治理，还是家庭内部环境卫生治理，生态宜居的美丽乡村建设需要每一位村民的参与。而村民的个体参与行为需要协调和规范，村民个体利益与村庄集体利益也要结合起来，作为“民约”和“村规”，村规民约就是这样一种比较有效的行为规范。针对乡村生态环境保护的实际情况，南方主要少数民族村规民约主要在村容村貌提升、农村垃圾治理、农村污水治理等方面能够发挥积极作用。

第二节　南方主要少数民族村规民约与村容村貌提升整治

村容村貌提升整治是当前农村人居环境整治工作的重点之

① 2018年10月1日通过并施行。
② 2018年9月29日通过并施行。

一，也是之前农村社会建设的重要内容，直接影响整个乡村的景观塑造和生态环境保护。村容村貌提升整治是综合性、系统性地处理整个乡村规划和建设事务，涉及每一幢房屋、每一棵树、每一处景观，因此是乡村生态环境保护的基础性工作。当代南方主要少数民族一般会在村规民约中规定关于村庄规划建设内容，打造整体乡村田园风光。

一、生产生活设施建设服从村庄规划

做好村庄规划是从整体上维护良好的乡村生态环境，乡村中的各种生产生活设施为村民提供安居的生活环境、乐业的生产环境。但是如果村庄没有整体规划，由村民自己任意选择修建房屋等生产生活设施，其后果是造成乡村建筑的无序存在，消防安全、防洪等工作都会存在巨大隐患。历史上的村规民约大多数没有关于村庄规划的相关内容，但是村民在建造房屋、建造公共设施时都会遵循一定的规范，保证村庄有良好的整体面貌。村庄规划编制要始终坚持人与环境的和谐，贯穿生态理念，体现文化内涵，反映区域特色，并与土地利用总体规划、基本农田保护规划、城镇体系规划以及交通、水利等规划相衔接。村庄规划的生活、生产区布局合理，体现乡村特点，做到实用性与前瞻性相统一。国务院办公厅发布的《国务院办公厅关于改善农村人居环境的指导意见》[①]（国办发〔2014〕25号）规定："规划成果要通俗易懂，主要项目要达到可实施的

---

① 国务院办公厅2014年5月16日发布并实施。

深度，相关要求可纳入村规民约。”住房和城乡建设部、文化部（现文化和旅游部）、国家文物局、财政部 2014 年 4 月 25 日发布和实施《关于切实加强中国传统村落保护的指导意见》，其中规定：“村集体要根据保护发展规划，将保护要求纳入村规民约，发挥村民民主参与、民主决策、民主管理、民主监督的主体作用。”原国土资源部（现自然资源部）2017 年 2 月 3 日发布并实施的《关于有序开展村土地利用规划编制工作的指导意见》（国土资规〔2017〕2 号）（现已失效）规定：“村土地利用规划一经公告，应当作为土地利用的村规民约严格执行。”2019 年《自然资源部办公厅关于加强村庄规划促进乡村振兴的通知》① （自然资办发〔2019〕35 号）中也规定：“村民委员会要将规划主要内容纳入村规民约。”

具体到南方主要少数民族村规民约中，有的村规民约规定生产生活设施都要报批。例如，《浙江省丽水市云和县雾溪乡坪垟岗村村规民约》② 第 17 条：“共同遵守村庄整体规划，生产生活设施建设要先报批，严禁未批先建、少批多建。”《广西金秀瑶族自治县金秀镇公朗屯村规民约》③ 也规定村民应当“共同遵守村庄整体规划，生产生活设施建设要先报批，严禁未批先建、少批多建”。《浙江省龙泉市竹垟畲族乡盖竹村村

① 自然资源部办公厅于 2019 年 5 月 29 日发布并实施。

② 具体通过和施行日期不详。该村规民约第 2 条有“坚持法治、德治、自治相结合”的表述，这一表述最早出现在 2017 年 6 月 12 日《中共中央、国务院关于加强和完善城乡社区治理的意见》中，党的十九大报告提出坚持自治、法治、德治相结合，因此据推测，该村规民约应是 2017 年后通过并施行。

③ 2013 年 5 月 10 日通过并施行。

规民约》[①] 第9条："共同遵守村庄整体规划，生产生活设施建设要先报批，严禁未批先建、少批多建 。"《广西金秀瑶族自治县金秀镇镇规民约》[②] 第17条："任何单位或个人不准利用街道和街道两旁（未经市管部门批准的公共场地）乱搭棚子、房子、摆摊，违者强行拆除，并处罚款5~50元。已经乱搭乱盖的棚子，影响交通公共安全的，要限期或强行拆除，并予以罚款10~100元。由此造成火灾和交通事故，后果严重的由公安机关追究刑事责任。"

房屋建造是乡村社会最重要的建设事务，因此大部分村规民约都有关于村民建房的程序规制，但在具体内容方面则是存在差别。有的村规民约规定得较为简略，强调要经过合法手续审批。例如，《浙江省桐庐县莪山畲族乡沈冠村村规民约》[③] 第9条："遵守村庄规划，建房必须经过合法手续审批，不得'未批先建、少批多建、批东建西'。"《浙江省桐庐县莪山畲族乡中门民族村村规民约》[④] 第8条："遵守村庄规划，建房必须经过合法手续审批，不得'未批先建、少批多建、批东建西'。"

有的村规民约对村民建房手续规定得较为详细，需要村委

---

① 具体日期不详，该村规民约中有"三改一拆"的规定，这是浙江省2013年至2015年开始实施的旧住宅区、旧厂区、城中村改造和拆除违法建筑三年行动中的规定。据此该村规民约不会早于2013年。

② 本规约自金秀镇三届人民代表大会第一次会议1987年10月23日通过，于1987年11月1日起执行，并报金秀县人大常务委员会备案。

③ 2018年10月25日通过并施行。

④ 2018年10月25日通过并施行。

会和有关部门批准。例如，《浙江省莲都区老竹畲族镇老竹村村规民约》① 第9条："村民建房必须服从村镇规划，经村委会和有关部门批准后统一安排，严禁未批先建，少批多建，违章搭建，严格执行先拆旧后建新，并将旧宅基地退还给村集体所有。如本村在旧房改造中，多余宅地由村统一安排，不得出售给非本村村民，在原拆原建的基础上，应根据村有关规定向村交纳一定的网管设施费，具体设施费收取标准由村民代表大会通过的办法收取。"

有的村规民约规定在审批建房时需要缴纳一定数额的建设押金，规范村民的具体建房行为，做到建筑垃圾及时清理。例如，《浙江省莲都区老竹畲族镇新陶村村规民约》② 第9条："自觉遵守建房审批制度。建房做到先拆后建，未经审批不得乱搭乱建任何房屋或简易棚，若发现，立即无条件清理，并取消三年内建房审批资格。审批建房时需向村委会交纳10000元押金，从审批之日起18个月内，外墙必须粉刷完毕，且及时清理建筑垃圾，否则没收押金。照规办事的，工程结束后予以退回押金。"《浙江省莲都区老竹畲族镇梁村村规民约》③ 第9条："自觉遵守建房审批制度。建房做到先拆后建，未经审批不得乱搭乱建任何房屋或简易棚，若发现，立即无条件清理，并取消三年内建房审批资格。审批建房时需向村委会交纳10000元押金，从审批之日起18个月内，外墙必须粉刷完毕，

① 2018年10月9日通过并施行。
② 2018年10月1日通过并施行。
③ 2018年9月29日通过并施行。

且及时清理建筑垃圾，否则没收押金。照规办事的，工程结束后予以退回押金。”《浙江省松阳县板桥畲族乡大毛科村村规民约》① 第9条：“自觉遵守建房审批制度。建房做到先拆后建，未经审批不得乱搭乱建任何房屋或简易棚，若发现，立即无条件清理，并取消三年内建房审批资格。审批建房时需向村委会交纳10000元押金，从审批之日起18个月内，外墙必须粉刷完毕，且及时清理建筑垃圾，否则没收押金。照规办事的，工程结束后予以退回押金。”

有的村规民约在规定建房程序的同时，也规定了对新建违法建筑的处理措施。《浙江省桐庐县莪山畲族乡塘联村村规民约》② 第8条：“建房应服从村庄建设规划，严格执行‘一户一宅’‘拆旧建新’的原则，先批后建，不得擅自动工，不损害四邻利益。实行‘即查即拆’原则，严厉处置新违法建筑。新房与村庄排水排污管道做好连接，建好化粪池，做到污水不直排。”

南方少数民族乡村地区在建房时注重符合本民族的民族特色与民族习惯，因此在村规民约中也会要求村民遵守。《浙江省桐庐县莪山畲族乡新丰民族村村规民约》③ 第7条：“建房应服从村庄建设规划，不得违反规划或损害四邻利益，设计要具有畲族文化特色建筑，切实维护好戴家山传统村落，经批准，要在当地建房的不得超过二层，须土木建筑。”《四川省

① 2018年12月10日通过并施行。
② 2018年10月25日通过并施行。
③ 2018年10月25日通过并施行。

越西县书古乡巴足洛村村规民约》[①] 第4条也规定："村民建房，自觉服从彝家新寨总体规划建设，要经村委会和村镇规划所和有关部门批准。不得乱建乱搭，未经批准乱修乱搭的，造成经济损失的后果自负。"

生产生活设施建设服从村庄规划的另一个要求是如果房屋或者其他设施严重阻碍了乡村建设，这时村规民约也会在保障村民合法利益的同时，要求村民主动参与配合。例如，《云南省龙川县户撒阿昌族乡村规民约》第8条即规定："国家公路、水利等建设需占用或拆迁房屋的，必须服从政府的总体规划，不得刁难或乘机索要钱财。"[②]《贵州省黔南布依族苗族自治州罗甸县红水河镇红河村村规民约》[③] 第2条第7款也规定："国家建设用地，规划区征地、基础设施用地，群众要大力支持，不予支持或故意阻碍的，不能享受国家的一切惠农政策。"但是，如果是村民群众的合法权益，无论是国家法律，还是村规民约，都是应当予以保护的。

二、保护乡村山水田园整体景观

村容村貌提升不是要大规模拆旧建新，而是要注重乡土味

---

① 2017年3月28日通过并施行。

② 1996年7月14日公布，1999年11月1日开始执行。参见高发元总主编，王志良、文小勇主编：《云南民族村寨调查·阿昌族·陇川户撒乡芒东下寨》，云南大学出版社2001年版，第132页。

③ 2014年2月20日通过并执行。转引自娄义鹏：《贵州少数民族地区纠纷解决机制研究——以苗族、侗族、布依族为例》，中央民族大学2016年博士学位论文，第218页。

道，充分体现农村生活和文化特色，塑造和保护乡村山水田园的整体景观。村容村貌强调的是村庄的整体景观舒适度，包含基础设施、公共空间、村庄绿化等众多方面，因此是一个全局性的景观塑造。乡村不仅仅是村民的生产和生活空间，还是城市居民的旅游选择地、历史文化的保存地。南方少数民族乡村地区更是各少数民族优秀传统文化的保存地，记录着乡村的变迁和发展，许多村庄将保护古树、古屋等乡村山水田园景观的内容写入村规民约。我国法律法规重视对传统村落的保护，出台了许多法律法规，其中有些地方性法规规章中就有倡导村落制定村规民约来保护传统村落的山水田园景观。例如，《通道侗族自治县侗族文化村寨保护条例》① 第6条规定：“村（居）民委员会应当做好侗族文化村寨保护的宣传和教育工作，组织制定侗族文化村寨保护村规民约，督促居民搞好村寨内环境卫生，落实消防责任和措施，有效保护和合理利用各类设施；劝阻、制止破坏侗族文化村寨的行为。”《湘西土家族苗族自治州传统村落保护条例》② 第7条第2款规定：“依法组织村（居）民会议或者村（居）民代表会议，将传统村落保护发展事项纳入村规民约。”《三江侗族自治县少数民族特色村寨保

① 2016年1月8日经通道侗族自治县第十五届人民代表大会第五次会议审议通过；2016年3月30日经湖南省第十二届人民代表大会常务委员会第二十一次会议审查批准，2016年4月11日颁布，2016年7月12日实施。

② 2019年2月28日湘西土家族苗族自治州第十四届人民代表大会第三次会议通过，2019年3月28日湖南省第十三届人民代表大会常务委员会第十次会议批准，2019年6月1日起实行。

护与发展条例》[①] 第15条第2款也规定："村民委员会应当组织制定有关保持村寨环境清洁的村规民约，并督促村民遵守执行。"《云南省景东彝族自治县文化遗产保护条例》[②] 第27条规定："传统村落所在地的村（居）民委员会、村民小组应当配合做好传统村落的保护管理工作，并将传统村落保护的相关内容纳入村规民约。"《三都水族自治县民族文化村寨保护条例》[③] 第8条第5款也规定："镇人民政府（街道办事处）负责本辖区内的民族文化村寨的保护工作，制定保护措施；村民委员会可以制定村规民约加以保护和管理。"

（一）保护乡村古迹

古屋、古树、古桥、古巷等乡村古迹是乡村景观的重要组成部分，也是发展乡村旅游的重要文化资源。村容村貌提升要充分注意保护这些乡村古迹，根据古迹塑造乡村景观，而不是一律将其拆掉。相对而言，南方少数民族乡村地区的经济社会发展水平与城市经济社会存在一定差距，但是森林等自然资源丰富，保存了许多古树、珍稀树种，古屋、古桥等文化遗迹众

① 2015年7月8日三江侗族自治县第十五届人民代表大会第六次会议通过，2015年9月25日广西壮族自治区第十二届人民代表大会常务委员会第十九次会议批准，2015年9月25日颁布并施行。

② 2015年2月5日云南省景东彝族自治县第十六届人民代表大会第三次会议通过，2015年5月29日云南省第十二届人民代表大会常务委员会第十八次会议通过，2015年10月29日颁布，自2015年5月29日起施行。

③ 2015年2月5日三都水族自治县第十五届人民代表大会第四次会议通过，2015年3月27日贵州省第十二届人民代表大会常务委员会第十四次会议批准，2015年3月27日颁布，2015年5月1日起施行。

多。因此，村规民约中有许多保护乡村古迹的内容。《浙江省桐庐县莪山畲族乡沈冠村村规民约》[①] 第 10 条："加大对古屋、古桥、古巷、古树等古迹和非物质文化遗产的保护。"《浙江省桐庐县莪山畲族乡中门民族村村规民约》第 9 条："加大对古屋、古桥、古巷、古树等古迹和非物质文化遗产的保护。"《浙江省丽水市云和县雾溪乡坪垟岗村村规民约》[②] 第 20 条："保护文物古迹、古树名木、古建筑，珍惜和保护农田、山林、水源、水产等资源，爱护公共设施、草木花卉。"《贵州省锦屏县隆里乡华寨村自治合约》[③] 第 15 条："加强对村寨古物的保护，凡损坏古井、古树、古寨门、亭阁等公共财产，除承担修复费用外，自愿承担违约金 100～300 元。"

（二）保护公路及村道景观

公路及村道是乡村社会重要的基础设施，满足了村民的出行需要。公路及村道属于国家或者集体所有，村民不得违法侵占，如果这些道路上被某些村民堆放杂物，在造成村民出行不便的同时，也会损害乡村社会的整体景观。交通运输部 2015 年 5 月 26 日发布《关于推进"四好农村路"建设的意见》

---

① 2018 年 10 月 25 日通过并施行。

② 具体通过和施行日期不详。该村规民约第 2 条有"坚持法治、德治、自治相结合"的表述，这一表述最早出现在 2017 年 6 月 12 日《中共中央、国务院关于加强和完善城乡社区治理的意见》中，党的十九大报告提出坚持自治、法治、德治相结合，因此据推测，该村规民约应是 2017 年后通过并施行。

③ 本《村民自治合约》于 2010 年 5 月 6 日由村民代表会议表决通过，由户主签字认可，自 6 月 1 日起执行，由村民委组织实施。

（交公路发〔2015〕73号）即明确要求："到2020年，农村公路管理法规基本健全，爱路护路的乡规民约、村规民约制定率达到100%，基本建立县有路政员、乡有监管员、村有护路员的路产路权保护队伍。"有的少数民族区域地方性法规规章也要求村民委员会或者村民小组在村规民约中规定保护公路的内容。例如，《云南省大理白族自治州农村公路条例》① 第21条规定："村民委员会（社区）和村民小组协助做好本辖区村道的日常养护工作，并纳入村规民约管理。"《黔东南苗族侗族自治州农村公路条例》② 第24条第2款也规定："村民委员会在乡、镇人民政府指导下可以将村道的保护和管理纳入村规民约。"

公路及村内道路属于公共事务，村规民约可以发挥其村民共同约定俗成的属性，引导和规范村民的行为。在具体内容方面，村规民约一般规定不得在路上随意堆放杂物垃圾，注意维护门前道路卫生等。《浙江省龙泉市竹垟畲族乡盖竹村村规民约》③ 第18条："公路沿线两边严禁任何人堆放竹木等杂物，

---

① 2012年2月25日云南省大理白族自治州第十二届人民代表大会第五次会议通过，2012年3月31日云南省第十一届人民代表大会常务委员会第三十次会议批准，2012年6月22日云南省大理白族自治州第十二届人民代表大会常务委员会公告第1号公布，自2012年10月1日起施行。

② 2011年2月27日黔东南苗族侗族自治州第十二届人民代表大会第六次会议通过，2011年9月27日贵州省第十一届人民代表大会常务委员会第二十四次会议批准，2011年9月27日颁布，自2012年1月1日起施行。

③ 具体日期不详，该村规民约中有"三改一拆"的规定，这是浙江省2013年至2015年开始实施的旧住宅区、旧厂区、城中村改造和拆除违法建筑三年行动。据此该村规民约不会早于2013年。

以免影响行人、车辆行驶安全。不得在道路两边搭建违章建筑，路边农户应该搞好门前道路清洁卫生，保证水沟畅通。”《四川省越西县乃托镇莫洛村村规民约》[①] 第13条：“不准在道路上或道路两旁规定红线内建违章建筑，堆放废土、乱石、杂物，不准侵占路面，落实安全生产规定。”《四川省越西县大屯乡华阳村村规民约》[②] 第2条：“为了治理城乡人民居住环境，提升城乡居民素质，改善发展我村环境卫生，树立乡村村民良好精神风貌，不准在公路两侧堆粪、堆柴草和乱倒垃圾。不准在公路两侧拴牛、拴马，影响交通道路畅通。”《福建省宁德市福鼎市硖门畲族乡柏洋村村规民约》第2条规定：“不随意在公路、村道上晾晒农作物和其他物品，不私设障碍影响交通。”[③] 上述村规民约并没有规定直接的处理措施，而是统一规定在村规民约中的奖惩措施部分。

有的村规民约则是直接规定如果违法违规侵占公共道路，村委会可以给予罚款，要求侵占人恢复道路原貌。《贵州省施秉县双井镇双井村村规民约》[④] 第2条也规定：“严禁在公路两旁、人行通道、娱乐场所修建猪、牛栏圈、茅厕、搭棚、设摊、挖泥开荒等，堵塞交通的，影响寨容的，污染环境的，村委有权令其整改或拆除，若有不服抵触的，村民有权整改处

---

① 2017年3月30日通过并施行。

② 2017年3月30日通过并施行。

③ 具体通过和生效日期不详。参见中共福建省委宣传部、中共福建省委文明办、福建省地方志编纂委员会、福建省文化厅编译：《福建乡规民约》，海峡文艺出版社2016年版，第441页。

④ 2005年3月10日通过并施行。

理，但仍继续顽抗的，视其情节并罚款 50～200 元，还令其恢复原貌。”《广西金秀瑶族自治县金秀镇六拉村奋战屯村规民约》① 在“生产生活”部分第 3 条规定：“从九永至独木桥段的村屯公共道路（含路基的空地、路面）按照 2014 年 9 月 3 日村民会议讨论并通过的规定措施进行管理（即维持 2014 年 9 月 3 日村民会议之前的现状，2014 年 9 月以后任何人不得以任何形式侵占村屯公共道路，包括路基空地和路面）；违反者，由当事人负责清理拆除；当事人不按规定、期限及时清理拆除的，由全屯群众集体代为清理拆除，费用由当事人承担，工钱按 200 元/天/人进行计算。如有村屯群众碍于亲朋戚友情面不参加的，则需向村屯集体倒付工钱，倒付工钱亦按 200 元/天/人/进行计算。”奋战屯的这一规定较为严密，充分考虑到了各种可能情况，其目的是充分利用乡村共同体的整体压力，迫使当事人及时改正自己的违规行为。《贵州省锦屏县茅坪镇上寨村村规民约》第 16 条规定：“严禁占用、阻塞、损坏大小街道，给消防和人行带来不便。违者给予警告，直至清除、修好，严重者处二佰元罚款”。② 乡村道路的畅通也是乡村消防安全的保障，因此需要全体村民共同遵守。

（三）规范村内产业发展

南方少数民族乡村地区的产业发展以农业为主，如今依靠

① 2016 年 5 月 25 日通过并施行。

② 1998 年 12 月 28 日通过，自 1999 年 1 月 1 日起实行。

生态环境优势，乡村旅游产业日益兴旺。村内产业发展也是乡村生态环境的影响因素，因此有的村庄根据当地产业发展，要求这些产业也注意保护乡村生态环境。例如，《浙江省桐庐县莪山畲族乡新丰民族村村规民约》[①] 第3条："为进一步发展村旅游产业，加强对村域范围内民宿、农家乐等管理，增加村集体收入，村股份经济合作社对企业民宿按照一个房间一年1000元收取卫生管理费，对本村村民民宿按照一个房间一年500元收取卫生管理费，对本村村民开办农家乐按照一年1000元收取卫生管理费，以后将视物价进行合理调整。"

（四）保护其他公共景观

村内绿化景观、凉亭、文化广场等是当前我国乡村生态环境保护必须要涉及的领域，南方少数民族乡村地区根据实际需要也兴建了许多公共景观设施，这些都需要村民共同参与保护，不得破坏。《浙江省莲都区老竹畲族镇老竹村村规民约》[②] 第13条："严禁破坏村内景观及配套建设，不得在景观上放养牲畜和家畜。"《广西金秀瑶族自治县金秀镇镇规民约》[③] 第16条："严禁毁坏公园、路树、花圃及其他环境美化设施，违者罚款10～100元。"《福建省宁德市福鼎市硖门畲族乡柏洋村村规民约》第2条规定："不损毁、移动公共指示标志、有

① 2018年10月25日通过并施行。

② 2018年10月9日通过并执行。

③ 本规约自金秀镇三届人民代表大会第一次会议1987年10月23日通过，于1987年11月1日起执行，并报金秀县人大常务委员会备案。

线电视广播线路等公共设施。不损毁村机耕路、排灌水渠、水库闸门、村道路灯、花木草坪、办公物品、村务公开栏、自来水主管、文化体育卫生设施和其他集体设施、集体财物。”①

三、加强乡村殡葬管理

孔子云：“生，事之以礼；死，葬之以礼，祭之以礼。”②我国的殡葬习惯法源远流长，影响至今，在乡村地区仍然保留着众多习惯。我国很多乡村地区依然有建坟立碑的习惯，其数量也越来越多，也成为乡村生态环境治理和保护的一项内容。当前，与全国其他地区一致，南方少数民族乡村地区也在倡导移风易俗，进行殡葬制度改革，提倡生态式埋葬，鼓励统一放置到公共墓地埋葬。因此，许多村规民约在乡村殡葬管理方面也有相关规定，成为推动移风易俗的有力途径。这是一种自下而上的改革方式，符合乡村社会风俗习惯内生性的生长规律。③ 例如，《贵州省锦屏县平秋镇魁胆村村规民约》④ 第15条：“积极推行殡葬改革，服从殡葬管理。”《浙江省桐庐县莪山畲族乡中门民族村村规民约》⑤ 第24条：“积极推行殡葬改

① 具体通过和生效日期不详。参见中共福建省委宣传部、中共福建省委文明办、福建省地方志编纂委员会、福建省文化厅编译：《福建乡规民约》，海峡文艺出版社2016年版，第441页。

② 杨伯峻译注：《论语译注》，中华书局1980年版，第13页。

③ 参见陈寒非：《风俗与法律：村规民约促进移风易俗的方式与逻辑》，载《学术交流》2017年第5期，第108－117页。

④ 2008年1月1日通过并施行。

⑤ 2018年10月25日通过并施行。

革，服从殡葬管理政策。骨灰统一安放在村公墓山（茅草台），套墓由村统一定制，从下到上、从左到右依次排放，村户籍人口收费4800元/穴；祖籍在中门村人员收费7200元/穴。”《浙江省龙泉市竹垟畲族乡盖竹村村规民约》① 第13条："根据殡葬法及绿色生态葬法的相关规定，不得在乡道沿线视线范围内进行殡葬，在规定之外的片山殡葬，葬坟农户必须在取得相应山主同意后方可进行殡葬。原有老坟墓按原状。”《四川省越西县板桥乡上涌村村规民约》② 第11条也规定："提倡勤俭节约，反对婚嫁、丧葬大操大办。积极支持殡葬改革，服从殡葬管理。革除丧葬陋习，讲科学，破迷信，除陋习，树新风，自觉遵守‘火把节’，‘彝族年’节假日规定。”

有的村规民约更是用几条专门规定殡葬制度。2017年5月通过并实施的《浙江省丽水遂昌县三仁畲族乡坑口村村规民约》第12条“殡葬制度”部分共分四个方面：

十二、殡葬制度

1. 公墓必须按统一规格（园林式），位置按规定距离依次排序。

2. 葬礼品不得停放公路上或其他公共场所，必须停放在里弄竹山公路上，葬礼品送到墓地必须焚烧，只可保留一对

① 具体日期不详，该村规民约中有“三改一拆”的规定，这是浙江省2013年至2015年开始实施的旧住宅区、旧厂区、城中村改造和拆除违法建筑三年行动中的规定。据此该村规民约不会早于2013年。

② 2017年3月29日通过并施行。

鲜花。

3. 叶坞片出殡必须走忠村公路，上高、坑口片出殡走农场路。

4. 死者家属开死亡证明时上交500元押金，按村殡葬制度殡葬的退还押金，另补助500元公墓建设费。

乡村公墓的推行是乡村移风易俗的体现，也是改善整个乡村生态环境的必要措施。这一措施能够有效节约乡村有限的土地资源，在经济上也能够减轻村民的负担。

村容村貌提升整治主要是从整体上治理和保护乡村生态环境，涉及村庄规划、生产生活设施建设、村庄道路、村庄公共景观设施等，村民积极参与是必要条件。同时，因其要求较高，村容村貌提升整治需要政府机关、村委会和其他社会组织的共同参与和提供支持，打造有序整洁的美丽新乡村。良好的村容村貌是整个村庄所有村民的共同利益，但是由于各种原因，某些个人会侵占村落公共区域，占用道路，占用广场等公共设施。实际上，在乡村社会内部依靠外在强制力有时不能彻底解决问题，需要村民的共同参与。某苗族村寨村民侵占公共场所建造灶房，严重影响该村鼓藏节的活动展开，该村民与村委会签订调解协议，但在协议履行过程中，村委会认为该村民侵占集体所有的公共场所，挖了该村民的宅基地。该村民向人民法院起诉，村委会在答辩状中则请求，责令该村民出120斤酒、120斤肉、120斤米、12000（响）爆竹来恢复公共场所的原貌，前文中也提到苗族村规民约中经常见到罚“3个

120”，这是苗族习惯法在村规民约中的体现。后来，村委会针对此事专门制定了《××村鼓藏民约》，对该村民实行“精神隔离”，即要求全村其他村民不得与该村民有来往。虽然后来人民法院判决该村民胜诉，但是在这个苗族村寨，该村民日后的生活肯定会受到影响。① 村规民约的司法适用问题是当前法治社会建设中需要认真处理的问题，要确保在法治框架下保障村民的合法权益，同时保障村民自治。

第三节　南方主要少数民族村规民约与公共环境卫生整治

乡村公共环境卫生整治主要是指乡村公共区域范围内的环境整治，实际上与家庭内部环境卫生整治也是密切相关，家庭内部产生的生活垃圾、生活污水等如果得不到妥善处理，就会对公共环境卫生造成重大威胁。因此，在具体描述中，家庭内部环境卫生整治与乡村公共环境卫生整治可能存在诸多重合之处，只是侧重点有所不同。南方少数民族乡村群众为了构建良好的公共生活环境，重视通过制定和实施村规民约来整治乡村公共环境卫生。

① 具体事例内容，请参见：孙韡：《黔东南苗族村寨村规民约研究》，西南交通大学出版社2014年版，第138－142页。

一、实行“门前三包”制度

门前是家庭内部环境与乡村公共环境的第一个连接点，是私人空间与公共空间的区分点，每一家的门前卫生状况都是乡村公共环境卫生状况的一部分。因此论及乡村公共环境卫生整治，每一户村民家庭门前的环境卫生是首先要涉及的。“门前三包”最早是我国城市管理中采取的卫生整治制度①，分为包卫生、包绿化、包秩序三项内容。在我国法律法规体系中，有的法律法规也是积极推广这一制度，并建议写入村规民约。例如，住房和城乡建设部等部门2015年11月3日发布了《关于全面推进农村垃圾治理的指导意见》（建村〔2015〕170号），其中要求乡村社会“通过修订完善村规民约、与村民签订门前三包责任书等方式，明确村民的保洁义务”。如今这一制度在南方少数民族许多乡村地区也被推广实行，许多乡规民约、村规民约中都有这一方面的内容。例如，广西壮族自治区百色市那坡县坡荷乡就在全乡范围内制定和实施了以“门前三包”为主要内容的《关于开展“美丽那坡·清洁乡村”活动“门前三包”的通知》。②

---

① 1982年3月开始的全国第一个“全民文明礼貌月”活动中，北京市崇文区（现为东城区）在二十条主要街道，实行以包卫生、包绿化、包秩序为内容的门前三包责任制，并取得显著效果。北京市委、市政府决定推广这一办法。从1983年3月第二个“全民文明礼貌月”起，北京市已经普遍实行这一制度。后来全国各地也开始推广，城市和乡村都包含在内。

② 坡荷乡2013年5月20日发布在广西壮族自治区那坡县人民政府官网。网址：http://www.napo.gov.cn/xxgk/gkml/1507.html，最后访问时间：2019年6月16日。

关于开展“美丽那坡·清洁乡村”活动“门前三包”的通知

（坡政发〔2013〕19号）

乡直各单位、各农户、各商铺：

为深入开展“美丽那坡·清洁乡村”活动，建立和完善我乡小集镇环境卫生管理的长效机制，创造良好的生活和工作环境，促使广大居民自觉主动参与到维护小集镇市容市貌和环境卫生工作中来，根据广西壮族自治区实施《城市市容和环境卫生管理条例》办法，结合我乡实际，制定本通知。现将“门前三包”主要内容通知如下：

一、“门前三包”内容、范围和形式

（一）“门前三包”内容

1. 包卫生。负责清扫门前及围墙周边地面，清除各类废弃物、污物和积水，保持门前排水沟通畅，并将生活垃圾袋装后倒在指定地点、垃圾池或者自行安运到垃圾车；制止门前随地乱扔瓜果皮核、烟蒂、纸屑，随地吐痰和乱倒垃圾、污物、污水、粪便等不卫生行为，确保门前及围墙周边整洁。

2. 包绿化美化。有条件的责任单位、农户负责门前树木、花草的保护，制止攀折树木、花草，损坏绿化设施，擅自占用绿地等不文明行为；保持临街楼房阳台整洁、封闭规范；沿街标语、广告、门牌、门匾灯箱设置规范完整；适时装饰、维修临街建筑物的墙面、各类门牌标志、各类彩灯（霓虹灯、反射灯、轮廓灯等），制止在门前墙壁（围墙）、电杆、树木上未经批准张贴或书写广告、标语以及乱涂乱画和乱拴、乱挂衣物等行为。

3. 包秩序。

(1) 包无占道经营。店面不出店经营，制止占用门前人行道乱堆放物品、乱摆摊设点、乱搭乱建等妨碍市容行为。

(2) 包无乱停车辆。负责督促门前车辆按指定地点和方式停放整齐有序。

(3) 保护门前基础设施。制止损坏环卫、绿化、市政等公用设施的行为及其他违章行为。

(二)“门前三包”的责任区范围

“门前三包”责任区域范围指临街机关、事业单位、企业、经营户、住户、商铺等门前垂直至街道、路缘石边的台阶、空旷地、人行道等区域。

(三)“门前三包”的形式

1. “门前三包”责任制实行挂牌公示制度。沿街各责任单位或个人与“美丽那坡·清洁乡村”办公室签订“门前三包”责任书后，必须在其单位门头上悬挂统一制作的“门前三包”责任牌，明确“三包”内容、范围及具体责任人。

2. 各成员单位及社区居委会要明确 1 名领导分管“门前三包”工作，服从“门前三包”领导小组办公室工作安排，对“门前三包”进行日常监督、检查，“门前三包”责任单位、农户、商铺要自觉接受检查。

二、责任分工

我乡“门前三包”责任制实行“条块结合、以块为主、分工负责、共同参与”的工作原则，确保责任制的全面贯彻落实。各单位的具体分工如下：

（一）乡“门前三包”工作领导小组办公室：负责“门前三包”责任制的开展和落实，牵头制定“门前三包”责任书，落实“门前三包”责任书的签订工作。协助对整治过程中违反“门前三包”规定的违法（章）行为进行取证，并对各有关部门的落实情况、实施效果进行监督、评价。

（二）乡广播站、文化站：负责制定“门前三包”宣传计划，负责联系媒体做好新闻报道工作。积极配合开展城市管理法规的宣传发动工作，加强宣传引导，通过各种途径，向居民广泛宣传开展“门前三包”工作的目标、意义及要求，对违反市容环境卫生管理规定行为的，要及时跟踪报道，确保监督舆论管理机制有效开展。

（三）乡监察室：负责对“门前三包”实施过程进行监督，对各相关部门工作效能进行监察。

（四）乡国土所：协调做好相关工作，负责抓好建筑工地“门前三包”工作的落实。

（五）乡工商所：从源头上制止占道经营和不规范经营。依法取缔无证照经营活动，查处超范围经营、虚假广告、虚假促销行为。根据相应职能对违反“门前三包”经营户的违法（章）行为进行处理。

（六）乡安监站：重点对城区餐饮业食品卫生监察；对不符合卫生条件的食品经营户进行整顿。

（七）乡清洁办：做好城区内环境污染的监督管理。会同水利、卫生、工商等部门开展环境污染整治工作，特别是对产生噪音、废气和污水排放的临街经营户进行查处，并对违反“门前三包”责任制的行为进行处罚。及时做好垃圾收集和清运工作，在人口密集区域、管理空白（盲点）区域增加垃圾收集和卫生设施，制定并实施街道清扫保洁方案。

（八）乡派出所：负责查处在集中整治行动中阻碍国家机关工作人员依法执行公务的行为，依法为开展整治活动提供执法保障。

（九）乡交管站：负责加强客运管理，规范客运车辆的停放，配合城管、交警等部门规范设置机动车、非机动车、公共汽车及出租车的停放点。引导客运经营者自觉按照交通法规和市容环境卫生有关规定文明经营。做到客运车辆在营运过程中必须自备垃圾容器，不得随街乱丢、乱倒垃圾。负责与城管部门一起做好城区车辆乱停乱放的整治工作。

（十）乡司法所：完成领导小组办公室日常协调联系工作，主抓“门前三包”责任书的签订工作，根据职责对破坏市容市貌、环境卫生、城市绿化美化等违法（章）行为进行处罚。

（十一）乡市场服务中心：负责各农贸市场内摊档、业主“门前三包”责任书的签订和落实，搞好市场内的环境卫生和摆卖秩序，并安排好农民自产自销农副产品的经营场地。

（十二）坡荷村民委：负责开展“门前三包”责任制的宣传教育工作，对违反市容环境卫生和城市管理规定的行为，要及时教育、制止和举报，健全和落实社区文明卫生管理制度和措施，安排人员参与整治工作的执法监督，督促街上门店各负其责，协助相关部门搞好片区内的环境卫生整治工作。

三、实施步骤

（一）宣传发动准备阶段（5 月 10 日至 5 月 16 日）。

（二）集中整治阶段（5 月 17 日至 6 月 17 日）。

1. 根据“门前三包”的内容对临街的违法（章）现象进行整治，使“脏、乱、差”的现象得到逐步改变。

2. 通过新闻媒体，对集中整治内容进行宣传，对典型负面现象进行曝光，引导和鼓励公众共同参与。

3. 对拒不履行“门前三包”责任的，又存在违法（章）行为的当事人依据相应的法律、法规进行处罚。

4. 对违反“门前三包”责任的违法（章）行为，依据相应的法律、法规进行处罚。对不履行职责和行政不作为的，予以追究责任；对不履行“门前三包”责任制的单位（农户）、门店督促其限期纠正；对情节严重，屡教不改的责任单位和个人采取强制措施，依法依规处理。

（三）巩固阶段（6 月 18 日至 8 月 18 日）。

各职能部门、农户、商铺以此次整治为契机，将“门前三包”工作制度化、常态化。

坡荷乡人民政府

二〇一三年五月十三日

“门前三包”制度的核心在于调动和激发村民参与乡村公共环境卫生整治的积极性和主动性，否则无法达到良好的预期效果。有的村规民约则规定了监督机构和具体的处罚措施。

“美丽红渡·清洁乡村”门前三包清洁卫生承诺书①

为加快推进“美丽红渡·清洁乡村”活动，营造“清洁环境、美化家园、培育新风、造福群众”浓郁氛围，经全体村民会议讨论，制定本承诺书：

一、涉及公益事业建设由村民或户主会议讨论决定，全体村民应本着建设美好家园的宗旨积极支持和参与。

二、全体村民要遵纪守法，做好法律宣传教育和门户联防，积极创建平安和谐村屯。自觉遵守计划生育政策，建幸福家庭。

三、全体村民做好“门前三包”：包清洁，及时清扫门前垃圾和清除痰迹等污物，制止他人在门前乱吐、乱丢、乱倒，保持门前及责任范围内的废物箱、护栏、阴井等设施的清洁卫生。包绿化，负责管理责任范围内的花草树木，清扫树圈草坪绿地，不许任何人破坏、占用公共绿地。包秩序，不在门前乱堆乱放物品、乱摆摊点、乱停放车辆、乱贴、乱挂；不出现有碍观瞻和交通的现象；不使用高音喇叭和高声播放音响。对他人在自己门前造成上述状况，应尽力劝阻，如不服管理，应及时向镇人民政府报告。

四、不准乱倒垃圾，不准乱堆粪土，不准乱泼污水，不准乱放柴草。不准在道路边搭建违章建筑，堆放废土、乱石、杂

---

① 2013年5月31日，红渡镇政府在“忻城县人民政府门户网站”上发布。网址：http://www.gxxc.gov.cn/d/ae43e24b－f3ab－4af6－a818－5c597c8afb28.html，最后访问时间：2019年6月16日。

物，不准在道路上晒、打农作物等，不准在路道上以其他形式侵占路面。不准将垃圾和田埂草倒入道路、河流、水渠中。垃圾要倒入指定的垃圾池内。全体村民自觉讲文明、革陋习、树新风、塑形象，为建设清洁乡村尽一份心，出一份力。

五、对破坏环境卫生、损毁公用设施的现象和行为进行劝阻、举报。村民按户筹资作为保洁费，推荐选举保洁员负责村垃圾收集和公共场所保洁。

六、开展社会主义精神文明建设，村民之间要互尊互爱互助，和睦相处，建立良好邻里关系；移风易俗，反对封建迷信及其他不文明行为，开展“五好文明家庭”“文明卫生家庭”和“先进个人”评比，树立良好的村风、民风。

七、节假日积极开展文体活动，丰富群众文化生活，培养群众健康兴趣爱好，需要集资的，由村民大会或户主会议商定。

八、加强村民安全用火用电知识宣传教育，提高全体村民消防安全知识水平和意识。

九、为维护本承诺的严肃性，特设立监督小组，成员由村民推选，负责对村民遵守村规民约进行监督，并将村民违反事项提交村民或户主会议讨论处罚决定。

十、违反本承诺的，将进行责罚：首次违例，通报名字上墙亮丑；再次违例，对照保洁员工作要求，责罚负责全村（屯）环境卫生1天；三次以上违例，依实际情况实施10～50元罚款。

可以看出，《“美丽红渡·清洁乡村”门前三包清洁卫生承诺书》并不只是包含“门前三包”，还对乡村生态环境整治提出了总体要求，还规定了相应的责罚措施。

除了上述关于“门前三包”的专门性村规民约之外，在南方少数民族乡村地区的一些村规民约中也是包含此项内容。例如，《浙江省莲都区老竹畲族镇新陶村村规民约》① 第7条：“人人爱护生态环境。积极配合参与‘五水共治’‘三改一拆’‘六边三化三美’‘洁净村居’‘垃圾分类’相关工作，实行门前三包：1. 包卫生。负责房前屋后环境清扫，不乱丢垃圾，不乱排污水，做好垃圾分类，随时保持整洁。2. 包绿化。负责保护房前屋后花草树木，并精心养护。3. 包秩序。房前屋后不乱堆杂物、不乱停车、不乱晒衣被、不放养家禽家畜。”《浙江省丽水市云和县雾溪乡坪垟岗村村规民约》② 第18条：“共同维护村庄整洁，认真做好包卫生、包绿化、包秩序‘门前三包’；提倡实行垃圾源头分类、减量处理、定点投放，严禁向河道、沟渠丢垃圾、排污水；圈养家畜家禽，禁止未经批准规模化养殖畜禽，严禁乱扔乱丢病（死）畜禽。”《四川省越西县越城镇新村村规民约》③ 第3条：“积极开展文明卫生村建设，严禁随地乱倒乱堆垃圾、杂物；修房盖屋余下的垃圾碎片应及时清理，柴草、粪土应定点堆放。违者除限期予以清

---

① 2018年10月1日通过并执行。

② 具体通过和施行日期不详。该村规民约第2条有“坚持法治、德治、自治相结合”的表述，这一表述最早出现在2017年6月12日《中共中央、国务院关于加强和完善城乡社区治理的意见》中，党的十九大报告提出坚持自治、法治、德治相结合，因此据推测，该村规民约应是2017年后通过并施行。

③ 2017年3月28日公布并实施。

除外，罚款50~200元。”第4条：“保持村容卫生实行门前三包制。垃圾的清扫和定点投放，每户签订责任书并按规定如数每户每月缴纳4元垃圾清运费。如发现乱倒垃圾者，责令其本人打扫干净，并给予30~50元罚款。”《云南省贡山县独龙江乡乡规民约》[①] 第19条也规定：“严格执行‘门前三包’责任制，积极做好清垃圾、清路障、清污泥，街道两侧及沿江而居的住户要保持好房前屋后的环境卫生。”

“门前三包”制度基本上包含了村民门前环境卫生整治的各项内容，同时有些村规民约虽然没有直接明确规定“门前三包”，但是也具体规定了开展美丽庭院建设、严禁乱倒垃圾等具体内容。《浙江省桐庐县莪山畲族乡新丰民族村村规民约》[②] 第6条：“积极开展美丽庭院建设，努力扮靓家园，搞好公共卫生，加强村容村貌整治，严禁随地乱倒乱堆垃圾，修房盖屋余下的垃圾碎片应及时清理，柴草、粪土应定点堆放，做好房前屋后整治。每家每户做好垃圾分类工作。对不配合本村工作的农户（垃圾分类、违章建筑、污水等），一律暂停享受上级优惠政策。”《广西金秀瑶族自治县金秀镇镇规民约》[③] 第16条：“严禁乱倒垃圾，违者罚款1~50元。”有的村规民约是要求全村群众遵守垃圾转运制度，定时投放到垃圾转运车

---

① 2013年1月9起执行。该乡规民约是由该乡十一届人民代表大会一次会议审议通过，由乡人民政府负责执行，乡人民代表大会负责监督。对违反以上有关条款的村民，乡人民政府有进行依法处罚、批评教育等权利。

② 2018年10月25日通过并施行。

③ 本规约自金秀镇三届人民代表大会第一次会议1987年10月23日通过，于1987年11月1日起执行，并报金秀县人大常务委员会备案。

上。例如，贵州省锦屏县平秋镇石引村农历二〇一四年十月二十三日就专门向全村群众发布一个通知，要求实行垃圾车转运垃圾出外倾倒暂行办法。其具体内容是：

温馨提示

尊敬的我石引群众：

为改进我村卫生脏、乱、差现状，我村于农历本月廿六开始实行垃圾车转运垃圾出外倾倒暂行办法，具体是：

第一：各家各户平时自己把垃圾装袋，放在家里等候，当听到有倒垃圾通知的车辆路过，就自行把垃圾丢在车上。

第二：路线：冲架到岑金浪；牛塘到豪美满；牛塘到豪所；村委球场到学校；冲架一直延伸到架仁至高华。

第三：要求：平时各家各户把房前屋后打扫干净，并且装袋待运，能烧掉的尽量烧掉，以前乱丢乱倒的尿不湿一类的不易烧掉白色垃圾一定要装袋拉走，不能再在村内外任何地方乱丢乱弃，以后每逢赶集日或视垃圾的多少定时搬运。

第四：逢红白喜事，主人家或房族都要派人把当日所造成的垃圾清理干净，以免给别人造成负担。

第五：村两委、治安队、各组组长、群众代表、斗牛协会、妇女文艺队、社会积极进步青年等等成员都要高度重视我村卫生工作，互相宣传，互相监督。

希望广大群众积极配合，祝您愉快！

石引村委会（盖石引村村民委员会公章）

农历：二〇一四年十月二十三日

二、整治乡村生活污水

乡村生活污水是村民在用水过程中产生的被污染之后的水，在乡村生态环境保护中主要涉及整治问题。关于农村饮用水水源保护问题，前文在村规民约与水资源保护部分已经有详细论述，此处重点论述村规民约与乡村生活污水排放整治的关系。关于乡村生活污水整治，主要是要求严禁污水乱排，自觉将污水纳入污水管网排放，主动参与污水整治等。

村民在日常生活中不可避免地会产生污水，但是如果村民随意排放，不仅会造成土壤污染、水源污染等资源环境问题，也会对人体健康造成严重威胁。很长一段时期内，我国农村地区的生活污水问题并没有引起过多的关注。但是随着农村经济社会发展水平的提高，加之农村污水处理措施不够完善，农村生活污水带来的环境问题日益凸显。2018 年 9 月 29 日，《生态环境部办公厅、住房和城乡建设部办公厅关于加快制定地方农村生活污水处理排放标准的通知》发布，开始探索建立全国性的农村生活污水处理排放标准。纵观南方少数民族乡村地区的生活污水处理情况，相对而言，浙江、广东等东南沿海地区的设施比较完善，因此在村规民约中有要求村民将污水排入污水管网的内容。例如，《浙江省桐庐县莪山畲族乡沈冠村村规民约》[①] 第 5 条："自觉将污水纳入污水管网，严禁污水乱排、直排，爱护并维护农村生活污水工程，发现问题及时报

① 2018 年 10 月 25 日通过并施行。

告、处理。”《浙江省桐庐县莪山畲族乡中门民族村村规民约》[①] 第23条：“自觉将污水纳入污水管网，严禁污水乱排、直排，爱护并维护农村生活污水工程，发现问题及时报告、处理。”

由于地区差异，大部分南方少数民族乡村地区并没有专门的污水管网，因此这些地区的村规民约一般规定不得向路道等公共区域排放污水，更不得向水井内排放污水。例如，《四川省越西县梅花乡梅花村村规民约》[②] 第10条有“任何个人或企业不得向路道内乱放污水”的规定，《四川省越西县中所镇和平村村规民约》[③] 第5条也有“污水不乱流”的要求。《贵州省锦屏县六巷乡香桥生产队村规民约》[④] 第13条规定：“维护吃水水井卫生，严禁在水井附近解大小便，不准在水井边洗衣物、米、菜等，不得将污水、污物倒进水井，违者每次罚款1元。”实际上，乡村生活污水排放很容易引发村民之间的矛盾纠纷。例如，在黔东南苗族村寨阳芳村的一份调解协议中，村委会调解人员对双方屋角边水沟纠纷进行了调解，要求双方保持水沟清洁，“经调解之后，双方互相谦让，不能相骂，违者按村规执行，严重（的）追究责任”，这里的“村规”即是该村的村规民约。根据该村2005年制定的《阳芳村村规民约》，“村民之间要团结互助、和睦相处，互相尊重、冷静协

① 2018年10月25日通过并施行。
② 2017年3月30日公布并实施。
③ 2017年3月31日公布并实施。
④ 1982年12月21日通过并施行。

商解决各种纠纷和误解，严禁酒后闹事，凡因各种原因发生打架、吵架的，责令双方各拿出120斤米、120斤肉、120斤酒，请全村吃餐，以示谢罪”。[①] 虽然该调解协议并没有直接体现村规民约的罚则，但也是为调解协议提供了强制力保障。

三、整治乡村禽畜污染

与全国其他地区类似，南方少数民族乡村地区也有禽畜养殖的传统，不仅能够解决肉食来源问题，也能带来一定的经济收益。但是如果村民不注意禽畜养殖的方式方法，就会带来禽畜粪便垃圾、病死禽畜处理等问题。为了整治乡村禽畜污染，各地一般是要求村民圈养禽畜，但是不能乱搭乱建饲养棚舍；定期及时清理禽畜粪便，保持棚舍清洁卫生；做好禽畜防疫工作，妥善处理病死禽畜。在我国法律法规体系中，有的地方性法规规章也建议村规民约可以包括禽畜污染整治的内容。例如，《浙江省畜禽养殖污染防治办法》[②] 第6条即规定：“村民自治组织可以制定和实施有关畜禽养殖废弃物处置等村规民约，对本村居民开展畜禽养殖污染防治的宣传教育，发现畜禽养殖污染环境的，应当及时制止并向生态环境主管部门报告。”

---

① 参见孙韡：《黔东南苗族村寨村规民约研究》，西南交通大学出版社2014年版，第144－145、262页。

② 浙江省人民政府第46次常务会议审议通过，根据2021年2月10日浙江省人民政府令第388号公布的《浙江省人民政府关于修改〈浙江省价格监测预警办法〉等9件规章的决定》修正。

对于禽畜污染整治的具体措施，南方少数民族不同乡村地区的村规民约也是采取了差别化处理。在东南少数民族乡村地区，禽畜圈养的条件已经普遍具备，因此这些地区的村规民约规定得比较详细。例如，《浙江省桐庐县莪山畲族乡沈冠村村规民约》① 第13条："饲养家畜实行圈养，严禁乱搭乱建饲养棚舍，定时清理畜禽粪便，病死的牲畜统一集中处理。"《浙江省桐庐县莪山畲族乡中门民族村村规民约》② 第12条："饲养家畜实行圈养，严禁乱搭乱建饲养棚舍，定时清理畜禽粪便，病死的牲畜统一集中处理。"而在四川等西南少数民族乡村地区，禽畜散养放养的现象依然十分普遍，禽畜防疫问题便成为多数村规民约规制的内容，也有的村规民约要求圈养家畜家禽。例如，《四川省越西县乃托镇新华村村规民约》③ 第10条规定："圈养家畜家禽，禁止未经批准规模化养殖畜禽，严禁乱扔乱丢病（死）畜禽。"《四川省越西县书古乡巴足洛村村规民约》④ 第6条规定："自觉遵守动物管理防疫管理法，配合村上防疫工作，做到犬只必须拴养、禽畜必须圈养、防疫。对未拴养但已防疫的犬只伤人的，责成养犬户承担全部医疗费。"而其他村规民约只是规定了禽畜防疫及病死禽畜处理问题。《四川省越西县越城镇哈莫洛村村规民约》⑤ 在"环境

① 2018年10月25日通过并施行。
② 2018年10月25日通过并施行。
③ 2017年3月16日通过并实施。
④ 2017年3月28日通过并实施。
⑤ 2017年3月28日通过并实施。

卫生”部分规定：“为大力发展畜牧业，严防家禽及牲畜疫情及各种传染病发生，因此村民的患病家禽和牲畜决不允许出售。必须采取有效措施，把其他家禽及牲畜进行隔离并消毒，及时将患病家禽及牲畜运到村外深挖填埋，并上报疫病情况。”有的村规民约则规定对于随意丢弃病死禽畜的要给予一定数额的罚款。《四川省越西县越城镇外南村村规民约》[①] 第三章“公共卫生”第 3 条规定：“对于有病的牲畜，不准买卖，对于病死牲畜要深埋村外不准流入市场。否则，罚款 500 元。”《四川省越西县越城镇城南村村规民约》[②] 第 3 条“环境卫生治理”第 3 款规定：“对于有病的畜生，不准出卖，对于病死的畜生要深埋村外，否则，每头罚款 200 元。”《广西环江毛南族自治县下南乡仪凤村村规民约》[③] 则针对该村的养蚕业进行了专门规定，要求“各屯养蚕户严禁把蚕渣、病蚕随地乱丢或倒在河流中，消毒后按指定地方深埋”。

禽畜粪便污染也是乡村社会的一大污染源，因此一些村规民约对此也有相关规制。2005 年《贵州省台江县台盘乡阳芳村村规民约》第 9 条规定：“自觉搞好村内环境卫生，对各种家畜家禽尽可能实行区域划定饲养。对因家畜家禽在公共场所、村道造成粪便污染环境的，监管人要自觉及时清扫。否则，处以 20 ~ 50 元罚款。”第 10 条：“对村内卫生秩序，按照

---

① 2017 年 3 月 28 日公布并实施。

② 2017 年 3 月 28 日通过并实施。

③ 2000 年 9 月 18 日公布并实施。转引自：包其剑：《毛南族习惯法研究——以环江县下南乡毛南族为例》，广西师范大学 2011 年硕士学位论文，第 41 页。

村民住宅及猪、牛圈范围内实行包干责任。由村委实行定期与不定期检查公示制度，并以此作为以后享受旅游接待以及分红的依据。对连续 3 次卫生检查不合格的，不得享受任何救济困难补助。”第 11 条：“严禁乱倒垃圾，彻底改变晒牛粪的落后习惯，严禁在公共场所、人行步道晒猪、牛粪，垃圾倒入村委会指定的地方，违者除负责清扫外，另处 50 ~ 100 元罚款，作为举报奖励基金。”

四、整治农业生产性面源污染

大部分南方少数民族乡村地区的产业结构还是以农业为主，农业生产过程中也会产生一些污染问题，主要有使用禁止性农药、焚烧农作物秸秆等带来的土壤污染、水污染、空气污染等问题。从农业可持续发展的角度来看，农业生产性面源污染问题必须引起人类的足够重视，并积极采取技术革新、提高秸秆利用率等措施积极应对。

（一）降低化肥、农药施用强度

施用化肥、农药在很多情况下能够提高农业产出，增加农民收入，但是过量施用化肥、农药也是造成农业生产性污染的主要原因。某些村民为了追求农业的高产出可能会大量使用农药，甚至使用国家法律法规明确禁止的农药，对人的生命健康会造成严重威胁。因此，增强农民农业生产中的生态环境保护意识是前提，其次是逐渐改变农民农业生产中的化肥、农药使用习惯，村规民约就是一种比较有效的行为规范。《浙江省龙泉市竹垟畲族乡盖竹村村规民约》① 第10条："增强生态环保意识，不得使用明令禁止的农药，降低农药、化肥施用强度，推广生物防治技术，推广施用有机化肥、缓释肥。"《浙江省莲都区老竹畲族镇老竹村村规民约》② 第10条："增强生态环保意识，不得使用明令禁止的农药，降低农药、化肥施用强度，推广生物防治技术，推广施用有机肥、缓释肥。"《浙江省丽水市云和县雾溪乡坪垟岗村村规民约》③ 第19条："增强生态环保意识，不得使用明令禁止的农药，降低农药、化肥施用强度，推广生物防治技术，推广施用有机化肥、缓释肥；禁止焚烧农作物秸秆。"《广西恭城瑶族自治县龙虎乡源头村'美丽广西·清洁乡村'村规民约》④ 第3条规定："大力推广农业清洁生产实用技术，防治农业污染源的污染。对各种农业生产废弃物如农药、肥料包装物等及时清收和处理，控制农药、化肥等过量使用。"

---

① 具体日期不详，该村规民约中有"三改一拆"的规定，这是浙江省2013年至2015年开始实施的旧住宅区、旧厂区、城中村改造和拆除违法建筑三年行动。据此该村规民约不会早于2013年。本节再次出现，不再注明。

② 2018年10月9日发布并执行。本节再次出现，不再注明。

③ 具体通过和施行日期不详。该村规民约第2条有"坚持法治、德治、自治相结合"的表述，这一表述最早出现在2017年6月12日《中共中央、国务院关于加强和完善城乡社区治理的意见》中，党的十九大报告提出坚持自治、法治、德治相结合，因此据推测，该村规民约应是2017年后通过并施行。

④ 具体通过和实施日期不详。参见薛新新：《论广西瑶族村规民约——以金秀、恭城瑶族自治县为例》，广西师范大学2014年硕士学位论文，第38页。

（二）秸秆等农业剩余物治理

秸秆是农业生产中必然产出的农业废弃物，虽然秸秆有许多资源价值，但因总量过大，大量的秸秆或者被废弃，或者被焚烧。相较于被废弃，对于农民来说，一方面焚烧秸秆可以节约空间，有利于接下来的农业生产。另一方面，焚烧秸秆必然也会产生大量烟尘，造成空气污染，影响公路甚至航空运输；也可能引发火灾，造成生命财产损失。当前我国正在推进秸秆农村综合利用，充分发挥秸秆的资源价值，这是保护乡村生态环境的重要举措。总体而言，村规民约主要是禁止焚烧秸秆等农业废弃物。例如，《浙江省龙泉市竹垟畲族乡盖竹村村规民约》第10条："增强生态环保意识……禁止焚烧农作物秸秆。"《浙江省丽水市云和县雾溪乡坪垟岗村村规民约》第19条："增强生态环保意识……禁止焚烧农作物秸秆。"《浙江省桐庐县莪山畲族乡塘联村村规民约》[①] 第5条："从我做起不焚烧秸秆，为保护大气环境贡献力量。"《浙江省莲都区老竹畲族镇老竹村村规民约》第11条："加强野外用火管理，定期检查、排除各种火灾隐患，严防山火发生。禁止在交通干线附近以及人口集中区域等地落天焚烧秸秆、落叶等易产生烟尘污染的物质。"

南方少数民族乡村地区，许多村民是将秸秆堆放储存起来，用于做饭、取暖等事项，这就带来秸秆堆放问题。如果村

① 2018年10月25日通过并施行。

民在乡村公共区域内随意堆放，势必会影响公共环境卫生，也会给交通、消防等带来潜在的威胁，因此有的村规民约要求村民合理堆放秸秆及其他农业剩余物。《四川省越西县越城镇城北村村规民约》[①] 第三章“城乡环境综合整治”第3条即明确：“秸秆及柴草垛要按指定要求堆放，禁止堆放在村内和河道两侧。”《贵州省台江县排羊乡展里村村规民约》[②] 第20条：“不准抬稻草或易燃物品进寨进屋堆放，违者罚款120元，并限期整改。”

五、整治红白喜事公共卫生

红白喜事是乡村公共生活的重要组成部分，因其时间短、参加人员多、消耗食材等用品多，如果管理不当，很容易成为乡村公共环境卫生的破坏因素。因此，许多村规民约对于村庄内部进行红白喜事也进行了相关的规制。有的乡村制定了专门的村规民约，对红白喜事进行全面规范，既涉及移风易俗，也强调对乡村公共环境卫生保护。例如，贵州省锦屏县彦洞乡黄门村为规范红白喜事中烟花爆竹燃放行为制定了专门的村规民约。

黄门村移风易俗关于红白喜事禁止大量燃放烟花爆竹规定

1. 利于创建环卫，促使环境宜居和谐。

---

① 2017年3月28日公布并实施。

② 2006年6月通过并实施。

2. 利于安全稳定，避免事故发生。

3. 利于避免噪声污染，促进身心健康（人类）。

4. 利于经济发展，减少不必要的浪费。

一、红喜指婚嫁、立柱上梁（乔迁新居）、升学、参军等，允许当事家庭燃放二箱花炮、1000响小炮，迎客和送客由当事主人安排人礼貌迎送。

二、白喜在本家主持法事，整个过程仅允许燃放10000响小炮、二箱花炮，抬官（棺）材在街道上主持生平大会或法事吊念等不许放炮，若违规每例罚款300元。允许房族和亲戚在禁止处外燃放烟竹，规定超越范围，即东书平岭岔（高健屋），西过闷得协，南超盘太丫（明昌屋），北越平马岔路（孝光屋）。自然村寨也要距寨居集中点200米后，才能燃放一些鞭炮。大寨内的墓地处只许放4000响小炮和二箱花炮，越过燃放数量则罚款主人300元一起。

三、禁止在街道、公益性活动场所（营利性食堂、餐厅等）燃放烟花爆竹。若违规，每例罚款出租主人及当事家属各300元。

四、每家的红白喜事完毕后，次日即完成清理垃圾卫生，否则每例罚款200元。

五、文明主持节日节庆（除春节外）。尝新节、重阳节等由集体主持单位安排，农户或个人不允许燃放烟花爆竹，违者每人每例罚款300元。春节各农户燃放烟花爆竹后须于初五日前清除爆花污垢，初六日后禁止燃放爆竹，否则每例罚款到200元。

六、文明祭祖。禁止燃放烟花爆竹，违者每例罚款300元。

七、本移风易俗规定为村规民约条款施行，各农户自觉遵守，由村委会和村治安联防队监督实施工作。

黄门村委会

黄门村治安联防队

二〇一六年三月十三日

除了专门性的村规民约之外，其他乡村地区一般是在村规民约中规定有关举办红白喜事的要求。《贵州省锦屏县启蒙集镇边沙文明卫生秩序公约》[①] 第6条规定：“遇红、白喜事，提倡节俭，食品卫生，燃放安全。不准将残叶剩饭倾倒房前屋后阳沟、阴沟。实行‘谁家办事，就定在谁家门口’燃放烟花制度，劝导宾客文明节约，燃放后自清扫的良好习惯。不允许在公共街道燃放烟花爆竹。违者，处罚办事户主即打扫清理干净外，另处罚100~500元违约金。”《浙江省丽水遂昌县三仁畲族乡坑口村村规民约》[②] 在“公共设施保护制度”中也规定：“借用村文化礼堂办红白喜事必须上交500元押金，使用后需打扫卫生、清洗地面，恢复原样则押金退还。另村一次收取电费50元，损坏礼堂设施必须赔偿。”《贵州省茅坪镇茅坪村卫生管理村规民约》[③] 第7条也规定：“红、白喜事，提倡

① 2017年8月1日施行。

② 2017年5月发布并执行。

③ 2017年8月通过并施行。

节俭。尽量不燃放烟花鞭炮，劝导客人不随意乱放。实行‘谁办事，谁清扫’，办事完毕即扫干净的好习惯。违者，处以200元违约金。”

第四节　南方主要少数民族村规民约与家庭环境卫生整治

家庭环境卫生整治也是乡村生态环境保护的重要组成部分，其地位与公共环境卫生整治同等重要。表面上看，家庭环境卫生属于家庭内部自治事务，理应由家庭内部成员自主决定。但是家庭也是乡村共同体不可分离的一部分，一个家庭不可能完全脱离整个乡村共同体而存在。在乡村生态环境方面，家庭环境卫生与公共环境卫生是量变与质变的关系，如果每一家都随意乱扔垃圾、乱排污水，公共环境卫生不可能得到改善。因此，乡村生态环境保护必须将家庭环境卫生整治与公共环境卫生整治结合起来，这在许多村规民约中都有体现。

一、家庭整体环境卫生整治

整洁干净的庭院和室内环境是家庭环境卫生整治的基本要求和目标之一，从整体外观上能够给人以舒适的观感。在村庄这个乡村共同体范围内，某一家庭内部环境卫生的好坏是很容易被其他村民知晓的，从而可能会影响其他人对这一家庭的评价。从这一角度看，南方少数民族乡村地区的家庭整体环境卫生本身就可能依靠村民的自觉而趋向优良。但是不同地区的乡村又有自己的实际情况，房屋建筑材料存在砖瓦、木材等差异，产业结构存在林业、种植业等差别，这些差异在家庭环境卫生中也有不同程度的体现。例如，贵州少数民族乡村地区，林业产业较多，村民房屋材质也以木材为主，房屋一般分 3 层，最底下一层喂养牲畜，中间一层是居住和饮食地，而最上一层一般是杂物间，这种地区传统居住生活方式强调的是实用性，但他们自身也注重整洁性，特别是注意杂物和火源必须远离，以防火灾的发生。

总体上看，关于家庭整体环境卫生整治，村规民约一般规定要求村民重视家庭整体环境卫生干净、整洁、有序。例如，《四川省越西县书古乡新华村村规民约》[①] 第 10 条："院坝内干净整洁，室内物品摆放有序，家具干净明亮，切实巩固我村'四好'创建活动的成果。"《四川省越西县申普乡瓦依村村规民约》[②] 第 9 条："崇尚文明，树立新风。牢固树立社会主义荣辱观，坚持以讲卫生为荣，不讲卫生为耻。每户村民的房前屋后及院内，要做到无垃圾，无污水，无乱堆放。坚持每天打扫房前屋后。村民建房时，废弃材料要及时清走，保证道路畅通无人为路障。"

---

① 2017 年 3 月 28 日公布并执行。

② 2017 年 3 月 30 日公布并实施。

二、家庭用火安全管理

家庭用火安全管理不仅直接关系着村民个体的生命财产安全，还直接影响整个村落其他村民的生命财产安全，因此安全用火是乡村生态环境整治中极为重要的内容。在1999年广西金秀瑶族自治县发给全县村庄供参照的《广西金秀瑶族自治县村规民约》中关于“消防安全”有5条内容，其中4条都与家庭用火安全管理相关。

1. 加强野外用火管理，严防山火发生。

2. 家庭用火做到人离火灭，严禁将易燃易爆物品堆放户内、寨内，定期检查、排除各种火灾隐患。

3. 加强村寨防火设施建设，定期检查消防池、消防水管和消防栓，保证消防用水正常。

4. 对村内、户内电线要定期检查，损坏的要请电工及时修理、更新，严禁乱拉乱接电线。

5. 加强村民尤其是少年儿童安全用火用电知识宣传教育，提高全体村民消防安全知识水平和意识。

《贵州省从江县下江镇高仟村村规民约》更是有“农村消防”专门一章，[①] 分“防火安全措施”“违规处罚”和“奖励

---

① 该村规民约于2012年12月18日经村民大会讨论通过，2012年12月19日公布，于2013年1月1日起实施。原已定村规民约和习俗规定停止执行。娄义鹏：《贵州少数民族地区纠纷解决机制研究——以苗族、侗族、布依族为例》，中央民族大学2016年博士学位论文，第210－212页。

和表彰”三个部分，大部分内容是关于家庭用火安全管理的，详细规定了农村消防可能涉及的大部分事项。

一、防火安全措施

1. 各户必须慎用生活用火和野外用火，做到用火有人看守，人走必须火灭。

2. 野外用火必须开好防火线后再用火，必须按照野外用火“五准五不准”严格执行。

3. 各户必须搞好本户室内室外、楼上楼下、房前屋后、左右四周的卫生，严防火灾隐患。如果发生寨火，罚款1000元～5000元。

4. 禁止楼上楼下和房前屋后堆放易燃物品，如稻草、茅草、泡木渣等，一经发现，必须清除处理。

5. 未经熄灭的木炭、草木不准带入家中，发现罚款100元～500元。

6. 室内烘烤谷物、棉花、腊肉等必须有人看守，否则不予烘烤。发现无人看守罚款500元。

7. 经镇村规划需开通的防火线，涉及的房屋禾仓等，都必须无条件拆除。在开好的防火线上不准搭牛棚、建谷仓等。

8. 严格执行守寨喊寨制度，任何人不得以任何理由拒绝，并要尽职尽责履行值班职责。一旦发生险情，要及时喊寨和采取措施。巡逻喊寨人员，要串寨提示防火，要警告小孩别玩火，要检查各户用火情况，有水情况，检查各户安全隐患情况，注意观察火警发生情况。若有火警应立即喊人到现场扑灭火势，重点检查五保户，有老人家在家用火户用火情况。每5天一个组检查，一天一次喊寨，若发现哪个组不检查，罚款50元~100元。

9. 白天外出生产或夜间睡觉前，必须精心处理火种，做到火种灭熄，水缸、水桶装满水，火柴、火机藏好，不准小孩玩火，发现小孩玩火，及时教育。

10. 生活用电必须谨慎，严禁乱接皮花线，必须按照电工要求接电，并要经常检查线路安全。如乱接乱安者罚款100元~200元。

11. 一旦发生寨火山火，消防组织、义务消防队员要积极投入到灭火上去。要精心组织男女青年民兵扑灭救火，疏散老人儿童远离火灾区，要顾全大局，严禁只顾搬运自己财产。

12. 用煤油灯串寨必须小心谨慎，做到少用或不用油灯串寨。禁止使用火把串寨，发现后罚款100元~500元。

13. 积极地大力推行木改砖建房，茅草或木皮盖房改瓦盖房，楼上用火改为楼下用火，无灶用火改为有灶用火。有条件的要推行沼气，大力推广节柴灶，减少寨火事故发生，如发现不改者罚款200元~600元。

14. 实行防火执勤检查制度，以组为单位采取轮流值班检查防火工作或各组推荐一名责任心强的人员专职值班检查，防火安全检查每月1次以上。

15. 加大对消防安全“四种人”（即精神病人、智障人员、经常醉酒人员、孤寡老人）的监督管理，保持经常检查，随时监控。

二、违规处罚

1. 因用火不慎导致发生山火寨火的肇事者，除依法追究其责任外，另罚200元，造成火警的罚款100元。

2. 房前屋后，楼上楼下堆放有易燃物品（如稻草、茅草、泡木渣、未经熄灭的木炭、草木灰等）的，一经发现罚款50元。

3. 按照防火规划，应搬迁而抵制搬迁者，除镇村工作组强制其搬迁外，其搬迁村寨不再义务投工协助，并另罚100元。拉通防火线后，又私自强占防火线建禾仓、搭牛棚猪圈，除强制撤除外，另罚100～200元。

4. 不积极参加防火线拉通务工者，按每缺1天罚款25元计收。

5. 山火寨火发生后，村组干部、义务消防队员无故不积极地投入救火工作的，村干罚100元，组干罚70元，义务消防员罚50元。男女青年民兵不积极参加的罚50元，凡发生山火寨火全村男女必须积极救火，不准擅自抢出自家或熟人的财产，发现者将其擅自抢出的私有财产没收给村寨集体公有处理。并对其今后家庭有困难，全寨不予帮助。

6. 值班守寨喊寨人员不认真履行职责，发生寨火火警的罚款100元，造成火灾的罚款200～500元，并承担相应的法律责任。

7. 农户家中存在有严重防火隐患并不及时采取清除补救措施的罚款50元，并令其消除火灾隐患。

8. 村组干部、义务消防队长因渎职造成火灾严重后果的罚款200~500元。

9. 对经防火工作组检查二次仍未达到防火标准的不安全户罚20元。对拿火把串寨人员发现一次罚款50元。

10. 因未成年人用火不慎发生山火寨火，其监护人负全部责任，并按成年人处罚标准进行处罚。

11. 对不认真安排落实，督促检查防火工作的村干，导致发生火灾的给予每个人200元罚款，并追究相关责任。

12. 对于不认真执勤值班的村民或专职值班检查防火安全人员，一经发现处罚50元，若因值班不坚持防火安全检查要求，造成火灾事故的，除追究其责任外，处罚100元。

三、奖励和表彰

1. 对在扑救山火寨火过程中，充分发挥其组织作用，并积极地投入救火中去，使火灾事故得到有效及时控制，减少群众财产损失的，都应给予肯定和表扬，并号召全村及全社会向其学习，也可从当次火灾罚款金额中奖30%作为物资（质）奖励。

2. 因在救火过程中造成严重伤害的，除积极争取上级解决其医疗费用外，全村村民也应发扬“一方有难，八方支援”的精神，解决其医疗费用。造成伤残的，除国家补助赡养外，全村必须集资供养，如有老人和孩子的全村也应赡养老人和抚养孩子到成年。

3. 对举报或及时发现重大火灾隐患有功者，从当次罚款额中奖50%作为物资（质）奖励。

家庭用火安全管理主要有重视用电、用火安全，严禁随意堆放易燃易爆物，特别是不得在屋内堆放。《浙江省桐庐县莪山畲族乡新丰民族村村规民约》[①] 第5条："家庭用火做到人离火灭，严禁将易燃易爆物品堆放户内、村内，定期检查、排除各种火灾隐患。"《贵州省台江县排羊乡展里村村规民约》[②] 第20条："不准抬稻草或易燃物品进寨进屋堆放，违者罚款120元，并限期整改。" 《四川省越西县越城镇新村村规民约》[③] 第9条："排除住房内的火灾隐患，做到警钟长鸣、防患未然，尽量把火灾消除在萌芽状态。对村内、户内电线要定期检查，损坏的要请电工及时修理、更新，防止线路老化而引起火灾。"第10条："严禁私拉乱接、偷电，屋内严禁堆放易燃易爆物品。做到定期检查、排除各种火灾隐患。"相较而言，儿童及老人是家庭用火安全管理的重点关注对象，有的村规民约明确规定："家庭用火做到人离火灭，严禁将易燃易爆物品堆放户内；家庭用电及野外用火管理，特别是加强对留守儿童及留守老人安全用电用火知识宣传教育，严防安全事故发生。"[④]

2000年3月2日，贵州省锦屏县茅坪镇依法治镇领导小组在印发给全镇各村的村规民约样本中，第2条即是关于严防

---

① 2018年10月25日通过并施行。

② 2006年6月通过并实施。

③ 2017年3月28日公布并执行。

④ 《湖北省恩施土家族苗族自治州建始县茅田乡三道岩村村规民约》第2条"消防安全"。转引自何傲：《乡村治理视角下少数民族地区村规民约的功能研究——以恩施州建始县三道岩村为例》，湖北民族学院2018年硕士学位论文，第48页。

寨火发生的规定，“严防寨火发生，发生火警者，每次罚款壹佰元，并敲锣喊寨一个月”，敲锣喊寨即要求行为人在夜间巡查，提醒全村人预防火灾，这是延续了我国乡村社会的巡寨防火传统。后来，上寨村又制定了专门的《上寨村民防火公约》。[①] 2004 年 6 月，上寨村民委员会就曾对该村一村民引发火警的行为进行了处理。

关于对龙××引发火警的处理决定

上处罚字（2004）02 号

龙××，男，苗族，县木材公司在职工人，家住上寨村晚布片区。2004 年 5 月 29 日上午五点五十分，在其卧室不明原因引起火警，天花板油布、床、被条等被烧，当时其已锁门外出。幸得邻居发现，在众村民及时施救才得以扑灭，未成大患，造成火警的主要原因是思想麻痹，防火意识淡薄，对家中存在的安全隐患不及时发现、处理，预防无力，给全寨造成一定的不良影响。经村委研究，对其作出如下处理决定：

一、责令其将家中不安全火警隐患作一次全面的清查整理。特别对电源线路，该拆除的拆除，该换的换新，杜绝事故再次发生。

二、写出深刻书面检查一份，并复制三份（一开纸张）张贴街道。

---

① 具体内容参见前文。

三、根据《上寨村民防火公约》第十条之规定，决定对其处壹佰元（100 元）罚款，罚款交上寨村。

四、本处理决定下达后即生效，若对本处理决定不服可在 5 日内提出，提出后本村将移交给上级司法机关处理。

茅坪镇上寨村村民委员会

二○○四年六月四日

抄：镇综治办

抄：派出所

发：龙××本人

村留存一份

该处理决定格式完整，有理有据，在决定后面还加上了对处理决定不服的救济办法，是村规民约发挥实际作用的直接体现。

三、村民个人卫生习惯养成

乡村生态环境保护的最终落脚点是村民的个人行为，前文所述及的所有行为规范都需要村民的切实遵循和践履，只是在公共环境卫生整治和家庭环境卫生整治方面提出了具体的要求，此处则重点关注村民的个人卫生习惯问题。

有的村规民约在个人卫生习惯方面的内容是倡议性的。例如，《四川省越西县瓦岩乡渔洞村村规民约》① 有“倡导健康

① 经 2017 年 3 月 27 日村民大会讨论通过修改，并开始实施。

文明的生活方式，养成良好的生活习惯和卫生习惯”的内容，《四川省越西县拉普乡如果洛村村规民约》[①] 也倡导“个人要养成良好卫生习惯”。有的村规民约要求家长应当教育好自己的子女，养成良好的卫生习惯。例如，《贵州省锦屏县新化乡新化所村新园寨寨规民约》[②] 第5条规定：“为了杜绝白色垃圾的产生，每家每户应把垃圾桶设在自家的门口，便于所有人员的垃圾投放，应教育好自己的子女不要乱扔垃圾，养成人人讲卫生的习惯。”

有一些村规民约的规定则多是一些具体细微的事项。例如，云南省贡山独龙族怒族自治县文明办发布的《村民行为公约》在“遵守公德 讲究卫生”部分，详细规定：“睡觉前，洗洗脚；起床后，洗洗脸；平时里，洗洗澡；穿衣服，要干净；日用品，常整理”，这些都是直接针对个人卫生提出的要求。《四川省越西县越城镇城西村村规民约》[③] 在“环境治理”部分除了规定家庭及公共环境卫生保护之外，对个人卫生事项也进行了专门规制。

环境治理

1. 崇尚文明，树立新风。牢固树立社会主义荣辱观，坚持以讲卫生为荣，不讲卫生为耻。

---

① 2017年3月30日公布并执行。
② 2015年1月8日通过并执行。
③ 2017年3月28日公布并执行。

2. 带头弘扬正气，敢于同一切不讲卫生，破坏环境卫生、容貌秩序的行为作斗争。

3. 每户村民的房前屋后及院内，要做到无垃圾，无污水，无乱堆放。坚持每天打扫房前屋后。村民建房时，废弃材料要及时清走，保证道路畅通无人为路障。

4. 不准随地吐痰，不准乱丢果皮、纸屑、烟头及其他杂物。不准随处乱贴、乱涂、乱刻。任何人不准乱倒乱放垃圾。要自觉养成人人讲卫生、个个爱整洁的良好风气。

5. 如有违反上述环卫公约的，轻者给予批评教育，如有屡教不改和情节严重者，给予50～100元经济处罚并责令其改正其不道德行为。

乡村生态环境是村民生存、生活和发展的基本物质性条件，是农业、农村、农民全面发展的基础。保护乡村生态环境是建设美丽乡村、践行“绿水青山就是金山银山”理念、推进生态文明建设的应有之义。南方少数民族乡村地区的生态环境保护具有显著的地区差异性，不同地区所面临的乡村生态环境问题是不同的，因此需要根据村庄实际做出不同的应对。东南某些少数民族乡村地区的经济发展水平较高，城乡一体化水平在稳步提升，在村庄规划建设、垃圾污水处理设施等方面较为完备，因此在乡村生态环境保护方面的重点是加强城乡环境综合治理，强调村民的自觉遵守。而在西南某些少数民族乡村地区，森林、水等自然资源较为丰富，经济以农业、林业生产为主，秸秆、稻草等农业剩余品较多，部分房屋仍然以木质为主，村民的垃圾分类意识仍然有待提高，众多因素导致该地区的乡村生态环境保护压力较大。无论面临何种乡村生态环境问题，归根结底是依赖村民的主动参与，自觉规范自己的行为，这就需要国家法律法规、村规民约等行为规范的保障。南方少数民族乡村地区继承利用村规民约进行乡村治理的传统，根据时代和社会变迁发展的需要，制定和实施了与乡村生态环境保护相关的村规民约。在具体内容方面，这些村规民约包括公共环境卫生整治和家庭环境卫生整治中的众多事项，最终都是要求每一位村民自觉形成良好的生活习惯和卫生习惯，参与到乡村生态环境保护的各项事务中，推进乡村环境卫生整治，共同建设一个生态宜居的美丽乡村。

第八章 生态环境保护中南方主要少数民族村规民约的作用机制

作为一种社会规范，村规民约发挥有效的社会作用也是需要通过相应的机制实现，具体包括村规民约的制定程序、内容协商、违规处理、争议解决等机制。自然资源与生态环境保护是南方少数民族乡村地区村规民约的主要内容，在推进生态文明的当下，其地位和功能愈发重要。关于通过村规民约保护自然资源与生态环境的具体内容，前几章已经作了初步论述，本章主要总结探讨南方少数民族乡村地区村规民约的制定和实施是如何具体保护自然资源与生态环境。同时，也应当看到，村规民约与国家法之间存在着契合与差异双重关系，在全面依法治国的背景下，我们也需要处理好村规民约与国家法的这种复杂关系，以健全自治、法治、德治相结合的乡村治理体系，促进乡村善治。

第一节　南方主要少数民族村规民约在生态环境保护中发挥积极作用的原因分析

关于村规民约在乡村治理中能够发挥积极作用的原因，有学者认为村规民约之所以能够在乡村经济、政治、社会、文化、生态等方面的治理中发挥重要的积极作用，主要是六个方面的原因：国家法律的确认、社会环境的支持、自治传统的发扬、集体认同的支撑、治村能人的推动、村规民约的变革调适[①]。从村规民约这一社会规范本身来看，其发挥积极作用的原因可以归纳为制定机制上注重自治性、内容安排上注重针对性、保障机制上注重强制性。本节主要根据前文对南方主要少数民族村规民约与自然资源、乡村环境卫生整治关系的论述，来具体分析村规民约在生态环境保护中发挥积极作用的原因。

一、制定机制上注重自治性

制定机制上注重自治性，首先体现为法定自治下的南方主要少数民族村规民约。村规民约是村民进行自治的社会规范，

① 参见陈寒非、高其才：《乡规民约在乡村治理中的积极作用实证研究》，载《清华法学》2018 年第 1 期，第 76－79 页。

其前提是村民自治，而村民自治是由我国宪法和法律确立的基层群众自治制度。我国《宪法》在第 111 条主要规定了村民委员会这一村民自治组织形式，但是村民委员会不能等同于村民自治。村民自治是“农村特定社区的全体村民，根据国家法律法规的授权，依照民主的方式建立自治机关，确定行为规范，办理本社区内的公共事务和公益事业”。[①] 村民自治章程和村规民约是村民自治的两种主要社会规范。《村民委员会组织法》第 27 条明确规定：“村民会议可以制定和修改村民自治章程、村规民约，并报乡、民族乡、镇的人民政府备案。村民自治章程、村规民约以及村民会议或者村民代表会议的决定不得与宪法、法律、法规和国家的政策相抵触，不得有侵犯村民的人身权利、民主权利和合法财产权利的内容。村民自治章程、村规民约以及村民会议或者村民代表会议的决定违反前款规定的，由乡、民族乡、镇的人民政府责令改正。”因此，南方少数民族乡村地区制定村规民约来保护自然资源与生态环境，是有明确法律根据的。同时，村规民约的制定和实施也离不开村民委员会，村民委员会负责组织召开村民会议或者村民代表会议，具体执行和解释村规民约。例如，《浙江省桐庐县莪山畲族乡沈冠村村规民约》[②] 在最后明确规定：“本村规民约自全体村民会议表决通过之日起施行，由村两委会负责解释。”这里的“村两委会”指的是村党支部委员会和村民委员

① 崔智友：《中国村民自治的法学思考》，载《中国社会科学》2001 年第 3 期，131 页。

② 2018 年 10 月 25 日通过并施行。

会，这也是符合当前村民自治实践的具体情况。

制定机制上注重自治性，还指的是在村规民约的制定程序上强调全体村民的共同参与，一般是通过召开村民会议的形式制定，对于人数较多或者居住分散的村，也可以由村民代表会议通过。此处的制定是广义的制定，包括制定、修改和废止等。在制定程序上，各村规民约一般在最后规定经村民会议或者村民代表会议通过后开始施行。《四川省越西县瓦岩乡茶园村村规民约》① 则在前言部分规定了法律根据和制定程序，其内容是："根据《中华人民共和国村民委员会组织法》有关规定，为了发挥村民在村民自治中的主体作用，引导村民依法依规参与本村事务处理，实现自我管理、自我教育、自我服务、自我约束，经村民会议讨论通过，特制定本《村规民约》，作为全体村民共同遵守的行为规范。"这里规定"经村民会议讨论通过"，也是符合《村民委员会组织法》规定的，遵循了法律法规的明确要求，注重坚持村民自治。有的村规民约则表明是由村民代表会议通过的。《四川省越西县瓦里觉乡竹林村村规民约》② 在前言则说明村规民约是"经村民代表会议通过"。有的村规民约则是说明经由村党员、村民代表会议通过。《广西金秀瑶族自治县金秀镇长二村民委卫生公约》在前言中则说明："经村党员、村民代表大会讨论通过，制定本条约。"有的村规民约规定了修改程序。《四川省汶川县龙溪乡垮坡村

---

① 2017 年 3 月 30 日公布并执行。
② 2017 年 3 月 30 日公布并执行。

村规民约》[①] 在附带“说明”中规定：“如需修改本村规民约，需半数以上村民提议。”有的村规民约将执行修订单独列为一条，包含执行、监督、修改、生效等内容。例如，《四川省越西县拉吉乡竹洛村村规民约》[②] 第 7 条是“执行修订”，具体内容是：“1. 村两委负责执行《村规民约》具体条款，监委会负责监督落实。执行中若遇争议，首先由村两委协调，协调不成，可召开村民代表大会决定。2. 三分之一以上村民代表或十分之一以上村民联名可提议修订《村规民约》的具体条款。修订《村规民约》应遵循‘四议两公开’程序。3. 本《村规民约》自村民代表大会表决通过之日起公示七天后生效，同时上报竹洛乡政府备案。4. 本《村规民约》的解释权归竹洛村两委。”

二、内容安排上注重针对性

村民自治章程和村规民约都是村民自治有效实现的社会规范，但二者在内容上有显著差异。村民自治章程的内容一般包括村级组织（村民委员会、村民小组、村务监督委员会）、村民会议和村民代表会议、经济管理、财物管理、社会治安等，总体上看，村民自治章程强调的是促进和保障村民自治。而村规民约直接针对的是村民个体的行为规制，一般包括日常行为规范、公共秩序维护、群众权益保障、群众纠纷调解、民风民

① 1991 年 10 月 26 日通过并实施。

② 2017 年 3 月 30 日通过，4 月 6 日起施行。

俗引导等内容，在内容上要充分考虑当地风俗习惯、历史文化等因素，在表达上要通俗易懂，容易为村民熟知。南方少数民族地区的村规民约，坚持问题导向，在内容安排上注重针对性，切实解决自然资源与生态环境保护中的具体问题。主要体现在两个方面：制定目的的表达上和具体内容的安排上。

在制定目的的表达上，有关自然资源与生态环境保护的专门性村规民约一般在前言部分直接说明该村规民约的制定目的；在综合性的村规民约中，在前言部分也包含着与生态文明建设、与自然资源、与生态环境保护相关的内容。例如，贵州省锦屏县彦洞乡黄门村制定和实施的《关于红白喜事禁止大量燃放烟花爆竹规定》,[①] 在前言部分就直接罗列了四项制定目的，“1. 利于创建环卫，促使环境宜居和谐。2. 利于安全稳定，避免事故发生。3. 利于避免噪声污染，促进身心健康(人类)。4. 利于经济发展，减少不必要的浪费”。《广西金秀瑶族自治县金秀镇长二村民委卫生公约》[②] 在前言中则说明：“为了搞好我村卫生清洁工程，推进创建平安和谐的农村新面貌，提高我村精神文明建设，经村党员、村民代表大会讨论通过，制定本条约，希全体村民共同遵守。”《浙江省桐庐县莪山畲族乡塘联村村规民约》[③] 在前言中则突出强调“建设文明卫生新农村”。有的村规民约更是在前言中提出建设“生态乡

① 2016 年 3 月 13 日通过并实施。
② 2007 年 3 月 24 日通过并实施。
③ 2018 年 10 月 25 日通过并实施。

村”，《四川省越西县南箐乡白泥村村规民约》[①] 在前言中的具体表述是：“规范村民清洁乡村卫生行为，改善村容村貌，推进‘生态乡村’建设。”

具体内容的安排上，有的村规民约是专门规制乡村社会自然资源与生态环境保护的，有的则是在综合性村规民约中纳入自然资源与生态环境保护的内容。专门性的村规民约一般是针对不同的问题而制定，体现了具体内容安排上的针对性。例如，广西金秀瑶族自治县六巷乡四个生产队为了封山造林、封河养鱼而专门制定了《关于封山造林、封河养鱼问题的决定》[②]，贵州省锦屏县彦洞乡黄门村为了推动移风易俗，制定了《关于红白喜事禁止大量燃放烟花爆竹规定》[③]，贵州省锦屏县平秋镇石引村为了解决村庄脏乱差的问题，专门制定了《平秋镇石引村整脏治乱管理制度》[④]。

自然资源与生态环境保护在综合性村规民约中的体现形式主要有三种。第一种是在村规民约中有单独一部分是关于自然资源保护与生态环境保护的，这在分章分部分的村规民约中比较常见。其中常见的表达方式有：“生态”[⑤] “清洁乡村”[⑥]

① 2017 年 3 月 30 日通过并实施。

② 1980 年 3 月 15 日通过并实施。

③ 2016 年 3 月 13 日通过并实施。

④ 2008 年 4 月 21 日通过并实施。

⑤ 《四川省越西县梅花乡团结村村规民约》第 1 条，2017 年 3 月 30 日公布并实施。

⑥ 《四川省越西县南箐乡白泥村村规民约》，2017 年 3 月 30 日公布并实施。

“生态宜居”[①]“生态保护制度”[②]“公共卫生”[③]“城乡环境综合整治”[④]“环境治理”[⑤]。例如，《四川省越西县越城镇外南村村规民约》[⑥]第三章就是关于“公共卫生”的内容，其中又分为3条：“第一条：积极开展文明卫生村建设，严禁随地乱倒乱堆垃圾、杂物；修房盖屋余下的垃圾碎片应及时清理，柴草、粪土应定点堆放。违者除限期予以清除外，罚款50至100元。第二条：保持村容卫生实行门前三包制，垃圾的清扫和定点投放，每户签订责任书并按规定如数缴纳垃圾清运费，如发现乱倒垃圾者，责令其本人打扫干净，并给予50至100元罚款。第三条：对于有病的牲畜，不准买卖，对于病死牲畜要深埋村外不准流入市场。否则，罚款500元。”第二种是用几条或者几条来具体规定自然资源与环境保护的内容。例如，《福建省三明市梅列区徐碧街道洋山畲族村村规民约》[⑦]第14条即规定：“保持村容村貌卫生整洁，共同搞好街道清洁畅通，不乱丢果皮杂物，不乱倒垃圾，不乱堆乱放。”该村规民约接着在第15条规定：“村民在公路边、水渠进行树木或毛竹砍伐时，所留下的垃圾必须由本人及时处理干净，保证道路和

① 《浙江省桐庐县莪山畲族乡尧山村村规民约》，2018年10月25日通过并施行。

② 《浙江省丽水遂昌县三仁畲族乡坑口村村规民约》，2017年5月通过并施行。

③ 《四川省越西县越城镇新村村规民约》，2017年3月28日公布并执行。

④ 《四川省越西县越城镇城北村村规民约》2017年3月28日公布并执行。

⑤ 《四川省越西县越城镇城西村村规民约》2017年3月28日公布并执行。

⑥ 2017年3月28日公布并实施。

⑦ 2006年9月通过并实施。

水渠的畅通。”第三种则是在社会治安、社会秩序维护条文中规定严禁偷盗损坏林木、禽畜等与自然资源保护相关的内容，这种表达方式也比较常见。例如，《广西金秀瑶族自治县六巷乡冲尾村村规民约》[①] 第 8 条规定：“偷猪、鸡、鸭、鹅等，除退回原物外（吃去的按市场价格折款），每只罚款 12 元，偷猪的另加罚款 50 元。”《贵州省锦屏县隆里乡华寨村自治合约》[②] 第 10 条规定：“凡未经村民委同意，随意炼山、烧田埂等野外用火，引起山林火警、火灾，违者自愿承担违约金 1000～2000 元，触犯法律者，移交司法机关处理。”

根据本书论述所涉及的村规民约，从村规民约的制定时间与其内容的关系上看，2012 年党的十八大召开之前，各地村规民约更多的是强调乡村社会的自然资源保护与公共环境卫生保护，此时并没有关于生态环境保护、生态文明建设的直接内容。而在党的十八大之后，特别是党的十九大召开，乡村振兴战略提出以来，生态宜居、生态环境保护的内容在村规民约中体现得愈加明显。这也体现了村规民约根据社会发展变化需要而有所更新和调整，并非一成不变，也是内容安排上注重针对性的体现。

三、保障机制上注重强制性

作为一种社会规范，村规民约也需要在乡村治理实践中得

---

① 1982 年 12 月 15 日通过并实施。

② 本《村民自治合约》于 2010 年 5 月 6 日由村民代表会议表决通过，由户主签字认可，自 6 月 1 日起执行，由村民委组织实施。

以实施，这就需要相应的保障机制，否则村规民约就容易成为纸面上的规范。村规民约直接规范每一位村民的个体行为，而乡村社会在本质上仍然是一个“熟人社会”，是一个乡村共同体。也有一些学者指出当前乡村社会正在向“半熟人社会”“无主体社会”转变，[①] 但这也不影响在一定乡村社会范围内的村民依然坚持传统行为模式，特别是在南方少数民族乡村地区，“熟人社会”的特质体现较为明显。经济社会转型时期的乡村社会，收入来源、沟通交流方式可能会发生变化，但村民之间世代延续形成的伦理道德等价值观也继续发挥着其应有的作用。社会规范的效力核心在于是否有强制性及强制性的程度，分析村规民约的强制性保障，主要体现在执行组织和奖惩措施两方面。

村规民约的有效执行首先离不开执行组织，如果没有执行组织，则规范必然会成为一纸空文。村规民约是适用于乡村社会的行为规范，因此其执行组织主要是乡村内部组织。根据制定机关的不同，南方主要少数民族村规民约由村民委员会内部制定和乡镇人民代表大会制定。对于由乡镇人民代表大会制定通过的村规民约，则其执行机构是乡镇人民政府。例如，《云南省贡山县独龙江乡乡规民约》是由该乡十一届人民代表大会一次会议审议通过，第34条规定：“本乡规民约由乡人民政

---

① 相关论述可参见：贺雪峰：《论半熟人社会——理解村委会选举的一个视角》，载《政治学研究》2000年第3期，第61－69页；吴重庆：《无主体熟人社会》，载《开放时代》2002年第1期，第121－122页；陈柏峰：《半熟人社会：转型期乡村社会性质深描》，社会科学文献出版社2019年版。

府负责执行，乡人民代表大会负责监督。对违反以上有关条款的村民，乡人民政府有进行依法处罚、批评教育等权利。本乡规民约自二〇一三年一月九日起执行。”《福建省宁德市福安市穆云畲族乡乡规民约》也规定：“本乡规民约由乡政府负责执行，乡人大负责监督。对于违反以上有关条款的公民，乡政府进行批评教育，情节严重的交司法部门处理。”[①]《广西金秀瑶族自治县金秀镇镇规民约》第 40 条规定：“本规约自镇三届人民代表大会第一次会议 1987 年 10 月 13 日通过。于 1987 年 11 月 1 日起执行。并报金秀县人大常务委员会备案。”《四川省阿坝藏族羌族自治州理县蒲溪乡乡规民约》第 23 条规定：“此《乡规民约》，从公布之日起执行。蒲溪乡第七届人民代表大会第二次会议全体代表讨论通过。”虽然金秀镇和蒲溪乡的规约中没有直接体现执行组织，但在实践中都是由乡镇人民政府负责具体执行。

对于村民委员会内部制定的村规民约，一般是村内相关组织负责执行。这里首先需要分析乡镇人民政府在村规民约执行中的作用。根据《村民委员会组织法》，村民会议可以制定和修改村规民约，并报乡、民族乡、镇的人民政府备案。村规民约不得与宪法、法律、法规和国家的政策相抵触，不得有侵犯村民的人身权利、民主权利和合法财产权利的内容。村规民约违反上述规定的，由乡、民族乡、镇的人民政府责令改正。根

① 2012 年 3 月制定，具体公布日期不详。参见中共福建省委宣传部、中共福建省委文明办、福建省地方志编纂委员会、福建省文化厅编译：《福建乡规民约》，海峡文艺出版社 2016 年版，第 434－436 页。

据此法律规定，乡镇人民政府对村规民约的制定和实施起监督作用。此外，人民法院、人民检察院也会对因执行而产生的违法犯罪行为进行裁判或者监督，二者也主要是外部监督机关，也不是村规民约的直接执行组织。南方少数民族乡村地区的村规民约在执行组织方面规定有差异。一般来说，村民委员会是最主要、最常见的执行组织，有的村规民约则除了村民委员会之外，还建立了治安联防队、执约队、执约组、执约小组等群众自发形成的组织予以保障实施，而在某些地区则由当地传统乡村管理组织负责执行。例如，贵州省锦屏县彦洞乡黄门村为移风易俗而制定的《关于红白喜事禁止大量燃放烟花爆竹规定》① 中就有村治安联防队这一村民自发形成的社会组织，“本移风易俗规定为村规民约条款施行，各农户自觉遵守，由村委会和村治安联防队监督实施工作”。《广西金秀瑶族自治县金秀镇金秀村石牌》② 由村民委员会负责公布，而执行则是由“石牌头人和成员由七人组成，负责石牌的执约工作”。《广西金秀瑶族自治县金秀镇社村村规民约》③ 规定由“执约组”负责执行，例如，第 2 条规定：“凡属各户管理的林木（水源林和经济林），个人种的杉木、毛竹、八角、黄柏皮、桐油、茶子（籽），任何人不得以任何手段乱砍滥伐，违者由执约组按具体情况处理。”《广西金秀瑶族自治县金秀镇长二村民委卫生公约》则规定了专门的执约队，由队长、副队长

① 2016 年 3 月 13 日通过并实施。
② 1991 年 2 月 5 日通过并实施。
③ 1993 年 4 月 25 日通过并实施。

和成员共 9 人组成[①]。《贵州省黎平县水口镇岩湾村村规民约》[②] 第 19 条则规定了几种不同类型的组织，“在村‘两委’的领导下，建立‘合约执行小组’，负责合约的执行及完善合约的工作；建立‘监督小组’，负责监督‘合约执行小组’开展工作；建立‘以歌劝和小组’，负责劝和劝善改恶工作；成立‘调解小组’负责本村民事、山林权属纠纷调解工作”。各个小组各有其职责，“合约执行小组”是最主要的执行组织，“监督小组”发挥监督职能，而“以歌劝和小组”则体现了民族治理文化特色。《贵州省锦屏县河口乡文斗村村民自治合约》[③] 在“村民义务及合约”部分的第 2 条也规定：“加强团结，和谐共处，以歌劝和。凡家庭内部及邻里之间因生产生活产生矛盾处理不当，引发谩骂、争吵、打架行为，由全村推选上门‘劝和’小组劝和，同时由引发矛盾纠纷的家庭承担吃‘劝和饭’的费用。”

除了建立执行组织提供组织保障之外，南方少数民族乡村地区的村规民约的强制性主要体现在惩罚性措施上，也有村规民约规定的是奖惩措施，包含奖励和惩罚两方面。村规民约中最为普遍的惩罚性措施是罚款，有的村规民约称之为违约金。

---

① 2007 年 3 月 24 日通过。“村规民约执约队员名单：队 长：陶永生 副队长：陶永荣、莫一波 成 员：陶伟通、陶 明、陶永洪、陶干荣、莫运才、莫仕忠。”

② 2014 年 11 月 19 日通过，自 11 月 20 日起执行。参见：娄义鹏：《贵州少数民族地区纠纷解决机制研究——以苗族、侗族、布依族为例》，中央民族大学 2016 年博士学位论文，第 203 页。

③ 2012 年 12 月 25 日通过，自 2012 年 12 月 30 日起实施。

在具体的罚款数额上，村规民约也是存在很大差异，有的超过万元，而有的则规定只罚款 1 元。《广西环江毛南族自治县下南乡仪凤村村规民约》[①] 在正文主体部分并没有规定对违规行为的处理，而是在最后规定：“对违犯上述所列条款，触犯法律、法规的，报送司法机关依法处理，除赔偿损失或返还原物或恢复原状外，视情节轻重收取违约金一元。违约金收取管理由本村民小组组干执行。”该村规民约只是象征性地规定收取一元违约金。此处首先需要明确惩罚性措施特别是“罚款”的性质。“罚款”明显不能简单等同于国家机关做出的行政处罚中的罚款，不能简单地就从字面意义上讲村规民约中的“罚款”否定。根据《村民委员会组织法》，村规民约不得有侵犯村民的人身权利、民主权利和合法财产权利的内容，那村规民约中普遍存在的“罚款”是否属于这里“侵犯村民的合法财产权利”？本书认为应当作区分对待，村规民约规定的罚款数额应当与违规行为成比例，过高的明显不符合常理的罚款是明显违背法治精神的，但是村规民约的核心在于“民约”，即村民共同约定后成为村民应当遵循的规则。无论是“罚款”还是“违约金”，其适用范围是乡村社会这个特定区域，村民自治是宪法法律确认的政治制度。而通常理解的“罚款”是行政法意义上的术语，这就需要结合行政法的基本原则和基本精神来综合考虑。行政法的基本原则和基本精神是限权，即限

① 2000 年 9 月 18 日公布并实施。转引自包其剑：《毛南族习惯法研究——以环江县下南乡毛南族为例》，广西师范大学 2011 年硕士学位论文，第 42 页。

制行政机关不能随意对公民做出行政处罚，行政机关必须在法律规定或者授权的范围内作出罚款等行政处罚行为。

南方少数民族乡村地区的村规民约在惩罚性措施方面一般是包含村内处罚和移送公安等其他机关处理。有的村规民约是对每一条违规行为规定相应的惩罚性措施，有的村规民约则是单独规定关于惩罚性措施的条文。例如，《浙江省桐庐县莪山畲族乡中门民族村村规民约》① 在最后一条即第 25 条规定："违反本村村规民约的，除触犯法律由有关部门依法处理外，村民委员会按以上村规民约可作出如下处理：1. 予以批评教育；2. 责令其恢复原状或照价赔偿；3. 取消享受或者暂缓享受村里的各种福利待遇；4. 凡被依法处罚或违反本村村规民约的农户，在本年度不得评先进。外来人员在本村居住的参照执行本村村规民约。"其中第 2 项"责令其恢复原状或照价赔偿"实际上根据破坏自然资源与生态环境的对象的不同而有针对性的措施，例如砍伐树木的一般会要求村民补种，在道路上随意堆放垃圾的则会要求该村民清理垃圾。有的村规民约则是规定奖惩措施，但并非全部是惩罚性措施，做到奖惩相结合。例如，《浙江省丽水遂昌县三仁畲族乡坑口村村规民约》② 第 15 条是"违反村规民约奖惩制度"，其具体内容是："（一）村民委员会每年进行先进评比，经村两委联席会议商议后，由村民委员会表彰奖励遵守村规民约的模范家庭和村民个人。

① 2018 年 10 月 25 日通过并实施。

② 2017 年 5 月通过并实施。

（二）如违反本村规民约：1. 取消一切优抚政策。2. 建房审批、贷款审批或其他经村委审批的手续及开办证明由村民代表以上会议表决通过。3. 子女升学，子女工作单位录取，来村委了解其家属和本人在村表现时，村委会将如实反映。”此外，也需要注意到，某些村规民约则没有具体规定违约行为的惩罚，多是一些倡议性、宣教性的表达，强调的是村民的自觉遵守，而不是简单地用惩罚性措施予以保障。

村规民约规定的奖惩措施之所以能够在乡村社会这个特定区域发挥作用，要充分考虑乡村社会的运行规则。乡村社会是一个特定场域，每一位村民的个体行为都受乡村共同体的场域压力影响。乡村共同体的场域压力有多种表现形式，主要可以从语言和行为两方面理解，其共同要义是“亲近”和“孤立”。“亲近”意味着村民之间友好相处，互帮互助；而“孤立”则意味着被村民疏远和隔离。在语言方面，通过口耳相传、街谈巷议，村民能够快速传播违反村规民约的村民及其行为，且范围广泛，基本上能够涵盖整个共同体，并且能够向外扩散。在行为方面，如果一个村民的行为被其他大多数村民所摒弃，那么也会体现在以行为表达。例如，其他村民不会主动参与该村民家中的红白喜事、耕作、修建房屋等活动，这些对该村民来说都是直接的“惩罚”。

南方少数民族地区村规民约也有长期的发展演变历史，这实际上也是村规民约为何能够在当代依然发挥现实作用的重要原因。有学者将传统村规民约的要旨归纳为：“借文教道德精英之领导而建设稳固的、自我规束管理的地方社群，它鼓励自修、互敬、互助、自愿和为整个社群提供所需的礼。”[1] 在内容上，当代的村规民约与传统村规民约在强调伦理道德、和家睦邻等传统道德的同时，又增加了许多新内容，主要体现在对国家法律法规、政策的执行上。“国家对乡村的治理主要是通过以村规民约为主要形式的村民自治制度来实现”，[2] 从这一意义上说，村规民约的制定和实施也是推进国家治理体系和治理能力现代化的有效途径。

第二节　南方主要少数民族村规民约与健全自治、法治、德治相结合的乡村治理体系

中华人民共和国成立特别是改革开放以来，我国的乡村治理体制在不断实践探索过程中，经历了从“政社合一”到“政社分设”，从“政社分设”到村民自治，从村民自治到自治、法治、德治相结合的历史性转变。[3] 2017 年 10 月，党的十九大报告中更是首次明确提出，“加强农村基层基础工作，

---

① 〔美〕狄百瑞：《亚洲价值与人权：儒家社群主义的视角》，尹钛译，任锋校，社会科学文献出版社 2012 年版，第 58 页。

② 陈寒非：《乡村治理中多元规范的冲突与整合》，载《学术交流》2018 年第 11 期，第 87 页。

③ 具体内容可参见：高其才、池建华：《改革开放 40 年来中国特色乡村治理体制：历程·特质·展望》，载《学术交流》2018 年第 11 期，第 66－77 页。

健全自治、法治、德治相结合的乡村治理体系”。[①] 健全自治、法治、德治相结合的乡村治理体系，总体上来说，主要包括“谁来治理”“依何治理”以及“如何治理”三个方面。其中，“谁来治理”指向主体维度，“依何治理”指向规范维度，“如何治理”指向运行维度。[②] 村规民约属于“依何治理”这一规范维度。在当代中国具体的乡村治理实践过程中，村规民约的地位越来越重要，功能越来越多元，已经成为推动乡村治理有效的重要社会规范形式。而自然资源与生态环境保护问题也是村规民约需要处理的重点领域，在当前生态文明建设背景下更为重要。关于南方少数民族乡村地区村规民约与自然资源生态环境保护的关系，前文已经做了初步论述，本节则是从理论层面分析南方主要少数民族村规民约与国家法的关系，与健全自治、法治、德治相结合的乡村治理体系的关系。

一、南方主要少数民族村规民约与国家法的契合、差异

村规民约与国家法的关系是村规民约研究中的重点内容，其中最核心的内容是自治与法治的关系问题。村规民约是在我国宪法法律确立的村民自治制度框架下，由村民遵照一定程序共同约定而成的行为规范，因此村规民约本身就暗含着自治与法治的关系。但是根据法治原则，从具体内容上看，村规民约

---

① 习近平：《决胜全面建成小康社会 夺取新时代中国特色社会主义伟大胜利》，人民出版社 2017 年版，第 41 页。

② 参见高其才：《健全自治法治德治相结合的乡村治理体系》，载《光明日报》2019 年 02 月 26 日，第 16 版。

与国家法的关系也是复杂的，二者既存在诸多契合之处，在某些方面则可能存在一定的差异。认识村规民约与国家法的关系，首先应当坚持乡村治理的规范根据是多元的，这是基本前提。乡村治理的对象是乡村公共事务，属于村民自治的范围，因此应当鼓励和支持乡村社会通过村规民约进行乡村治理，促进自我管理、自我教育、自我服务。具体到自然资源与生态环境保护领域，村庄的形成经历了一个长期的历史过程，在历史演变中，村民要想确保村庄的长久发展，必须要处理好人与自然、生态的关系，这不仅仅是发展问题，更是生存问题。另一方面，乡村治理是国家治理、社会治理的一部分，乡村治理不可能脱离国家治理、社会治理而独立存在。而法治是国家治理的基本方略，在全面依法治国背景下，更是强调法治国家、法治政府与法治社会一体建设。因此，探讨通过村规民约的乡村治理，也不能忽视国家治理、社会治理。

（一）南方主要少数民族村规民约与国家法的契合

以自然资源与生态环境保护为切入点，村规民约与国家法的关系是契合与差异并存，此处先分析二者之间的契合关系，主要体现在两个方面：一是在内容上，村规民约是国家法在乡村社会范围内的重述；二是在处理措施上，违反村规民约的村内责任与国家法层面法律责任的衔接。自然资源主要分为土地资源、植物资源、动物资源、水资源、矿产资源等，这些自然资源是我国经济社会发展的物质基础。自然资源是非可再生资源，为了保护和利用自然资源，我国已经初步形成了自然资源保护的法律法规体系。与自然资源保护相关的法律法规主要有:《土地管理法》《森林法》《水法》《矿产资源法》《野生动物保护法》《渔业法》等。根据2011年国务院新闻办公室发布的《中国特色社会主义法律体系》白皮书，这些法律法规在中国特色社会主义法律体系中属于经济法部门。经济法是调整现代国家进行宏观调控和市场规制过程中发生的社会关系的法律规范的总称。在自然资源的所有权方面，我国的产权结构以国家所有为主，部分土地资源属于农村集体经济组织所有，部分森林、林木则可以由村集体经济组织或者个人所有。在自然资源的保护和利用方面，我国采取的是保护为主、合理利用的原则，将自然资源的保护和利用作为一个整体来处理。国家法对自然资源这种保护和利用原则在南方少数民族乡村地区的村规民约中有鲜明体现，在前文各章节的具体论述中都已经有此方面的内容。各种自然资源的潜在巨大价值可能会吸引一些村民为了追求个人私利而偷盗、乱砍、占用，从而损害国家、集体或者其他个人的利益。在生态环境保护方面，我国也制定了《环境保护法》《水污染防治法》等法律法规。在中国特色社会主义法律体系中，《环境保护法》属于行政法范畴，强调的是政府的行政行为在生态环境保护中的责任，行政行为的对象是每一位公民，公民的个体行为是环境保护的决定性因素。南方少数民族乡村地区村规民约在生态环境保护方面规定的都是不乱丢垃圾、垃圾分类等极为具体的行为，这反映了村规民约在内容规定上的针对性，是国家法律法规在村规民约中的具体体现。

学理上对中国特色社会主义法律体系也有分类，通常包括宪法及宪法相关法、民法、商法、刑法、行政法、劳动与社会保障法、自然资源与生态环境保护法、诉讼法等。自然资源与环境保护法是一个独立的法律部门，又可细分为自然资源法和生态环境保护法。相应地，习惯法领域也有自然资源与生态环境保护习惯法的内容，村规民约即是自然资源与生态环境保护习惯法的重要体现。本书即是从法多元主义视角进行理解和认识自然资源与生态环境保护法、自然资源与生态环境保护习惯法。按照法多元主义的观点，法不仅仅出自国家，国家之外的社会组织也制定和实施与国家法同样功能的规范，这些规范可以称为“非国家法意义上的习惯法”。[①] 因此，村规民约体现出来的自然资源与生态环境保护习惯法在乡村治理中发挥着实际作用，并不妨碍国家法也发挥实际作用，二者是相互协调、相互辅助的关系。

村规民约是适用于乡村社会的行为规范，在乡村社会这一特定区域内实现治理有效，就必须符合乡村治理的需要。自然资源与生态环境保护本身需要从国家层面进行统筹管理、综合协调，而在乡村社会则是需要考虑到具体面临的问题。在对违规行为的处理措施方面，村规民约与国家法的契合之处体现在移送衔接上。村规民约一般会规定根据行为的性质作出不同的处理措施，如果是明显违背法律法规的行为，则由公安机关、人民法院等国家机关根据法律做出相应的处理。如果行为人的

① 参见高其才：《第三版代序 习惯法中国》，高其才：《中国习惯法论（第3版）》，社会科学文献出版社2018年版，第XXI－XXVII页。

行为依然属于村民自治的范围，或者说在法律法规中没有明确的规定，则由村民委员会或者其他执约组织负责具体执行。关于村规民约规定的处理措施，还有一点需要注意到：对于类似的行为，不同的村规民约给予的罚款数额等处理措施会有很大不同。当然这种差别不能简单地进行比较，因为不同地区的经济社会发展水平不同，乡村治理的传统和文化背景不同，面临的乡村治理问题也不同。罚款数额巨大在一定程度上能够增强其强制性和权威性，如果达到了有效预防作用，村规民约的积极作用也就得到了发挥。南方少数民族乡村地区的自然资源与生态环境问题与北方乡村地区就存在着较大差异，南方不同乡村地区所面临的问题也是多有不同，因此在具体的处理方式上自然也是有所不同。实际上，这也是村规民约的特质所在，村规民约并没有一个全国统一的标准和规范，也不可能形成这样一个统一的标准和规范。村规民约首先需要在乡村内部解决村民的违规行为，如果该行为本身已经触犯国家法律法规，则应当由相关国家机关负责处理。同时，许多村规民约规定在行为人被国家法制裁的同时，村庄内部依然可以给予相应的处罚，这似乎违背了“一事不再理”的法治原则，但是这确实也属于村民自治范围，不能以法治过度削弱自治。因此，自治与法治应当是一种衔接关系，在乡村治理中共同发挥作用。

（二）南方主要少数民族村规民约与国家法的差异

村规民约与国家法的适用范围和适用对象存在着明显差异，并且二者的制定程序、所要规制的社会关系等也存在着较大差异，因此村规民约与国家法这两种规范存在差异或者矛盾之处也是可能存在的。关于村规民约与国家法存在“冲突”的原因，有学者认为其实质是习惯法与国家法的冲突，在南方少数民族乡村地区即是民族习惯法与国家法之间的冲突。[①] 也有学者认为这是国家公权力影响下民族村寨村规民约发生了异化。[②] 关于村规民约与国家法之间的“冲突”问题，首先要对二者是否“冲突”有一个明确的判断标准，否则二者便没有可比性。“冲突”一般是指面对同一件事或者同一个对象而在认识、认知上产生分歧。法律意义上的“冲突”强调的是法律关系中权利义务的相对或者出现矛盾，主要指的是法律关系中的主体之间的法律行为存在矛盾。而村规民约与国家法的冲突，主要是从规范的效力上分析。根据法治的一般原则，法律的效力要高于村规民约等其他行为规范，如果村规民约的内容与国家法的内容不一致，则以国家法为准，村规民约不得有明显违反国家法律法规的内容，这也是《村民委员会组织法》明确规定的。

村规民约与国家法的差异体现在村规民约的具体规范内容和乡村实际实施过程中，主要有两个方面：一是规制的行为，二是惩罚性措施。此处以村规民约中自然资源与生态环境保护

① 参见孙韡：《黔东南苗族村寨村规民约研究》，西南交通大学出版社2014年版，第182－187页。

② 参见牟军、徐超：《民族村寨村规民约“异化”及与国家法的调适——基于元阳梯田核心区村规民约的分析》，载《思想战线》2018年第4期，第117－125页。

的相关内容为例，分析村规民约与国家法的差异所在。在村规民约规制的行为方面，村规民约规定的多是与乡村社会生产、生活密切相关的常见的违规行为。并且，南方少数民族不同乡村地区的乡村实际情况也是千差万别，经济社会发展水平参差不齐，因此需要规制的行为也就存在诸多差异，这体现了法律的普遍性与村规民约的地方性之间的差异。相对而言，随着国家治理、社会治理、乡村治理水平的提升，特别是在全面依法治国的背景下，村规民约的具体规制内容总体上是符合法律法规要求的，并没有许多明显违背法治要求的内容。[①] 具体到自然资源与生态环境保护方面，国家法律法规多是一些普遍性规定。以偷盗农作物为例，实际上这在《行政处罚法》或者《刑法》上都属于盗窃行为，根据社会危害性又规定了盗窃罪。而许多村规民约中则是直接规定针对每一种农作物的偷盗行为应当给予何种惩罚性措施。例如，《广西金秀瑶族自治县六巷乡圣堂村村规民约》[②] 第 5 条关于“不准偷别人东西”中，“进园偷红薯、玉米，每次罚 10 元。偷辣椒、姜，每次罚 3 元。偷八角、香信，每斤罚 3 斤、罚 20 元。偷集体或私人山苍子，每斤罚 3 斤、罚款 5 元”。

在惩罚性措施方面，通过前文的论述，村规民约规定的惩

① 有学者以黔东南苗族村规民约为例，分析了村规民约与国家法冲突的类型，主要有：(1) 破坏公共秩序的处罚方面，主要是罚款的表达及数额；(2) 民事权利方面，例如注销户口、回收土地承包经营权；(3) 对违法犯罪的认定方面，例如男女关系方面；(4) 其他方面。具体内容可参见孙韡：《黔东南苗族村寨村规民约研究》，西南交通大学出版社 2014 年版，第 182 - 187 页。

② 1982 年 3 月 26 日通过并实施。

罚性措施范围广泛，体现了当地乡村特色。相对而言，恢复原状、赔礼道歉等责任没有明显违背国家法的强制性规定，也是容易被村民理解和接受的。而关于罚款性质及数额、惩戒餐或者教育餐、打死或者卖掉禽畜等惩罚性措施，其合法性和正当性有值得商榷之处。此处以1999年4月18日制定的《广西金秀瑶族自治县长垌乡道江村村规民约》为例，分析其中有关惩罚性措施的合法性问题，该村规民约具有一定的代表性。该村规民约规定的惩罚性措施主要有赔偿损失、罚款、教育餐、惩戒酒。赔偿损失和罚款属于村规民约中惩罚性措施的常见方式，除了对“罚款”本身的法律性质界定之外，并没有可以探讨的问题。教育餐和惩戒酒是在要求行为人赔偿损失或者缴纳罚款后还要再缴纳一定数额的钱款来招待全村人吃饭或者喝酒。第3条规定“凡偷窃鸡鸭等家禽的，除赔偿损失外，另罚款百元，罚教育餐500元”，教育餐实际上是向全村公布违规村民，是利用乡村共同体的场域压力强化惩戒的效果。关于刑罚的目的，刑法理论中有一般预防和特殊预防的区别，特殊预防是通过对犯罪人本身适用相应的刑罚，防止其再次实施犯罪，特殊预防是指防止社会成员实施犯罪行为。实际上我们也可以从一般预防与特殊预防的角度来理解教育餐或者惩戒酒，对于违反村规民约的行为人，乡村社会不仅强调对行为本身的惩罚，还特别强调乡村社会的整体社会秩序维护。该村规民约第13条进一步规定“在罚教育餐当中，如有任何户主不来参加教育餐，罚款70元”，这也是强调整个村庄参与对违规行为人的处罚，从而更好发挥教育餐的教育功能。该村规民约第5

条是关于圈养猪的问题，“各户不准把各家养的小猪、大猪放出栏，如损坏他人农作物，要赔偿损失。如猪撬烂他人田基被毒死、打死，他人不负任何责任”。根据该条，如果有人把猪放出栏，损坏他人农作物，则要赔偿损失；如果猪破坏了他人的田基，则他人可以将猪打死。根据《民法典》第1245条：“饲养的动物造成他人损害的，动物饲养人或者管理人应当承担侵权责任；但是，能够证明损害是因被侵权人故意或者重大过失造成的，可以不承担或者减轻责任。”因此村规民约规定田地主人可以将猪打死而不承担责任，实际上与法律规定是矛盾的。

二、南方主要少数民族村规民约与乡村治理体系的健全

健全自治、法治、德治相结合的乡村治理体系，需要多元主体合作共治、多元规范优化合治、多重环节系统融治。村规民约即属于多元规范的范畴，与国家法律法规、民间习惯等共同构成乡村治理的规范体系。其中，国家法不仅是村规民约制定的直接法律根据，也是村规民约具体内容制定的重要依据，更是村规民约有效实施的法治保障。自然资源与生态环境保护是国家法和村规民约都需要进行规制的乡村治理领域，村规民约的制定和实施体现着自治、德治的要求，因此村规民约是健全自治、法治、德治相结合的乡村治理体系的重要社会规范。如今，有的村规民约在内容上已经直接出现了相关内容。例如，《浙江省桐庐县莪山畲族乡中门民族村村规民约》[1] 第1

① 2018年10月25日通过并施行。

条直接规定："积极统筹各方资源，紧扣自治、法治、德治'三治融合'的治理理念，遵守和维护宪法。"《浙江省莲都区老竹畲族镇老竹村村规民约》[①] 在前言中有"健全自治、法治、德治相结合的乡村治理体系"的内容。

（一）南方主要少数民族村规民约与自治

自然资源与生态环境保护是乡村社会存续的物质保障，这种重要性意味着乡村治理必须涵盖这一领域，也要求村民在自治的框架下充分发挥村规民约的积极作用，仅依靠外在的强制力不足以实现治理有效的社会效果。自然资源是有限的，生态环境是脆弱的，作为个体的村民有时并不会考虑国家或者集体的共同利益，而是简单地追求私人利益。作为共同体中的一员，村民要想确保整个村庄的长久存在，就必须采取集体性的措施来避免村庄的衰败甚至消亡，村规民约就是这样一种集体性的措施。"村规"强调的是作为整个村庄的规则、规矩、规范，作为村中一员的村民自然也需要遵守；"民约"强调的是村民共同约定，指的是在制定和实施过程中都应当由村民共同决定，而不能是某一或者某些村民私下就可以决定。自治、法治、德治相结合，自治是基础，自治要求村民进行自我管理、自我教育、自我服务。自然资源类型多样，所有权属性各不相同，对于完全由国家所有的自然资源，村民自治体现在自觉保护；对于可以由集体所有的自然资源，村民自治体现在村集体

① 2018 年 10 月 9 日公布并执行。

经济组织共同所有，村民享有承包经营权；对于由村民个体所有的农作物等自然资源，村民自治体现在享有完整的占有、使用、收益和处分权。

（二）南方主要少数民族村规民约与法治

自治、法治、德治相结合，法治是保障，在制定目的上和具体内容上都有所体现。从制定目的上看，村规民约是推进法治的有效社会规范形式。作为村民委员会这一村民自治组织内部制定和实施的社会规范，村规民约是直接根据《村民委员会组织法》制定的，该法第 1 条规定了立法目的是“保障农村村民实行自治，由村民依法办理自己的事情，发展农村基层民主，维护村民的合法权益，促进社会主义新农村建设”。“村民依法办理”本身就蕴含法治的要求，村规民约是《村民委员会组织法》明确规定的适用于乡村社会的行为规范，自然也是符合法治要求。具体到南方少数民族乡村地区的村规民约中，关于村规民约的制定目的表达中，也体现了法治的要求。例如，《浙江省桐庐县莪山畲族乡塘联村村规民约》的前言中有“推进民主法制建设”的内容，《四川省越西县依洛地坝乡沙木洛村村规民约》的前言中也有“推进我村民主法制建设”的内容。

从内容上看，村规民约的主要内容也是对国家法律法规的遵循和重述。具体体现在：（1）法律法规是制定村规民约的根据；（2）通过村规民约遵循国家法律法规；（3）通过村规民约重述国家法律法规；（4）村规民约不得与国家法律法规相抵触。[①] 以自然资源与生态环境保护为例，法律法规是制定村规民约的根据，体现为在前言部分直接说明村规民约是根据《村民委员会组织法》等法律法规制定的。例如，《浙江省丽水遂昌县三仁畲族乡坑口村村规民约》[②] 在前言中表述为："根据《中华人民共和国村民委员会组织法》的规定，特订立坑口村村规民约"。村规民约对国家法律法规的遵循主要体现在：保护耕地、林地等土地资源，落实《宪法》《农村土地承包法》《土地管理法》等土地法律法规的规定；保护森林资源，落实《森林法》等保护森林资源的法律法规；保护动物资源，落实《野生动物保护法》等保护动物资源的法律法规；保护渔业资源，落实《渔业法》等保护渔业资源的法律法规；保护乡村生态环境，落实《环境保护法》等有关环境保护的法律法规。通过村规民约重述国家法律法规主要体现为村规民约并非完全照搬法律法规的规定，而是强调要根据本村实际情况制定。例如，《四川省越西县板桥乡河沿村村规民约》[③] 在前言中明确："根据法律、法规和国家有关政策规定，结合本村实际，制定本村规民约。"村规民约不得与国家法律法规相抵触，这是村规民约在内容方面必须坚持的基本原则。例如，《四川省越西县板桥乡上涌村村规民约》[④] 第 16 条规定："本

① 详细内容，请参见池建华：《从村规民约看乡土社会规范的多元性》，载《学术交流》2017 年第 5 期，第 119－122 页。

② 2017 年 5 月通过并生效。

③ 2017 年 3 月 29 日通过并执行。

④ 2017 年 3 月 29 日公布并执行。

村规民约如有与国家法律、法规、政策相抵触的，按国家法律、法规、政策规定执行。”

（三）南方主要少数民族村规民约与德治

自治、法治、德治相结合，德治为先，强调的是发挥道德的教化作用，提升乡村德治水平。“道德是生活在一定物质生活条件的人们关于善与恶、正义与非正义、光荣与耻辱、公正与偏私等观念、原则和规范的总和。”[①] 从法多元主义的视角看，道德也是一种社会规范，对人的行为同样具有强制力。村规民约与德治也能实现有效结合，共同作用于乡村社会。“作为村里的‘小宪法’，村规民约能够管到‘法律够不着，道德管不住’的实际问题。”[②] 因此在乡村社会弘扬社会主义核心价值观，培育社会公德、职业道德、家庭美德、个人品德，村规民约都是有效的社会规范形式。社会公德的主要内容是文明礼貌、助人为乐、爱护公物、保护环境、遵纪守法，其中，爱护公物、保护环境、遵纪守法与乡村社会中的自然资源和生态环境保护都有密切联系。保护环境与遵纪守法都与自然资源和生态环境保护直接相关，爱护公物主要体现为爱护乡村景观设施，不得毁坏。家庭美德的主要内容有：尊老爱幼，男女平等，夫妻和睦，勤俭持家，邻里团结。其中，勤俭持家要求村民注意家庭整洁和环境卫生，不能为了个人私利损害国家、集

① 高其才：《法理学（第3版）》，清华大学出版社2015年版，第427页。
② 韩俊主编：《实施乡村振兴战略五十题》，人民出版社2018年版，173页。

体或者他人的利益。在南方少数民族乡村地区的村规民约中，与自然资源和生态环境保护直接相关的道德规范也有具体体现。例如，《浙江省桐庐县莪山畲族乡塘联村村规民约》[①] 第2条规定："遵纪守法、爱护公物，不得损坏水利、道路、供电、通讯、生态等公共设施，维护集体利益，遵守社会公德。"其中"爱护公物"、不得损坏生态方面的公共设施、遵守社会公德都是直接相关的内容。《四川省越西县拉吉乡竹洛村村规民约》[②] 从"社会公德""职业道德""家庭美德""个人道德"四个方面规定了"道德风尚"，其中"社会公德"中有"爱集体，惜公物。讲卫生，护环境。重低碳，节能源"的内容。

（四）南方主要少数民族村规民约在健全"三治结合"乡村治理体系中的实现路径

自治、法治、德治相结合，这是我国针对乡村治理复杂性提出的新的模式，需要通过诸多具体路径予以实现。村规民约在健全乡村治理新体系中的具体实现路径主要有以下三个方面：其一，在村规民约的制定或修改过程中坚持"三治"融合。村规民约的核心是"民约"，符合村民自治的要求，在制定或修改中必须坚持村民的主体地位；村规民约是社会规范，同时与国家法律法规也有密切联系，需要体现法治的基本要

---

① 2018 年 10 月 25 日通过并施行。

② 2017 年 3 月 30 日公布并执行。

求；村规民约是村民道德共识的体现，同时符合国家精神文明建设要求。其二，在村规民约的实施过程中坚持“三治”结合。村规民约是村民的“活法”，需要在具体实施过程中彰显其生命力。民约是前提，同时也要求对于违反村规民约的行为，也应当采取相应的处理措施，否则村规民约将变为一纸空文。其三，在村规民约的救济或监督程序中体现“三治”结合。“无救济则无法律”，对于村规民约同样适用。村规民约虽然是自治的社会规范，但是国家治理、社会治理的一部分，也需要遵循国家法律法规。在制定或实施过程中，如果出现明显与法律法规精神相背离的行为，也应当有外部救济渠道予以监督。自然资源与生态环境保护是南方少数民族乡村地区村规民约的重要内容，在村规民约的制定、实施、监督、救济等过程中，都是需要被重点考虑的内容。在具体的乡村治理实践中，村规民约作用的发挥离不开其他条件的保障，有时候仅仅凭借村规民约的制定和实施也是不能完全解决乡村治理问题的。2000 年左右，在贵州某县，村民在山上乱砍滥伐，虽然当时也有村规民约，但是作用不大，无法制止村民的砍树行为。后来，当地政府即在山上修建了一座庙宇，村民乱砍滥伐现象暂时停止。可是，过了一段时间，村民又开始砍树，护林工作队加大法治宣传的同时，当地法院也对一些乱砍滥伐行为进行处罚，情况才得以逐渐改善。[①] 作为一种行为规范，村规

① 参见王丽惠：《连片山区乡村的发展式治理——精准扶贫溢出效应及对村治体系的重构》，载《学术交流》2018 年第 12 期，第 77－78 页。

民约本身的功能也不是无限的，村规民约是村民自治的有效规范形式，法治则是村民自治的保障，道德教化则能够增强村民的凝聚力和乡村共同体认同感。乡村治理又具有明显的地方性特征，不同区域、不同村落的村民在长期的生活交往过程中逐渐形成了适合当地实际的行为规范。同时，在经济社会转型的当下，信息化、智能化等一些新的因素也成为乡村治理必须考量的对象。村规民约不能一成不变，应当随着社会发展需要做出相应的改变，但是这种改变也不能明显违背村民自治的基本原则，乡村治理最终还是要依靠村民。

通过村规民约保护自然资源与生态环境也需要通过一定的治理和作用机制来具体实现，在制定和实施过程中都依赖相应的机制。在制定的目的层面，南方少数民族乡村地区制定村规民约是为了建设生态宜居的美丽乡村，为村民提供舒适的生活生产环境，同时也能为国家自然资源与生态环境保护做出应有的贡献。在制定的程序层面，村规民约的制定则是按照法律法规的程序和村民自治的要求，充分动员村民参与，广泛征求村民意见，确保村规民约被村民真正遵守。在村规民约的具体内容方面，南方少数民族乡村地区的村规民约针对自然资源与生态环境保护中的具体实际问题而进行相应的规制，做到遵守法律要求和符合乡村实际的相互结合，强调问题普遍性和区域特殊性的统一。在村规民约的实施方面，村规民约重视村民委员会、村党支部委员会、村务监督委员会、执约组等社会组织的作用，同时注意与公安机关、司法机关的配合，确保违规行为有处理措施、违法行为有法律责任。自然资源与生态环境保护是乡村治理的重要领域，村规民约是乡村治理需要依赖的社会规范，二者的相互结合，有助于促进生态宜居与治理有效地实现，有利于推进生态文明、建设美丽中国。

结　语

生态环境保护是关系全人类生存和发展的公共事务，每一个国家的每一个公民都是直接责任主体。狭义上的生态环境保护主要指的是人类生存发展的自然生态环境，广义上的生态环境保护包括自然资源保护与狭义上的生态环境保护。历史上，我国乡村社会就十分重视自然资源与生态环境保护，形成了相应的观念、思想、规范、制度，追求人与自然的和谐共生，达致社会的可持续发展。自北宋《吕氏乡约》始，乡规民约在传统中国乡村治理中发挥着重要作用，实际维持着乡村社会的民事生活秩序、公共生活秩序、纠纷处理秩序。公共生活秩序主要包括自然生态秩序、社会治安秩序、公共财产使用秩序、公益事业秩序等，其中自然生态秩序即强调对自然资源与生态环境的保护和合理利用。南方少数民族乡村地区自然资源丰富，生态环境优良，非常适宜人类居住生活。但是随着经济社会的转型发展，工农业生产对自然资源的消耗量需求日益增多，人类自身数量的增长也消耗着越来越多的自然资源，生态环境可承载力也面临着巨大的压力，综合性的生产生活困境要求南方少数民族乡村地区的村民必须重视自然资源与生态环境保护，切实采取有效措施，保护和合理利用自然资源，治理乡村生态环境问题，促进经济社会的可持续发展。

一、南方主要少数民族村规民约保护生态环境的有效形式与内容

本研究搜集到的南方主要少数民族村规民约，对自然资源与生态环境发挥了有效保护的作用。南方少数民族乡村地区重视通过村规民约进行自然资源与生态环境保护，较为全面地对村民的行为进行规制，引导和教育村民自觉参与到自然资源与生态环境保护中去，并对违反村规民约的行为给予一定的处理性或者惩罚性措施。南方少数民族乡村地区的自然资源与生态环境涵盖众多具体内容，都是乡村社会发展的基础性条件。作为一种适用于乡村社会、规制村民个体行为的社会规范，村规民约的语言表达不能过于晦涩难懂，具体内容更不能脱离乡村治理实践。因此，村规民约在保证规制内容全面性的同时又十分注重语言的通俗易懂。

我国自然资源的种类众多，在南方少数民族乡村地区广泛分布着土地资源、植物资源、动物资源、水资源、矿产资源等，绝大多数村规民约都会直接包含保护自然资源的内容。土地资源是农业生产和农民生活的基本保障，南方少数民族乡村地区总体上是林地面积大，耕地面积小，但耕地与粮食安全密

不可分。根据《土地管理法》《农村土地承包法》等法律法规的相关内容，村规民约规定了严格的耕地保护制度，确认和保护属于农村集体所有、由村民承包经营的耕地，转让土地承包经营权必须依法进行。耕地承包经营权人依法享有承包经营权，可以利用耕地种植农作物，也可以流转经营权获得收益。同时，村民也必须合理利用耕地资源，不得荒废土地，不得违法改变耕地用途。林地指的是森林、林木生长的土地资源，在南方少数民族乡村地区分布广泛、面积广大，对林地的破坏也会破坏森林、林木及其他植被，因此保护林地是发展林业生产的保障。此外，林地也是乡村生态环境系统中的重要组成部分，是资源价值与生态价值的统一。我国在林地上同样实施土地承包经营制度，属于农村集体经济组织所有的林地可以由村民承包经营，村规民约同样确认林地为农村集体经济组织所有，并且对某些林地实行家庭承包的经营方式，但要合法合理利用林地，不准任何人毁林开荒。根据《宪法》第9条，草原也属于国家所有，由法律规定属于集体所有的草原除外。因此，村集体可以利用法律规定属于集体所有的草地发展畜牧业，从事旅游等其他经济活动。村规民约规定村民必须坚持草地为国家或者集体所有的原则，任何人不得私自侵占或者毁坏。同时村民对于自己承包经营的草地也必须合理利用，因为草原的环境承载力和草地承载能力是有限的，不能为了追求高效益就盲目增加饲养动物数量。南方少数民族乡村地区为了合法合理利用草地，也注意通过村规民约规制村民、牧民的行为，主要内容有：设立“牛场”这一专门放养区用来放养耕牛和其他牲畜；设立禁牧区，禁止在其中放养牛、羊等牲畜；根据畜牧业发展实际情况，积极发展人工草地；严禁非法开垦草地，保持草地数量和质量；严格控制牲畜数量，不能过度放牧，破坏草地。

植物资源也是人类生存和发展的重要资源，人类既能从植物资源中获得食物、能源、工业原材料，又享受植物资源带来的良好的生态环境。植物资源是“再生资源”，但强调的是在适宜自然条件下的资源再生，也是需要经历一个生长阶段，并意味着人类可以无限制地利用，否则植物资源不会在短时期内恢复。南方少数民族乡村地区植物资源丰富，根据资源生产和利用方式，植物资源可以分为森林资源和农作物植物资源。森林资源分为天然林和人工林两大类，南方少数民族乡村地区则是以人工林为主，这是林业生产的主要资源。为了保护和合理利用森林资源，南方少数民族乡村地区的村民注重将相关行为规范写入村规民约，并保障其有效执行。具体来说，保护森林资源的措施主要有坚持维护林权的基本原则，划分或者建立专门森林保护区，鼓励和倡导植树造林，依法依规砍伐利用由集体和个人所有和管理的林木，实施退耕还林，严防森林失火、禁止森林用火，专门保护古树和珍稀树种。农作物资源主要指的是各类人类可以栽培的植物资源，主要包括水稻、小麦等粮食作物，瓜果蔬菜等农作物，饲料作物等类型。农作物是人类生存的基本保障，为此村规民约中多包含禁止耕牛等牲畜破坏农作物、严禁进他人田地故意毁坏农作物、严禁偷盗农作物等内容，从而较为全面地保护村民的基本生活需要。

动物资源也是地球自然资源系统中不可或缺、无法替代的资源类型，为人类生存提供优良蛋白质，同时也具有生产资料的价值属性。动物资源主要包括陆生野生动物资源、水生野生动物资源和驯养动物资源三大类，陆生野生动物资源和水生野生动物资源合称为野生动物资源，野生动物资源更是地球生物圈生态平衡、生物多样性保持的重要支撑。驯养动物则能为人类提供肉类、畜力来源。南方少数民族乡村地区的动物资源丰富，但是过度捕杀捕捞也会造成对动物资源的严重损害，也会影响整个生态系统的平衡，最终会危及人类本身。为此，南方少数民族乡村地区根据国家关于野生动物保护的相关法律法规，结合地方实际，将保护动物资源的内容写入村规民约。在陆生野生动物资源保护方面，村规民约规定严禁捕杀国家和地方重点保护的陆生野生动物，规范和保护某些陆生野生动物资源的合理利用行为。在水生野生动物资源保护方面，村规民约规定设立禁渔期、禁渔区予以专门保护，严禁炸鱼、电鱼、毒鱼等违法违规捕鱼行为。在驯养动物资源保护方面，村规民约主要规定严禁偷盗驯养动物，不得故意损伤集体或者他人所有的驯养动物。

水资源之于人类及人类社会的重要性，使得对水资源的保护也成为人类社会运行中极为重要的公共事务。南方少数民族乡村地区，大部分地区年降水量比较充足，河流、湖泊广泛分布。但是也要认识到，降水量有季节和年份的差异，储水量也有地区的差异，南方少数民族乡村地区的水资源保护和利用极为重要。通过村规民约保护水资源，主要体现为在保护和利用两个方面，保护重视的是保持水资源的原生态、提高水质量，利用重视的是节约水资源、促进可持续，水资源污染防治也属于保护的范围。南方少数民族乡村地区的水资源利用主要是农业用水，涉及水利设施兴建、维护和使用等，同时某些乡村地区的自来水管理也属于规范利用的范畴。饮用水水资源的保护利用是水资源保护和利用的核心，无论是国家法律还是村规民约，都极为重视对饮用水资源的保护。许多村规民约明确规定要特别加强对水源发源地的保护，划立水源林，严禁村民随意砍伐破坏，同时也规范井水等水资源的使用。随着经济社会的发展、基础设施的完善，南方少数民族乡村社会自来水的普及率也在提高，村规民约对此也有相关规制。水资源也是南方少数民族乡村地区进行农业生产必不可少的资源，因此，为了保护和利用农业水资源，乡村地区也重视村规民约的积极作用，主要体现为保护河流等灌溉用水来源，保护水利设施，规范灌溉秩序。

我国南方地区的矿产资源以有色金属矿产资源为主，广泛分布于云南、江西、贵州等地，其中有一些矿产资源集中分布于南方少数民族乡村地区。在南方少数民族乡村地区，我国既重视运用国家法律法规保护矿产资源，也重视通过村规民约等社会规范来引导村民参与矿产资源保护。国家鼓励乡村社会通过村规民约保护矿产资源，南方少数民族乡村地区的村规民约根据当地的矿产资源状况，有的也规定了关于严禁偷盗、偷采矿产资源的内容。

《宪法》第26条规定：“国家保护和改善生活环境和生态

环境，防治污染和其他公害。”乡村生态环境保护是生态文明建设的重要领域，也是实施乡村振兴战略中“生态宜居”总体要求的应有之义。土地资源、森林资源、水资源等自然资源的保护本身就是改善乡村生态环境的重要领域，属于广义上的乡村生态环境保护。狭义上的乡村生态环境保护主要指的是村庄内部生活环境的保护，包括农村垃圾处理、农村污水治理等事项。乡村生态环境区分为家庭环境卫生和公共环境卫生两方面，公共环境卫生属于公共事务，是所有村民共同的生活环境，自然需要所有村民共同参与。家庭环境卫生虽然主要属于私人事务，本应当由村民自己决定，但是家庭生活产生的垃圾是农村垃圾的首要来源，也是乡村生态环境的一部分，因此村规民约也对家庭环境卫生做出了相应的规制。在党的十八大召开之前，各地的村规民约虽然有村庄环境卫生的内容，但总体上相关内容并不多，一般是原则性、概括性的规定。这一时期，“卫生”或者“公共卫生”是关键词。自党的十八大以后，特别是自提出实施乡村振兴战略以来，除了继续强调“公共卫生”之外，村规民约中关于生态环境保护、生态宜居、环境卫生治理的内容越来越多。无论是公共环境卫生治理，还是家庭内部环境卫生治理，生态宜居的美丽乡村建设需要每一位村民的参与。而村民的个体参与行为需要协调和规范，村民个体利益与村庄集体利益也要结合起来，作为“民约”和“村规”的村规民约就是这样一种比较有效的行为规范。

针对乡村环境卫生整治的实际情况，南方主要少数民族村规民约主要在村容村貌提升整治、乡村公共环境卫生整治、家庭环境卫生整治等方面发挥积极作用。村容村貌提升整治是当前农村人居环境整治工作的重点之一，直接影响整个乡村的景观塑造和生态环境保护，是综合性、系统性地处理整个乡村规划和建设。在这一方面，南方主要少数民族村规民约也根据国家规划需要要求生产生活设施建设服从村庄规划，保护乡村山水田园整体景观，加强乡村殡葬管理。乡村公共环境卫生整治主要是指乡村公共区域范围内的环境整治，实际上与家庭内部环境卫生整治也密切相关，家庭内部产生的生活垃圾、生活污水等如果得不到妥善处理，就会对公共环境卫生造成重大威胁。因此，在村规民约的具体规定中，家庭内部环境卫生整治与乡村公共环境卫生整治可能存在诸多重合之处，只是侧重点有所不同。乡村社会公共环境卫生治理的重要举措是“门前三包”制度，涵盖包卫生、包绿化、包秩序三项内容，强调村民对自己房前屋后一定区域环境卫生应当尽到主体责任。乡村生活污水是村民在用水过程中产生的被污染之后的水，在乡村生态环境保护中主要涉及整治问题，主要是要求严禁污水乱排，自觉将污水纳入污水管网排放，主动参与污水整治等。禽畜带来的污染问题也是南方少数民族乡村地区面临的环境问题，主要是放养禽畜、禽畜疫病导致的。为此，大多数村规民约会要求村民圈养禽畜，妥善处理病死禽畜，不得随意丢弃。大部分南方少数民族乡村地区的产业结构还是以农业为主，农业生产过程中也会产生一些污染问题，主要有使用禁止性农药、焚烧农作物秸秆等带来的土壤污染、水污染、空气污染等问题。从农业可持续发展的角度来看，农业生产性面源污染问题必须引起人类的足够重视，并积极采取技术革新、提高秸秆利用率等措施积极应对。乡村生态环境保护必须将家庭环境卫生整治与公共环境卫生整治结合起来，村规民约中一般会规定村民必须加强家庭整体环境卫生整治和家庭用火安全管理，同时要求每一位村民自觉形成良好的生活习惯和卫生习惯，参与到乡村生态环境保护的各项事务中，共同建设一个生态宜居的美丽乡村。

二、继续发挥南方主要少数民族村规民约对生态环境保护的重要促进作用

南方少数民族乡村地区生态环境保护实质上还是主要属于乡村治理的内部事务，在健全自治、法治、德治相结合的乡村治理体系的目标之下，村规民约的地位和功能进一步显现。南方少数民族乡村地区生态环境保护的治理实践经验表明，村规民约能够发挥积极作用，与其自身属性密切相关。从南方主要少数民族村规民约这一社会规范本身来看，其发挥积极作用的原因可以归纳为制定机制上注重自治性、内容安排上注重针对性、保障机制上注重强制性。

制定机制上注重自治性，首先体现为法定自治下的南方主要少数民族村规民约，这是我国《宪法》和《村民委员会组织法》明确规定的。在村规民约的制定程序上强调全体村民的共同参与，一般是通过召开村民会议的形式制定，对于人数较多或者居住分散的村，也可以由村民代表会议通过。此处的

制定是广义的制定，包括制定、修改和废止等。在决定程序上，各村规民约一般在最后规定经村民会议或者村民代表会议通过后开始施行。

内容安排上注重针对性，指的是南方主要少数民族村规民约直接针对的村民个体的行为规制，一般包括日常行为规范、公共秩序维护、群众权益保障、群众纠纷调解、民风民俗引导等内容，在内容上要充分考虑当地风俗习惯、历史文化等因素，在表达上要通俗易懂，容易为村民熟知。南方主要少数民族村规民约，坚持问题意识导向，切实解决各类自然资源保护与乡村环境卫生整治中的具体问题。在制定目的的表达上，关于生态环境保护的专门性村规民约一般在前言部分直接说明该村规民约的制定目的；在综合性的村规民约中，在前言部分也包含着与生态文明建设、与生态环境保护相关的内容。具体内容的安排上，有的村规民约是专门规制乡村社会自然资源保护与乡村环境卫生整治，有的则是在综合性村规民约中纳入自然资源保护与乡村环境卫生整治的内容。专门性的村规民约一般是针对不同的问题而制定，体现了具体内容安排上的针对性。

作为一种社会规范，南方主要少数民族村规民约也需要在乡村治理实践中得以实施，这就需要相应的保障机制，否则村规民约就容易成为纸面上的规范。村规民约直接规范每一个村民的个体行为，而乡村社会在本质上仍然是一个“熟人社会”，是一个乡村共同体。在南方少数民族乡村地区，“熟人社会”的特质体现得较为明显。经济社会转型时期的乡村社会，收入来源、沟通交流方式可能会发生变化，但村民之间世代延续形成的伦理道德等价值观也继续发挥着其应有的作用。社会规范的效力核心在于是否有强制性及强制性的程度，分析村规民约的强制性保障，主要体现在执行组织和奖惩措施两方面。村民委员会是最主要、最常见的执行组织，治安联防队、执约队、执约组、执约小组等群众自发形成的组织也在村规民约中有所体现，在某些地区则由当地传统乡村管理组织例如石牌负责执行。除了建立执行组织提供组织保障之外，南方少数民族乡村地区的村规民约的强制性主要体现在惩罚性措施上，也有村规民约规定的是奖惩措施，包含奖励和惩罚两方面。无论是奖励还是惩罚，南方主要少数民族村规民约所规定的内容都首先强调符合乡村社会实际，同时也要符合国家法律法规的要求，不得有侵犯国家、集体或者他人合法权益的内容。

健全自治、法治、德治相结合的乡村治理体系，需要多元主体合作共治、多元规范优化合治、多重环节系统融治。村规民约即属于多元规范的范畴，与国家法律法规、民间习惯等共同构成乡村治理的规范体系。其中，国家法不仅是村规民约制定的直接法律根据，也是村规民约具体内容制定的重要依据，更是村规民约有效实施的法治保障。自然资源保护与乡村环境卫生整治是国家法和村规民约都需要进行规制的乡村治理领域，村规民约的制定和实施体现着自治、德治的要求，因此村规民约是健全自治、法治、德治相结合的乡村治理体系的重要社会规范。村规民约的积极作用更要在乡村治理实践中得以生动展现。当代中国正在推进生态文明、建设美丽中国，乡村地区的生态环境保护是不可忽视的领域。我国正在实施乡村振兴战略，生态宜居是总体要求之一，生态环境保护更是直接对应领域。生态环境保护也是乡村治理的重要领域，治理有效也要在生态环境保护中得到真正体现。作为乡村治理中能够发挥重要促进作用的社会规范，村规民约能够在国家法与生态环境保护习惯法之间实现良性的衔接，从而有助于促进生态宜居与治理有效地实现，有利于推进生态文明、建设美丽中国。

参考文献

一、中文著作

[1] 习近平. 决胜全面建成小康社会夺取新时代中国特色社会主义伟大胜利——在中国共产党第十九次全国代表大会上的报告 [M]. 北京：人民出版社，2017.

[2] 全国干部培训教材编审指导委员会. 推进生态文明建设美丽中国 [M]. 北京：人民出版社，北京：党建读物出版社，2019.

[3] 高其才. 中国习惯法论：第3版 [M]. 北京：社会科学文献出版社，2018.

[4] 高其才. 通过村规民约的乡村社会治理——当代锦屏苗侗地区村规民约功能研究 [M]. 湘潭：湘潭大学出版社，2018.

[5] 高其才. 村规民约传承固有习惯法研究——以广西金秀瑶族为对象 [M]. 湘潭：湘潭大学出版社，2018.

［6］高其才．中国少数民族习惯法研究［M］．北京：清华大学出版社，2003.

［7］高其才．习惯法的当代传承与弘扬——来自广西金秀的田野考察报告［M］．北京：中国人民大学出版社，2015.

［8］高其才．瑶族习惯法［M］．北京：清华大学出版社，2008.

［9］高其才．乡土法学探索：高其才自选集［M］．北京：法律出版社，2015.

［10］高其才．法理学：第 4 版［M］．北京：清华大学出版社，2021.

［11］高其才．法社会学［M］．北京：北京师范大学出版社，2013.

［12］高其才，陈寒非，罗昶，池建华，马敬，王丽惠．乡规民约实证研究［M］．贵阳：贵州教育出版社，2018.

［13］高其才．当代中国少数民族习惯法［M］．北京：法律出版社，2011.

［14］高其才，王奎．锦屏文书与法文化研究［M］．北京：中国政法大学出版社，2017.

［15］张晋藩．中国法律的传统与近代转型：第 4 版［M］．北京：法律出版社，2019.

［16］高其才．中国少数民族法制通史・瑶族卷［M］．北京：中央民族大学出版社，2007.

［17］那仁朝格图，鲁哈达．中国少数民族法史通览：第 1 卷 蒙古族［M］．西安：陕西人民出版社，2017.

［18］南杰·隆英强. 中国少数民族法史通览：第2卷 藏族［M］. 西安：陕西人民出版社，2017.

［19］马克林，张世海，李崇林. 中国少数民族法史通览：第3卷 回族·维吾尔族［M］. 西安：陕西人民出版社，2017.

［20］杨明，等. 中国少数民族法史通览：第4卷. 满族·达斡尔族·鄂温克族·鄂伦春族·赫哲族［M］. 西安：陕西人民出版社，2017.

［21］卢明威，汤伶俐. 中国少数民族法史通览：第5卷 壮族［M］. 西安：陕西人民出版社，2017.

［22］胡兴东. 中国少数民族法史通览：第6卷 傣族·佤族·德昂族·布朗族·景颇族·阿昌族·拉祜族·基诺族·哈尼族［M］. 西安：陕西人民出版社，2017.

［23］方慧. 中国少数民族法史通览：第7卷. 白族·纳西族·独龙族·傈僳族·怒族·普米族［M］. 西安：陕西人民出版社，2017.

［24］徐晓光，高其才. 中国少数民族法史通览：第8卷 苗族·瑶族［M］. 西安：陕西人民出版社，2017.

［25］李鸣，陈金全，潘志成. 中国少数民族法史通览：第9卷 仫佬族·毛南族·羌族·彝族［M］. 西安：陕西人民出版社，2017.

［26］徐晓光，叶英萍，张世珊. 中国少数民族法史通览：第10卷 侗族·海南黎族·土家族［M］. 西安：陕西人民出版社，2017.

［27］陈金全. 西南少数民族习惯法研究［M］. 北京：法律出版社，2008.

［28］俞荣根. 羌族习惯法［M］. 重庆：重庆出版社，2000.

［29］范宏贵. 少数民族习惯法［M］. 长春：吉林教育出版社，1990.

［30］田信桥，等. 环境习惯法研究［M］. 北京：法律出版社，2016.

［31］吴大华，等. 侗族习惯法研究［M］. 北京：北京大学出版社，2012.

［32］朱继胜. 瑶族习惯法研究［M］. 北京：中国法制出版社，2015.

［33］龙大轩. 乡土秩序与民间法律：羌族习惯法探析［M］. 北京：中国政法大学出版社，2009.

［34］陈金全，巴且日伙. 凉山彝族习惯法田野调查报告［M］. 北京：人民出版社，2008.

［35］吕志祥. 藏族习惯法及其转型研究［M］. 北京：中央民族大学出版社，2014.

［36］韩立收. 不落夫家：黎族传统亲属习惯法［M］. 北京：法律出版社，2015.

［37］韩立收. “查禁”与“除禁”：黎族“禁”习惯法研究［M］. 上海：上海大学出版社，2012.

［38］韩立收. 天涯海角的老规矩：海南少数民族传统习惯法研究［M］. 北京：法律出版社，2018.

[39] 徐晓光. 款约法：黔东南侗族习惯法的历史人类学考察 [M]. 厦门：厦门大学出版社，2012.

[40] 杨经德. 回族伊斯兰习惯法研究 [M]. 银川：宁夏人民出版社，2006.

[41] 雷伟红. 畲族习惯法研究——以新农村建设为视野 [M]. 杭州：浙江大学出版社，2016.

[42] 冉春桃、蓝寿荣. 土家族习惯法研究 [M]. 北京：民族出版社，2003.

[43] 张济民. 诸说求真：藏族部落习惯法专论 [M]. 西宁：青海人民出版社，2002.

[44] 张济民. 寻根理枝：藏族部落习惯法专论 [M]. 西宁：青海人民出版社，2002.

[45] 李鸣. 碉楼与议话坪：羌族习惯法的田野调查 [M]. 北京：中国法制出版社，2008.

[46] 陈秋云，等. 黎族传统社会习惯法研究 [M]. 北京：法律出版社，2011.

[47] 张邦铺. 彝族习惯法及调解机制研究 [M]. 北京：法律出版社，2016.

[48] 张冠梓. 论法的成长：来自中国南方山地法律民族志的诠释 [M]. 北京：社会科学文献出版社，2000.

[49] 孙韡. 黔东南苗族村寨村规民约研究 [M]. 成都：西南交通大学出版社，2014.

[50] 张文显. 法的概念 [M]. 北京：法律出版社，2011.

[51] 张文显. 法学的理论与方法 [M]. 北京：法律出

版社，2011.

［52］张文显. 法哲学范畴研究：修订本［M］. 北京：中国政法大学出版社，2001.

［53］张文显. 良法善治：民主、法治与国家治理［M］. 北京：法律出版社，2015.

［54］张中秋. 原理及其意义：探索中国法律文化之道：第3版［M］. 北京：中国政法大学出版社，2021.

［55］苏力. 法治及其本土资源：第3版［M］. 北京：北京大学出版社，2015.

［56］杨开道. 中国乡约制度［M］. 北京：商务印书馆，2015.

［57］费孝通. 乡土中国［M］. 北京：人民出版社，2008.

［58］梁治平. 清代习惯法［M］. 南宁：广西师范大学出版社，2015.

［59］徐勇. 乡村治理与中国政治［M］. 北京：中国社会科学出版社，2003.

［60］方慧. 少数民族地区习俗与法律的调适——以云南省金平苗族瑶族傣族自治县为中心的案例研究［M］. 北京：中国社会科学出版社，2006.

［61］韩俊. 实施乡村振兴战略五十题［M］. 北京：人民出版社，2018.

［62］贵州省锦屏县志编纂委员会. 锦屏县志［M］. 贵阳：贵州人民出版社，1995.

［63］锦屏县林业志编纂委员会. 锦屏县林业志［M］.

贵阳：贵州人民出版社，2002.

［64］黄珺. 云南乡规民约大观［M］. 昆明：云南美术出版社，2010.

［65］莫金山. 金秀瑶族村规民约［M］. 北京：民族出版社，2012.

［66］杨一凡，田涛. 中国珍稀法律典籍续编：第9册，第10册 少数民族法典法规与习惯法［M］. 张冠梓，点校，哈尔滨：黑龙江人民出版社，2002.

［67］牛铭实. 中国历代乡规民约［M］. 北京：中国社会出版社，2005.

［68］一凡藏书馆文献编委会. 古代乡约及乡治法律文献十种［M］. 哈尔滨：黑龙江人民出版社，2005.

［69］王弼，注. 老子道德经注校释［M］. 楼宇烈，校释，北京：中华书局，2008.

［70］杨伯峻，译注. 论语译注［M］. 北京：中华书局，1980.

［71］（汉）赵岐，注.（宋）孙奭疏. 孟子注疏［M］. 廖名春，刘佑平，整理. 钱逊，审定. 北京：北京大学出版社，1999.

［72］孙诒让. 墨子闲诂［M］. 孙启治，点校. 北京：中华书局，2001.

［73］长孙无忌，等. 唐律疏议［M］. 刘俊文，点校. 北京：中华书局，1983.

［74］（奥）欧根·埃利希. 法社会学原理［M］. 舒国

滢，译. 北京：中国大百科全书出版社，2009 .

［75］（美）弗里德曼. 中国东南的宗族组织［M］. 刘晓春，译；王铭铭，校. 上海：上海人民出版社，2000.

［76］（美）罗伯特·C. 埃里克森. 无需法律的秩序——邻人如何调解纠纷［M］. 苏力，译. 北京：中国政法大学出版社，2003.

［77］（美）罗斯科·庞德. 通过法律的社会控制［M］. 沈宗灵，译；楼邦彦，校. 北京：商务印书馆，2010.

［78］（美）帕特丽夏·尤伊克，（美）奥斯汀·萨拉特. 法社会学手册［M］. 王文华，等译. 北京：法律出版社，2019.

［79］（日）千叶正士. 法律多元——从日本法律文化迈向一般理论［M］. 强世功，等译. 北京：中国政法大学出版社，1997.

二、期刊论文

［1］高其才. 中国少数民族习惯法文化［J］. 中国法学，1996（1）.

［2］高其才. 走向乡村善治——健全党组织领导的自治、法治、德治相结合的乡村治理体系研究［J］. 山东大学学报（哲学社会科学版），2021（5）.

［3］高其才. 传承与弘扬：法人类学的金秀瑶山实践［J］. 湖北民族大学学报（哲学社会科学版），2021（3）.

［4］高其才. 乡村治理视角下村规民约的变与常——以

贵州省锦屏县平秋镇魁胆村为考察对象［J］．学术交流，2019（4）．

［5］高其才．通过村规民约的乡村治理——以贵州省锦屏县启蒙镇边沙村环境卫生管理为对象［J］．广西民族研究，2018（4）．

［6］高其才．通过村规民约的乡村治理——从地方法规规章角度的观察［J］．政法论丛，2016（2）．

［7］高其才．村规民约在乡村治理中的作用——从法律行政法规部门规章等中央规范性文件角度的考察［J］．暨南学报（哲学社会科学版），2017（9）．

［8］高其才．习惯法的当代传承与弘扬——来自广西金秀的田野考察报告［J］．法商研究，2017（5）．

［9］高其才．延续法统：村规民约对固有习惯法的传承——以贵州省锦屏县平秋镇魁胆村为考察对象［J］．法学杂志，2017（9）．

［10］高其才．通过村规民约保障人权——以贵州省锦屏县为对象［J］．南京社会科学，2017（7）．

［11］高其才．法社会学中国化思考［J］．甘肃政法学院学报，2017（1）．

［12］高其才．认可、吸纳与空漏：《民法总则》对习惯的规范及完善［J］．江海学刊，2017（5）．

［13］高其才．乡村治理地方标准规范的实践、意义与局限——以浙江省安吉县为对象［J］．甘肃政法学院学报，2019（3）．

［14］高其才，罗昶．村规民约与生态保护和绿色发展——以贵州省文斗村为考察对象［J］．人权，2016（3）．

［15］高其才，池建华．改革开放40年来中国特色乡村治理体制：历程·特质·展望［J］．学术交流，2018（11）．

［16］陈寒非，高其才．乡规民约在乡村治理中的积极作用实证研究［J］．清华法学，2018（1）．

［17］张文显．法治化是国家治理现代化的必由之路［J］．法制与社会发展，2014（5）．

［18］张文显．中国特色社会主义法治理论的新飞跃［J］．法制与社会发展，2017（6）．

［19］张文显．法治与国家治理现代化［J］．中国法学，2014（4）．

［20］张文显．治国理政的法治理念和法治思维［J］．中国社会科学，2017（4）．

［21］陈寒非．嵌入式法治：基于自组织的乡村治理［J］．中国农业大学学报（社会科学版），2019（1）．

［22］陈寒非．乡村治理中多元规范的冲突与整合［J］．学术交流，2018（11）．

［23］陈寒非．风俗与法律：村规民约促进移风易俗的方式与逻辑［J］．学术交流，2017（5）．

［24］陈寒非．变迁中的习惯法：原因、动力及走势——基于南方少数民族聚居区的田野考察［J］．广西民族研究，2018（1）．

［25］陈寒非．乡村治理法治化的村规民约之路：历史、

问题与方案［J］. 原生态民族文化学刊，2018（1）.

［26］王丽惠. 乡规民约村治：研究范式的综述与反思［J］. 湘潭大学学报（哲学社会科学版），2017（3）.

［27］王丽惠. 连片山区乡村的发展式治理——精准扶贫溢出效应及对村治体系的重构［J］. 学术交流，2018（12）.

［28］王丽惠. 分级与分流：乡村基层纠纷解决的谱系域合［J］. 甘肃政法学院学报，2019（3）。

［29］李亚冬.《村民委员会组织法》的完善与修改［J］. 甘肃政法学院学报，2019（3）.

［30］池建华. 从村规民约看乡土社会规范的多元性［J］. 学术交流，2017（5）.

［31］池建华. 通过村规民约的民事生活秩序维护——以1949年前的锦屏文书为例［J］. 贵州民族研究，2017（1）.

［32］池建华. 乡土司法中的法、理、情［J］. 西北工业大学学报（社会科学版），2016（4）.

［33］崔智友. 中国村民自治的法学思考［J］. 中国社会科学，2001（3）.

［34］张中秋. 乡约的诸属性及其文化原理认识［J］. 南京大学学报（哲学·人文科学·社会科学），2004（5）.

［35］张中秋. 家礼与国法的关系、原理、意义［J］. 法学，2005（5）.

［36］姚建宗. 中国特色社会主义新时代法治建设的实践行动纲领——中国共产党十九大报告的法学解读［J］. 法制与社会发展，2017（6）.

［37］马长山．从国家构建到共建共享的法治转向——基于社会组织与法治建设之间关系的考察［J］．法学研究，2017（3）．

［38］丁成成，李向玉．黔东南少数民族村寨村规民约研究［J］．凯里学院学报，2009（5）．

［39］董迎轩，周真刚．黔东南少数民族村规民约对其传统建筑的保护［J］．贵州社会科学，2013（3）．

［40］段玥婷，周芸芸．浅谈德宏地区少数民族村规民约［J］．东南大学学报（哲学社会科学版），2013（S1）．

［41］李兴旺，王建国．政治与习俗：少数民族地区村规民约与村庄治理——基于云南红河若干少数民族村寨的调查［J］．黔南民族师范学院学报，2014（3）．

［42］冷蓉，杨金洲．法治建设视域下少数民族村规民约与国家法的良性互动［J］．长春理工大学学报（社会科学版），2015（6）．

［43］沙苗苗．村规民约在农村生态环境保护中的作用——基于贵阳市三个少数民族村寨的考察分析［J］．淮海工学院学报（人文社会科学版），2016（6）．

［44］刘俊．少数民族地区多元“非国家法”与一体“国家法”包容性研究——以村规民约为例［J］．民族论坛，2018（4）．

［45］周相卿．黔东南雷山地区国家法与苗族习惯法关系研究［J］．贵州民族学院学报（哲学社会科学版），2006（3）．

［46］郭武，高伟．藏族环境习惯法文化与环境保护［J］．甘肃政法学院学报，2005（5）．

［47］马晓琴，杨德亮．地方性知识与区域生态环境保护——以青海藏区习惯法为例［J］．青海社会科学，2006（2）．

［48］余贵忠．少数民族习惯法在森林环境保护中的作用——以贵州苗族侗族风俗习惯为例［J］．贵州大学学报（社会科学版），2006（5）．

［49］刘艺工，申伟．中国少数民族环境保护习惯法简论［J］．科学·经济·社会，2007（4）．

［50］杨秀春．侗族社会地方性制度对森林资源的保护［J］．吉首大学学报（社会科学版），2007（6）．

［51］刘雁翎．贵州侗族环境习惯法渊源研究［J］．西南政法大学学报，2009（5）．

［52］苏庆华．黔东南环保习惯法及其现代价值研究［J］．红河学院学报，2012（1）．

［53］张军辉．论少数民族环境习惯法的作用机制［J］．中国政法大学学报，2012（4）．

［54］封贵平．侗族习惯法对侗族地区生态环境的影响与启示——以贵州黔东南为例［J］．贵州社会科学，2013（9）．

［55］陈文辉．黎族习惯法的生态环境保护功能［J］．中外企业家，2016（34）．

［56］余浩然．土家族习惯法生态保护实践与集体生存意识研究［J］．中华文化论坛，2017（12）．

［57］黄荷. 当代京族环境保护习惯法研究——以东兴巫头村为考察对象［J］. 广西社会主义学院学报，2018（2）.

［58］马琼. 少数民族环境保护习惯法的表现形式及特征——以苗族为例［J］. 贵州民族研究，2018（7）.

［59］常丽霞，田文达. 当代少数民族生态环境习惯法研究述评［J］. 烟台大学学报（哲学社会科学版），2018（6）.

［60］方印，燕海飞，刘琼. 少数民族环境习惯法研究综评——基于近十年来期刊文献的观察［J］. 贵州民族研究，2017（10）.

三、学位论文

［1］娄义鹏. 贵州少数民族地区纠纷解决机制研究——以苗族、侗族、布依族为例［D/OL］. 北京：中央民族大学，2016[2021 - 11 - 29]. https://kns - cnki - net - s. vpn2. njau. edu. cn:8118/kcms/detail/detail. aspx? dbcode = CDFD&dbname = CDFDLAST2017&filename = 1016134798. nh&uniplatform = NZKPT&v = DCfTJAAUB _ I0Q0CDo3nrohhFExcFPZoOjZkBzLg4ifL4i2rp2z6wRYMaPxr5SBWo.

［2］郭武. 论环境习惯法的现代价值［D/OL］. 武汉：武汉大学，2012[2021 - 11 - 29]. https://t - cnki - net - s. vpn2. njau. edu. cn:8118/kcms/detail? v = 3uoqIhG8C447WN1SO36whLpCgh0R0Z - i4Lc0kcI _ HPe7ZYqSOTP4QmLJE CduZN-hfvWGoPep9lqayut7nD3k35Wifn2xfQUqm.

［3］常丽霞. 藏族牧区生态习惯法文化的传承与变迁研

究［D/OL］．兰州：兰州大学，2013［2021－11－29］．https://t－cnki－net－s.vpn2.njau.edu.cn:8118/kcms/detail?v＝3uoqIhG8C447WN1SO36whLpCgh0R0Z－iv9r0YoQXiId4v9BfOE9rDhfPx75zq7WHEeOC－9swSlpeeZwId9vL2YZBURSKtMjA.

［4］刘建刚．法律多元视野下的村规民约实证研究——以贵州省雷山县西江千户苗寨为例［D/OL］．北京：中央民族大学，2013［2021－11－29］．https://t－cnki－net－s.vpn2.njau.edu.cn:8118/kcms/detail?v＝3uoqIhG8C447WN1SO36whHG－SvTYjkCc7dJWN_daf9c2－IbmsiYfKos49HHyswuPAHo4YjrHq2x6－x5－muMK6Yox70nCF00n.

［5］李素梅．黔东南从江县洛香镇郎寨侗族习惯法调查研究［D/OL］．贵阳：贵州民族大学，2016［2021－11－29］．https://t－cnki－net－s.vpn2.njau.edu.cn:8118/kcms/detail?v＝3uoqIhG8C475KOm_zrgu4lQARvep2SAkfRP2_0Pu6EiJ0xua_6bqBuW3WVbiwhjAk6P_Doxsrxf6w29mr2ER0lNQPcOGvesf.

［6］石培培．民族地区基层民主建设背景下的村规民约——基于黔东南报京大寨的村规民约的解读［D/OL］．北京：中央民族大学，2010［2021－11－29］．https://t－cnki－net－s.vpn2.njau.edu.cn:8118/kcms/detail?v＝3uoqIhG8C475KOm_zrgu4lQARvep2SAkhskYGsHyiXlyV6jw0YcPLFMSyaH5q03c－－f4YJcN0rGDW7MFwefNfNBBw6e_qPS3.

［7］罗波．壮族当代乡规民约与乡村整合：以龙脊村为例［D/OL］．南宁：广西民族大学，2010［2021－11－29］．https://t－cnki－net－s.vpn2.njau.edu.cn:8118/kcms/detail?

v = 3uoqIhG8C475KOm _ zrgu4lQARvep2SAkhskYGsHyiXksOA0 FurgRFYhbifNAmFMK31CXn2Q_EgeV0saFII - nnqIOfLn2TeyZ.

[8] 包其剑. 毛南族习惯法研究—以环江县下南乡毛南族为例 [D/OL]. 桂林：广西师范大学，2011[2021 - 11 - 29]. https://t - cnki - net - s. vpn2. njau. edu. cn:8118/kcms/detail? v = 3uoqIhG8C475KOm _ zrgu4lQARvep2SAkWGEmc0Qetx Dh64Dt3veMp2qKn5JVYQNQTYofxE5pt5NN4Pkjz - fRFs1MIIwE0 OqV.

[9] 郑海山. 从款约到村规民约的侗寨治理法文化研究——以广西独侗乡岜团村为例 [D/OL]. 南宁：广西民族大学，2011[2021 - 11 - 29]. http://cdmd. cnki. com. cn/article/cdmd - 10608 - 1011214965. htm.

[10] 薛新新. 论广西瑶族村规民约——以金秀、恭城瑶族自治县为例 [D/OL]. 桂林：广西师范大学，2014[2021 - 11 - 29]. https://t - cnki - net - s. vpn2. njau. edu. cn:8118/kcms/detail? v = 3uoqIhG8C475KOm _ zrgu4lQARvep2SAkbl4wwVe J9RmnJRGnwiiNVgnqz81NjriSxBtAEN89l0103KrrZ967DnrH - SV Wa7zg.

[11] 吴纪树. 当代苗族村规民约的罚款研究——以黔东南台江县两乡村规民约为中心的分析 [D/OL]. 贵阳：贵州民族大学，2014[2021 - 11 - 29]. https://t - cnki - net - s. vpn2. njau. edu. cn:8118/kcms/detail?v = 3uoqIhG8C475KOm_zrgu4lQARvep2SAkbl4wwVeJ9RmnJR GnwiiNVtgrzrJMGTBWAkUGc Dd0eEwJJLce16g40WHOlfMLrPRM.

［12］李奇峰. 民族乡村规民约及其规范化研究——与一般乡比较［D/OL］. 恩施:湖北民族学院,2017［2021－11－29］. https://t－cnki－net－s. vpn2. njau. edu. cn:8118/kcms/detail?v＝3uoqIhG8C475KOm_zrgu4lQARvep2SAkVtq－vp－8QbjqyhlE－4l1YpjyhvA－y2zsSNXSb2kJwm4w5bQx8IvFd1hdcEahFXrR.

［13］黄荣幸. 基层治理法治化视野下民族地区法治村屯建设研究［D/OL］. 桂林：广西师范大学，2017［2021－11－29］. https://t－cnki－net－s. vpn2. njau. edu. cn:8118/kcms/detail?v＝3uoqIhG8C475KOm_zrgu4lQARvep2SAkVtq－vp－8QbjqyhlE－4l1YqOUlO94kOl5USF6YhttijDDxj3mMIH1FKeRcZKo0oZi.

［14］何傲. 乡村治理视角下少数民族地区村规民约的功能研究［D/OL］. 恩施：湖北民族学院，2018［2021－11－29］. https://t－cnki－net－s. vpn2. njau. edu. cn:8118/kcms/detail? v＝3uoqIhG8C475KOm_zrgu4lQARvep2SAkZIGkvqfmUZglMdu7fCR480UfhrSdiq2FpcMHTZq8KZH3VinGvR9－xGFyi3RYHW－V.

［15］刘琨. 民族地区村规民约罚则效力分析［D/OL］. 南宁：广西民族大学，2018［2021－11－29］. https://t－cnki－net－s. vpn2. njau. edu. cn:8118/kcms/detail? v＝3uoqIhG8C475KOm_zrgu4lQARvep2SAkWfZcByc－RON98J6vxPv10SHVABC37uUGrFNTfU7dBLjtqpUv417T638TFT－CxQsO.

［16］偶芳. “人与自然是兄弟”——对云南丽江纳西族环境保护习惯法的文化解读［D/OL］. 重庆：西南政法大学，2004［2021－11－29］. https://t－cnki－net－s. vpn2. njau. edu.

cn:8118/kcms/detail? v = 3uoqIhG8C475KOm_zrgu4m9eu - VXu9H75RhMZCEMue9h8LplqMYx90FJTSnFXuxlrqnUbOm7C1DsApmocjRdqzI0_0Z199D1.

[17] 石艳云. 少数民族环境保护习惯规则研究——以黔东南地区为视角[D/OL]. 贵阳: 贵州大学, 2009[2021 - 11 - 29]. https://t - cnki - net - s. vpn2. njau. edu. cn:8118/kcms/detail? v = 3uoqIhG8C475KOm_zrgu4lQARvep2SAkhskYGsHyiXlyV6jw0YcPLI0WuEReoO1FGryvM2afjcMZ9jwYA86L0cDyWnbpxXMp.

[18] 向晓玲. 少数民族环境保护习惯法研究 [D/OL]. 重庆: 西南政法大学, 2010[2021 - 11 - 29]. https://t - cnki - net - s. vpn2. njau. edu. cn:8118/kcms/detail? v = 3uoqIhG8C475KOm_zrgu4lQARvep2SAkhskYGsHyiXlyV6jw0YcPLA2jROsjsgK27w2015RpEj - 7VTZfS11XiW3yImmyArLA.

[19] 洪运杰. 黔东南苗侗民族环境保护习惯法研究 [D/OL]. 重庆: 西南政法大学,2010[2021 - 11 - 29]. https://t - cnki - net - s. vpn2. njau. edu. cn:8118/kcms/detail? v = 3uoqIhG8C475KOm_zrgu4lQARvep2SAkhskYGsHyiXlyV6jw0YcPLAIcucfMf1vDkyN9NU7097VmnYji93Tc8d8CyD90MjBy.

[20] 扎西才措. 浅谈藏族生态习惯法 [D/OL]. 北京: 中央民族大学,2012[2021 - 11 - 29]. https://t - cnki - net - s. vpn2. njau. edu. cn:8118/kcms/detail? v = 3uoqIhG8C475KO m_zrgu4lQARvep2SAkWGEmc0QetxDh64Dt3veMp7YB8PhXeCjGj6gVUzV9SNfYDzNmOwjRwIFnut - TUN5x.

[21] 雷震. 论蒙古族生态习惯法 [D/OL]. 北京: 中央

民族大学，2012[2021 - 11 - 29]. https://t - cnki - net - s. vpn2. njau. edu. cn:8118/kcms/detail? v = 3uoqIhG8C475KOm_zrgu4lQARvep2SAkVR3 - _UaYGQCi3Eil_xtLb1QhNOe0SHYyj79UUOxpYCrOS1K6v8Uqd2U2V_P9iX49.

[22] 李迎春. 湘西少数民族环境习惯法研究 [D/OL]. 长沙：中南林业科技大学，2012[2021 - 11 - 29]. https://t - cnki - net - s. vpn2. njau. edu. cn:8118/kcms/detail? v = 3uoqIhG8C475KOm_zrgu4lQARvep2SAkWGEmc0QetxDh64Dt3veMp2YWQiZHud7SJqPPSeQAP0Dmc4Bozx1zgfsdeZ9snFzL.

[23] 李德民. 云南楚雄彝族环境保护习惯法研究——以大姚彝族村落为重点的考察 [D/OL]. 昆明：昆明理工大学，2013[2021 - 11 - 29]. https://t - cnki - net - s. vpn2. njau. edu. cn:8118/kcms/detail? v = 3uoqIhG8C475KOm _ zrgu4lQARvep2SAk8URRK9V8kZLG _ vkiPpTeIQTCdPS1SPJ0YJbgij66gQpossStcNynkEFTH6AZL8vU.

[24] 蔡庭花. 裕固族环境保护习惯法研究 [D/OL]. 兰州：西北师范大学，2013[2021 - 11 - 29]. https://t - cnki - net - s. vpn2. njau. edu. cn:8118/kcms/detail? v = 3uoqIhG8C475KOm_zrgu4lQARvep2SAk9z9MrcM - rOU4mSkGl_LWf6yPCz YVx-UY2ZLBGZjiYclkyxBDFYqYXBXpIrUzBwG4A.

[25] 李艺琪. 云南省普洱地区环境习惯法研究 [D/OL]. 湘潭:湘潭大学,2013[2021 - 11 - 29]. https://t - cnki - net - s. vpn2. njau. edu. cn:8118/kcms/detail? v = 3uoqIhG8C475KOm _ zrgu4lQARvep2SAk8URRK9V8kZLG _ vkiPpTeIYMiEfLvQV

cbkXkWnqT_4BdKDG2P40qEGqZzJsHw_tXK.

［26］刘海艳. 侗族习惯法对森林资源的保障作用——以黄岗侗族为例［D/OL］. 吉首：吉首大学，2013［2021 - 11 - 29］. https://t - cnki - net - s. vpn2. njau. edu. cn:8118/kcms/detail? v = 3uoqIhG8C475KOm _ zrgu4lQARvep2SAk8URRK9V8kZLG_vkiPpTeIRCgbywrWHfKIkdKczNXIlOjO - NMyuG1wfPkh1_Y5kBz.

［27］周珏. 少数民族习惯法生态环境保护价值研究——以丽江少数民族习惯法为例［D/OL］. 西安：西北农林科技大学，2014［2021 - 11 - 29］. https://t - cnki - net - s. vpn2. njau. edu. cn: 8118/kcms/detail? v = 3uoqIhG8C475KOm _ zrgu4lQARvep2SAkbl4wwVeJ9RmnJRGnwiiNVoGF6qscJOn9d9Mj1KHtsW2UTq1gyt2NYpGUh4NPYv_W.

［28］翟星晨. 环境法视角下少数民族习惯法的现代化研究［D/OL］. 贵阳：贵州大学，2015［2021 - 11 - 29］. https://t - cnki - net - s. vpn2. njau. edu. cn:8118/kcms/detail? v = 3uoqIhG8C475KOm _ zrgu4lQARvep2SAkfRP2 _0Pu6EiJ0xua _6bqBplZn_FcqppI2QyQ0qvrJFzETX9JYfDuiAOqmEvCIFJv.

［29］万晓倩. 环境习惯法及其适用［D/OL］. 济南：山东师范大学，2015［2021 - 11 - 29］. https://t - cnki - net - s. vpn2. njau. edu. cn:8118/kcms/detail? v = 3uoqIhG8C475KOm _ zrgu4lQARvep2SAkVNKPvpjdBoadmPoNwLRuZ7SgwNMiUh0C3Z _NG - 1yliwUiGqIphZ3ZnbQkdAlVsxy.

［30］薛虎. 清代大理白族地区民族习惯法研究［D/OL］. 大理:大理学院,2015［2021 - 11 - 29］. https://t - cnki -

net - s. vpn2. njau. edu. cn:8118/kcms/detail? v = 3uoqIhG8C475KOm _ zrgu4lQARvep2SAkVNKPvpjdBoadmPoNwLRuZ5HgV8R0I5rfNvNpSuy5ELRkX3cBxaLcPAvaJ_xXBgmn.

31. 余浩然. 土家族习惯法生态价值及其现代利用研究——基于建始县白云村的调查［D/OL］. 武汉：中南民族大学，2016［2021 - 11 - 29］. https://t - cnki - net - s. vpn2. njau. edu. cn: 8118/kcms/detail? v = 3uoqIhG8C475KOm _ zrgu4lQARvep2SAkWfZcByc - RON98J6vxPv10SllKHdwQ2cqC7zixCkInu0GQ9Q5smiQgbfIdivr - Fkg.

［32］李磊. 西藏地区藏族环境保护习惯法研究［D/OL］. 拉萨:西藏大学,2016［2021 - 11 - 29］. https://t - cnki - net - s. vpn2. njau. edu. cn:8118/kcms/detail? v = 3uoqIhG8C475KOm _ zrgu4lQARvep2SAkfRP2 _ 0Pu6EiJ0xua _ 6bqBlOJtWlRsCEWQg9LRdjbEVv6NCDAXt - hFN - xH_RnJIv7.

［33］余沁洋. 红枫湖周边地区布依族环境习惯法研究［D/OL］. 贵阳：贵州民族大学，2017［2021 - 11 - 29］. https://t - cnki - net - s. vpn2. njau. edu. cn:8118/kcms/detail? v = 3uoqIhG8C475KOm_zrgu4lQARvep2SAkVtq - vp - 8QbjqyhlE - 4l1Ygj10uOV4IrX9ss3v9715kgORELb4 - po38pRPjaeVdNu.

［34］王婉轶. 习惯法在地方环境纠纷解决中的价值研究［D/OL］. 兰州:甘肃政法学院,2018［2021 - 11 - 29］. https://t - cnki - net - s. vpn2. njau. edu. cn: 8118/kcms/detail? v = 3uoqIhG8C475KOm _ zrgu4lQARvep2SAkZIGkvqfmUZglMdu7fCR489AkgCHDJDnJh9Bj_UwBeDE57_yuCeUfU5rq7cGp7sST.

后记

徜徉林间，徘徊花丛，与山水同在，与田园共生！

春意盎然、山清水秀、鸟语花香、湖光山色、水天一色、风和日丽、姹紫嫣红、春暖花开、百花齐放、万紫千红、草长莺飞、春和景明……

在地球这一天然宣纸上，人类固然可以挥扬恣肆，展现想象力、创造力，但是盲目地铺满纸张带来的只能是一团黝黑，唯有常怀敬畏之心，于细节处工笔，在关键点留白，才能达致巧密而精细、大方而深远！

自然接纳人类，使其生存，助其发展。人类爱护自然，本是“自然”之事。但是贪欲与知足的冲突，索取与保护的矛盾，总是困扰着人类。历经青黄不接，饱尝风吹雨打，人类开始懂得控制自己的欲望，规制自己的行为，法亦随之产生。

基于法多元主义视角，法有国家法与非国家法之别，习惯法更是非国家法的主要组成。国家法意义上的生态环境保护法依据国家的强制力发挥效能，非国家法意义上的生态环境保护习惯法亦能够凭借社会的权威发挥作用。二者之间的契合与冲突关系，在当代中国南方主要少数民族村规民约中有着鲜明的体现，村规民约本身就是习惯法的一种表现形式。本书以南方主要少数民族村规民约为分析文本，结合相关案例，具体探讨村规民约与生态环境保护的关系，论析国家法与村规民约的契合、冲突。村规民约产生于民间、生效于民间，乡村善治的实现需要充分发挥村规民约等固有法规范的积极作用，传统不只是历史，还是“活着”的现实存在。

我国南方地区的少数民族数量众多，有30多个，主要分布在广西、云南、贵州、湖南、四川、湖北、江西等地，人数较多的有壮族、苗族、侗族、瑶族、彝族、土家族、藏族等，因此南方主要少数民族村规民约的数量自是千千万万。每一份村规民约都包含着乡村智慧、乡土逻辑，都值得深入研究。但是限于诸因素，本小书不可能穷尽所有，只能从灿若繁星中撷取少许，以窥其中之一斑。

感谢恩师高教授其才先生！恩师入瑶寨，进苗乡，访侗村，用脚步丈量乡村，用文字记录社会，用研究体悟人生。于习惯法研究，恩师耕耘数十载，著作等身，自成一家，得入师门，更知景行行止！本书所用村规民约，多来自恩师之馈赠使用，特致谢忱！2016年9月29日—2016年10月6日，更得恩师之厚爱，本人有机会入贵州省黔东南苗族侗族自治州锦屏县。在文斗村，亲眼看生态环保之古碑；在魁胆村，亲耳听巡逻喊寨之声。锦绣山河中，灿烂星空下，亲身感知南方少数民族地区的生态文明，本书所用部分村规民约及案例即来自此次实地体验，巧之？合之！

论文的写作，自然是“痛并快乐着”！写此后记时，距博士学位论文答辩已经过去一年，距清华大学中国农村研究院博士后入站报到也已经八月有余，往昔历历在目，再次感谢陈寒非、王丽惠、马敬、吕川、高成军、李亚冬、任志军等同门一直以来的支持和帮助！特别要感谢陈寒非君，本小书的写作缘起本是受其转委托而成，也特别感谢委托方湘潭大学出版社的同意，但小书中所有的疏漏都由本人承担相应的责任！也要特别感谢潘萍，漫漫求学艰辛路，幸运亦是同行人！

感谢清华大学中国农村研究院同事诸君，感谢科技园研究室的王欢、武舜臣、胡凌啸、顾庆康诸君，有此机缘，与诸君进行跨学科的交流，受教甚多！特别感谢胡振通君惠赐《云南省怒江州贡山县独龙江乡乡规民约》，使著者有幸了解独龙族群众的法规范！

在知识共享的时代，本书的写作离不开对现有研究成果的学习和借鉴，本书所用部分村规民约和案例来自这些研究成果，已经在文中注明，在此不一一列举，特此致谢！

感恩父母，再多的话语也不能表达这人间最真、最美的爱，谨将此书献给双亲！感谢从小打闹、一起长大的弟弟！愿家人永远平安康健！

拙作忝列“南方主要少数民族乡规民约与社会治理研究丛书（续编）”之中，衷心感谢丛书编委会和总主编高教授其才先生的拳拳盛意！这是本人的第一部专著，特别感谢湘潭大学出版社为拙作出版作出的所有努力，本人铭感于心！特别感谢责任编辑黄琼女士为此书出版付出的所有辛勤劳动！

小书写作，仓促成文，本是无心，更难成荫。提笔落笔，诚惶诚恐，文责自负，敬祈指正！

池建华

2019年6月14日，初稿，

于清华大学中国农村研究院科技园研究室

2019年6月20日改定

2021年11月29日，定稿，

于南京牛首山下、牛首河畔寓所